高等学校人工智能通识教育系列教材

# 人工智能与大模型应用

姚 红 郭晓丹 主编
张志敏 黄 凯 参编

中国教育出版传媒集团
高等教育出版社·北京

内容提要

本书是为高校人工智能通识教育量身打造的教材，内容涵盖人工智能基础、生成式人工智能技术原理、大模型演进与应用、提示词工程实践及智能体开发等核心模块。

本书以“技术普及 + 实践导向”为特色，通过通俗的语言解析复杂概念，结合案例分析、动手实验和课后习题，帮助零基础学生快速掌握人工智能工具的应用逻辑，提升创新能力。

本书适合作为普通高等教育本科、高职院校人工智能通识课教材，旨在培养学生在人工智能时代的核心素养，助力其成为技术变革的参与者与推动者。

**图书在版编目（CIP）数据**

人工智能与大模型应用 / 姚红，郭晓丹主编. 北京 ：高等教育出版社，2025. 7. --（高等学校人工智能通识教育系列教材）. -- ISBN 978-7-04-064882-9

Ⅰ. TP18

中国国家版本馆 CIP 数据核字第 20251J1G25 号

Rengong Zhineng yu Damoxing Yingyong

策划编辑 王 康　责任编辑 王 康　封面设计 张 志　版式设计 马 云
责任绘图 马天驰　责任校对 刘丽娴　责任印制 存 怡

| | | | |
|---|---|---|---|
| 出版发行 | 高等教育出版社 | 网　址 | http://www.hep.edu.cn |
| 社　址 | 北京市西城区德外大街4号 | | http://www.hep.com.cn |
| 邮政编码 | 100120 | 网上订购 | http://www.hepmall.com.cn |
| 印　刷 | 肥城新华印刷有限公司 | | http://www.hepmall.com |
| 开　本 | 787mm×1092mm 1/16 | | http://www.hepmall.cn |
| 印　张 | 13.75 | | |
| 字　数 | 280 千字 | 版　次 | 2025年7月第1版 |
| 购书热线 | 010-58581118 | 印　次 | 2025年9月第2次印刷 |
| 咨询电话 | 400-810-0598 | 定　价 | 46.00 元 |

本书如有缺页、倒页、脱页等质量问题，请到所购图书销售部门联系调换



物 料 号 64882-00

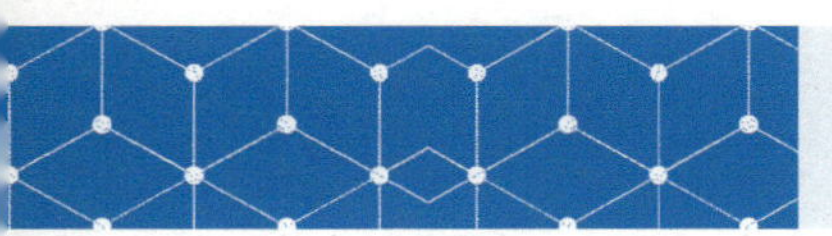

## 新形态教材网使用说明

# 人工智能与大模型应用

姚　红　郭晓丹　主编

1　计算机访问https://abooks.hep.com.cn/188252或手机微信扫描下方二维码进入新形态教材网。

2　注册并登录后，计算机端进入“个人中心”，点击“绑定防伪码”，输入图书封底防伪码（20位密码，刮开涂层可见），完成课程绑定；或手机端点击“扫码”按钮，使用“扫码绑图书”功能，完成课程绑定。

3　在“个人中心”→“我的学习”或“我的图书”中选择本书，开始学习。

人工智能
与大模型应用

作者 姚　红　郭晓丹

出版单位 高等教育出版社

开始学习　收藏

受硬件限制，部分内容可能无法在手机端显示，请按照提示通过计算机访问学习。

如有使用问题，请直接在页面点击答疑图标进行咨询。

https://abooks.hep.com.cn/188252

# 前言

人工智能的发展正以前所未有的速度重塑人类社会的认知边界。从AlphaGo的惊艳亮相到DeepSeek的全民热议，从自动驾驶的逐步落地到人工智能（artificial intelligence，AI）辅助医疗的突破性进展，这场技术革命早已超越实验室的范畴，渗透到教育、艺术、商业等各个领域。理解人工智能的基本逻辑、掌握与智能系统协作的能力、辩证思考技术的伦理边界，已不仅是计算机专业学生的课题，而是数字时代公民的核心素养。

人工智能通识教育绝非简单的技术科普，其核心在于培养三种关键能力：技术认知力（理解AI运行的基本逻辑）、工具驾驭力（安全高效地使用AI解决问题）和伦理判断力（权衡技术应用的边界与风险）。作为高校教育工作者，我们深切感受到传统通识教育与技术发展之间的鸿沟。许多非计算机专业的学生虽对AI充满好奇，却苦于缺乏系统性学习路径；而市面上的技术书籍往往过于艰深，或局限于工具使用，难以满足应用型高校通识教育“宽基础、重应用”的需求。基于此，我们历时一年半编写了这本《人工智能与大模型应用》，力求帮助不同专业背景的学生跨越认知门槛，在人工智能时代找到自己的坐标。

本书的编写围绕以下目标展开：

① **破除“黑箱”迷思：**通过实践案例通俗易懂地介绍人工智能基础概念。

② **贯通“理论—场景—实践”链条：**设置理论和实践两大模块，从知识理解到真实问题解决逐层递进。

③ **聚焦大模型技术范式：**解析大模型技术原理、提示词工程、智能体开发等前沿领域，紧扣技术发展趋势设计教学内容。

④ **构建跨学科思维框架：**在实践环节中融入社会学、伦理学、设计学视角，例如探讨AI艺术创作中的版权归属、大模型偏见的社会成因等交叉议题。

**本书内容架构与特色：**

全书分为理论篇和实践篇，共8章，采用“基础认知（低阶教学）—核心技术（中阶教学）—应用实践（高阶教学）”的三阶递进式结构。

1. 理论篇包括5章

第1章介绍人工智能基本概念、发展历程、应用领域、技术分类及对传统人工智能的反思；

第2章介绍生成式人工智能与传统人工智能的关系、生成式人工智能的发展历程、应用领域、演进方向及典型案例分析；

第3章介绍大模型与生成式人工智能的关系、大模型分类、大模型时代的人工智能开发范式、大模型的涌现能力及国内外典型的大模型应用平台等内容；

第4章介绍提示词工程万用公式及优化技巧，使学生掌握与AI对话的方法；

第5章介绍提示词工程九大框架和结构化提示词，解锁AI的无限潜能。

2. 实践篇包括3章

第6章以百度AI Studio平台为载体，详细地展示了人工智能项目的开发流程；

第7章为提示词工程应用实践，包含了4个实战案例，帮助学生从“机械问答”迈向“策略性对话”；

第8章为零代码开发实践——智能体开发，以文心智能体平台为载体，讲解智能体的感知—决策—行动循环机制。通过“糖尿病助手智能体”等开发实战，让学生体验AI自主任务的开发流程。

本书的诞生得益于多方力量的汇聚，其中第1—5章、第6章、第8.2节由姚红编写，第7章、第8.1节由郭晓丹编写。

本教材中涉及的项目案例依托百度飞桨深度学习框架与文心大模型技术优势，百度飞桨星河社区为教学实训项目精准配置了高性能算力资源，百度文心一言、文心智能体开发平台为项目实践提供了平台支持，实现AI大模型训练与推理效率跨平台协同提升及应用案例。

感谢成都锦城学院计算机与软件学院党总支书记、院长张志敏教授为教材编写团队组建及教材质量把控做出的卓越贡献，感谢百度飞桨教育生态经理黄凯对教材的模块化架构与知识点衔接逻辑提出了优化建议。感谢百度飞桨课程研发组张腾方等为教材提供的企业案例资源，通过系统化的知识串联和贴近实战的场景设计，为人工智能

初学习者搭建了从理论到实践的桥梁。同时确保了教材内容前沿性与准确性的平衡；特别感动于参与讲义试读的成都锦城学院 6 000 余名学生，他们的真实反馈让本书的表述方式不断优化。

人工智能教育是一场“授人以渔”的旅程。我们深知，书中关于大模型技术的部分内容可能会因行业快速发展而需要迭代，某些伦理讨论或许尚无标准答案。但正因如此，我们更希望这本书成为一座“引桥”——桥的一端是今天课堂里的知识图谱，另一端则通向充满未知的 AI 未来。期待读者们带着批判性思维阅读本书，在掌握工具的同时，永远保持对技术的人本思考。

编者团队深知水平所限，书中不足之处恳请读者指正，联系邮箱为 465855758@qq.com。

谨以此书献给所有在人工智能浪潮中既保持热情，又坚守理性的探索者——因为未来的技术史，终将由你们书写。

姚红

于成都

2025 年 3 月

# 目 录

## 理 论 篇

# 实 践 篇

# 理论篇

# 第1章 人工智能概述

## 学习目标 >>>

1. 了解人工智能的定义与发展历程。
2. 了解人工智能相关的术语。
3. 了解人工智能相关技术。

## 1.1 人工智能的定义

### 1.1.1 “人工”与“智能”

**“人工”**泛指人造的、不是自然存在或产生的东西。

**“智能”**是指智慧和能力，包括推理、理解、计划、解决问题、抽象思维、表达意念以及语言和学习的能力。

在中文表述中，智能是智力和能力的总称，如《荀子 · 正名篇》中提道：“所以知之在人者谓之知，知有所合谓之智。所以能之在人者谓之能，能有所合谓之能”。

在英文表述中，intelligence（智能）来自拉丁语 intelligere，由 inter（在其中）+legere（选择）构成，字面意思就是“从中选择”，即具有思考、选择的能力。

### 1.1.2 人工智能

根据“人工”和“智能”的定义，很显然人工智能就是人造的智能，它是科学和工程的产物。

1956 年 6 月至 8 月，美国达特茅斯学院（Dartmouth College）举行了一次为期两个月的人工智能暑期研讨会。在这次会议上，“人工智能”（artificial intelligence，AI）这一术语被首次提出，用来表示**“人工所制造的智能”**。

达特茅斯会议是人工智能发展史上的一个里程碑事件，对人工智能的发展具有深远的意义。参加达特茅斯会议的部分代表如图 1-1 所示。

图 1-1　参加达特茅斯会议的部分代表

人工智能的定义有很多版本。

计算机科学之父、人工智能之父**艾伦·图灵将人工智能定义为：**能使计算机完成那些需要人类智力才能完成的工作的科学。

**斯坦福大学的学者认为人工智能**是智能机器的科学和工程，特别是智能计算机程序。

**维基百科定义的人工智能**是指由人工制造出来的系统所表现出来的智能，该词同时也指研究这样的智能系统是否能够实现，以及如何实现的科学领域。

不管怎样定义，**人工智能的核心思想**都是为了实现机器的行为反应能够模拟人类智能。

原中国人工智能学会理事长钟义信教授认为人类智慧包含发现问题、定义问题、解决问题三方面，而人工智能目前只做到了解决问题的程度。

时至今日，人工智能作为一门新兴的学科，旨在研究、开发用于模拟、延伸及扩展人类智能的理论、方法、技术和应用系统。

## 1.2　人工智能发展历程

人工智能的发展历程大致可以总结为以下 6 个阶段。

1. 萌芽阶段（20 世纪 50 年代）

1950 年，“计算机科学之父”艾伦·图灵在其论文《计算机器与智能》（computing machinery and intelligence）中提出了著名的“图灵测试”：如果一台机器能够与人类开展对话而不能被辨别出机器身份，那么这台机器就具有智能，如图 1-2 所示。这被视为人工智能思想的重要起源，因此艾伦·图灵也被称为人工智能之父。

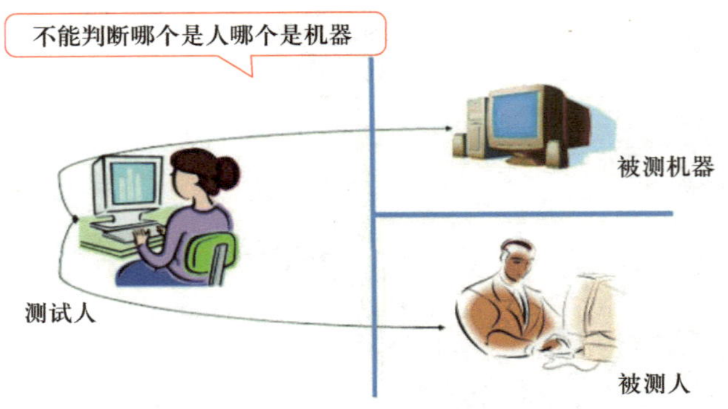


图 1-2　图灵测试概念图

**标志性成果一：达特茅斯会议**

1956 年，达特茅斯会议的召开标志着人工智能作为一门学科正式诞生，这一年也被称为“**人工智能元年**”。

**标志性成果二：符号主义**

**基本观点：**符号主义也称为逻辑主义或认知主义，认为智能是基于符号处理和逻辑推理的。它基于一个核心假设，即智能行为可以通过符号系统和规则来表示和操作。符号主义强调知识和规则的重要性，通过编写程序和算法来模拟人类的思维过程。

**实现基础：**符号主义的实现基础是纽厄尔和西蒙提出的物理符号系统假设。该学派认为，人类认知和思维的基本单元是符号，认知过程就是在符号表示上的一种运算。它认为人是一个物理符号系统，计算机也是一个物理符号系统，因此能够用计算机来模拟人的智能行为。

**代表成果：**符号主义的代表性成果包括专家系统、知识工程和逻辑推理系统等。例如，专家系统会收集大量的知识，以规则的形式存储，然后根据输入的问题应用这些规则进行推理，最终给出解决问题的答案。

**优缺点：**符号主义在早期人工智能研究中占据主导地位，尤其在专家系统和知识工程方面取得了显著成果。然而，它也面临一些挑战，如“常识”问题的障碍以及不确知事务的知识表示和问题求解等难题。

### 2. 第一发展期（20 世纪 60 年代）

这一阶段是人工智能的第一个发展黄金阶段，人工智能开始从理论走向实践，主要以语言翻译、证明等研究为主，并取得了一批令人瞩目的研究成果，如机器定理证明、跳棋程序、人机对话等。这些成果掀起了人工智能发展的第一个浪潮。

**标志性成果一：自然语言处理**

自然语言处理（natured language processing，NLP）是人工智能的一个重要分支，旨在使计算机能够理解、处理、生成自然语言。20 世纪 60 年代，随着计算机的普及和计算

能力的提升，人们开始探索如何利用计算机来处理自然语言。1954 年，美国乔治城大学与 IBM 公司合作，成功进行了世界上第一次机器翻译试验，这标志着机器翻译和 NLP 研究的正式起步。尽管这次试验的词汇量和语法规则非常有限，但它首次向公众展示了机器翻译的可行性。

**标志性成果二：专家系统**

专家系统是一种模拟人类专家决策能力的计算机程序，它能够通过集成特定领域的知识库和推理引擎，模拟专家的决策过程，从而在复杂问题上提供专业建议或解决方案。20 世纪 60 年代初，数理逻辑和符号处理技术已经达到较高水平，人们开始认识到知识是智能的重要组成部分，并尝试将符号处理技术应用于知识处理，以模拟人类的智能。1965 年，斯坦福大学的费根鲍姆（Edward A. Feigenbaum）教授和化学家莱德伯格（Joshua Lederberg）合作，在通用问题求解程序的基础上，开发了世界上第一个专家系统 Dendral。该系统能够根据有机化合物的分子式和质谱图推断出分子结构，帮助化学家推断化学分子的结构。Dendral 的成功标志着专家系统的诞生。在这之后，专家系统开始在其他领域得到应用，如数学、物理、生物、医学等。这一时期的专家系统通常采用基于规则的知识表示方法，通过预定义的规则和事实来进行推理和判断。

**标志性成果三：感知机与神经网络**

20 世纪 60 年代是感知机与神经网络发展历史上的重要转折点。虽然感知机的研究遭遇了挫折，但它为神经网络的发展奠定了基础。随着计算能力的提升和新的训练算法的发明，神经网络研究逐渐复苏，并在后续的发展中取得了巨大成功。

3. 瓶颈阶段（20 世纪 70 年代至 80 年代）

经过科学家深入的研究，人们发现机器模仿人类思维是一个十分庞大的系统工程，难以用现有的理论成果构建模型。同时，由于当时计算能力的严重不足，人工智能的发展迎来了第一个寒冬。许多机构减少对人工智能研究的资助，直至停止拨款。尽管如此，这个时期的挑战也为后来的突破奠定了基础。

4. 复苏期（20 世纪 80 年代至 21 世纪初）

20 世纪 80 年代，随着计算机技术的不断进步和数据的积累，人工智能迎来了第二个春天。机器学习的概念开始流行，神经网络的研究也重新获得了关注。这一阶段出现了很多经典的人工智能程序和算法。人工智能技术逐渐从实验室走向市场，并在各个领域展现出强大的潜力。

**标志性成果一：机器学习的兴起**

机器学习是一种人工智能技术，它使计算机能够从数据中学习并改进性能，而无须显式地编程。机器学习算法通过分析数据中的模式和关系，自动地改进模型的预测和决策能力。1980 年，统计学家提出了更加完善的线性回归和非线性回归模型，奠定了回归分析在机器学习中的地位。同一时期，不断涌现的新算法，如支持向量机、决策树、随机森林等，以及深度学习领域的卷积神经网络、循环神经网络等，推动了机器学习的快速发展。

**标志性成果二：神经网络的复苏**

随着计算机硬件性能的提升和反向传播算法的优化，神经网络的研究开始复苏。1986年，大卫·鲁梅尔哈特（Rumelhart）、杰弗里·辛顿（Hinton）和罗纳德·威廉姆斯（Williams）等人再次提出并推广了反向传播算法，使得多层感知器的训练成为可能。这一算法极大地提高了神经网络的性能，使得神经网络在处理复杂任务时表现出色。

5. 加速期（21 世纪初至 2020 年）

随着互联网技术的逐渐普及，人工智能已经逐步发展成为分布式主体，为人工智能的发展提供了新的方向。此阶段，人工智能技术不断成熟和完善，应用领域也更加广泛。

**标志性成果一：深度学习与神经网络**

21 世纪初，随着互联网技术的飞速发展和大数据的涌现，传统的机器学习方法在处理复杂、高维数据时遇到了瓶颈。与此同时，计算能力的显著提升，特别是 GPU 和分布式计算技术的广泛应用，为深度学习和神经网络的复兴提供了有力支持。深度学习与神经网络的出现为人工智能领域带来了革命性的变化。随着技术的不断进步和应用场景的不断拓展，深度学习与神经网络将在未来发挥更加重要的作用，推动人工智能技术的全面发展。

**标志性成果二：人工智能应用领域的拓展**

近年来，人工智能应用领域的拓展呈现出爆炸式增长，其影响力和渗透力已经深入人们生活的方方面面。随着技术的不断进步和应用场景的不断拓展，人工智能将在更多领域发挥重要作用，推动各行业的创新与发展。同时，人工智能的应用也将为人们带来更加便捷、高效、智能的生活体验。

6. 爆发期（2020 年至今）

随着计算能力的迅速增强和数据集的急剧扩张，人工智能领域迎来了前所未有的蓬勃发展期。在这一阶段，大模型开始成为人工智能发展的主导力量。大模型凭借海量的参数和复杂的网络架构，在众多领域取得了突破性成果。

**标志性成果一：大模型的兴起**

大模型，通常指的是具有大量参数和计算资源需求的神经网络模型，这些模型在不同的上下文中可能有不同的大小阈值。例如，在自然语言处理领域中，大模型可能指的是包含数十亿到千亿参数的模型，如 GPT−3、GPT−4 等。大模型的兴起源于深度学习技术的发展和计算能力的提升，使得训练大规模神经网络模型成为可能。大模型的兴起是人工智能领域的一个重要里程碑，它标志着人工智能技术向更高层次发展。

**标志性成果二：多模态模型的发展**

人工智能开始跨越单一数据类型的界限，能够处理视觉信息、文本信息、听觉信息等多元化数据，对不同表现形式的信息进行融合理解，这是人工智能全面理解真实世界的重

要一步。

总的来说，人工智能的发展历程充满了曲折与挑战，但也取得了显著的成果和进展。随着技术的不断进步和应用领域的拓展，人工智能将在未来发挥更加重要的作用。

## 1.3　人工智能的核心概念

1. 算法

算法是一系列按照特定顺序执行的规则或步骤，用于解决特定类型的问题或完成特定的任务。这些规则或步骤通常是有限的、有序的，并且可以在有限的时间内执行完毕（即具有有限性）。算法的设计需要满足明确性、有效性、有限性等基本特性，以确保其能够正确地解决问题并产生预期的结果。

人工智能领域涉及多种算法，这些算法在解决不同的问题和任务时各有优势。例如：线性回归适用于连续值预测，而逻辑斯谛回归适用于二分类问题；决策树易于理解和解释，但可能容易过拟合；神经网络适用于复杂模式的识别，但需要大量的数据和计算资源。因此，在实际应用中，需要根据具体情况综合考虑各种因素，选择合适的算法。

2. 机器学习

机器学习是人工智能的分支，它专注于让计算机系统能够自动地从数据中学习并改进性能，而无须显式地编程。具体来说，机器学习是通过使用算法和统计模型，使计算机能够从大量数据中提取特征、发现规律，并利用这些规律对新样本进行预测或决策。

机器学习的核心思想：让机器（计算机）通过观察大量的数据和训练，发现数据中的潜在联系和规律，从而获得某种分析问题、解决问题的能力。与传统的编程方式不同，机器学习不需要为每种情况手动编写明确的规则，而是让计算机自己从数据中学习规则。

3. 深度学习

深度学习（deep learning，DL）是一种基于深层神经网络模型的机器学习技术，是机器学习的一个分支，它通过构建和训练深层神经网络模型，从数据中自动学习和提取特征，以实现复杂任务的自动化处理和决策。深度学习模拟人脑神经网络的工作原理，让计算机能够执行各种特定任务，如图像识别、语音识别、自然语言处理等。它已经成为人工智能领域的重要分支，并在各个领域取得了广泛的应用和发展。

4. 强化学习

强化学习是一种通过智能体与环境交互，在试错中学习最优策略，学会如何采取行动。在强化学习中，智能体在环境中执行动作，环境根据这些动作给予奖励或惩罚，智能体根据这些奖励或惩罚来调整策略，以期获得最大化的长期奖励。

强化学习在游戏、机器人控制、自动驾驶等需要决策和优化长期目标的场景中发挥着重要作用。例如，在自动驾驶中，智能体（即自动驾驶车辆）需要不断地感知环境（如道路、其他车辆、行人等），并根据这些感知信息选择并执行合适的动作（如加速、刹车、转向等），保证行驶的安全性和舒适性。

5. 大模型

大模型是指具有大规模参数和复杂计算结构的机器学习模型。这些模型通常由深度神经网络构建而成，拥有数十亿甚至数千亿个参数，旨在提高模型的表达能力和预测性能，能够处理更加复杂的任务和数据。

大模型通过输入大量语料进行训练，让计算机获得类似人类的“思考”能力。在训练过程中，模型不断调整参数，以最小化预测误差，从而学习到数据的内在模式和规律。训练完成后，大模型能够理解文本、图片、语音等内容，并进行文本生成、图像生成、推理问答、科学预测等工作。

根据应用领域的不同，大模型可以分为通用大模型、行业大模型和垂直大模型。通用大模型可以在多个领域和任务中通用；行业大模型针对特定行业或领域进行优化；垂直大模型则针对特定任务或场景进行训练。

## 1.4 人工智能技术

人工智能技术是使计算机能像人一样行动与思考的技术。人工智能发展至今，研究者们已研究出诸如机器视觉技术、机器语音技术、机器自然语言处理技术和机器推荐技术等，来模拟人类的视觉能力、听说能力、理解能力和决策能力。

### 1.4.1 机器视觉技术

机器视觉（computer vision，CV）使计算机和系统能够从图像、视频等视觉输入中提取有用的信息，从而实现计算机对现实世界的感知。该技术利用摄像机和计算机来模拟人眼的视觉功能，实现对目标的识别、追踪和测量，并通过对图像的处理，使之更适合人类观察或用于设备的检测分析，如图 1–3 所示。

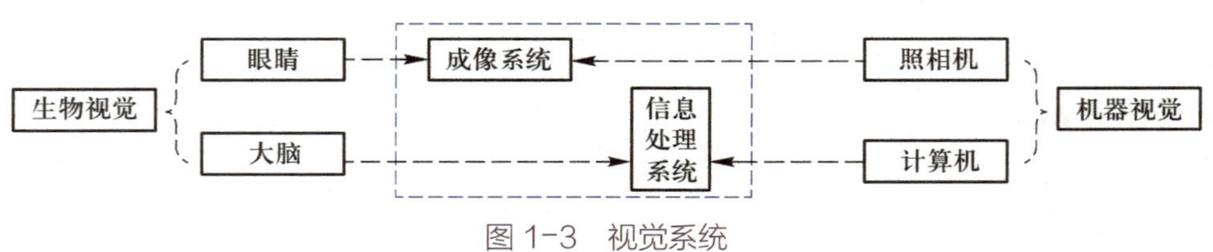


图 1–3 视觉系统

为了从多角度让机器视觉理解周围世界，研究者们设计了一系列子任务。这些任务中，最为经典的包括**图像分类、目标检测（也称物体检测）以及图像分割**。图像分割又可进一步细分为图像语义分割和实例分割两种任务。

1. 图像分类

图像分类（classification）是机器视觉中的一项基本任务，旨在识别图像中的主要对象或场景，并将其归类到预定义的类别中。图像分类广泛应用于安防监控、医学影像分析、自动驾驶等领域。例如，在医学影像分析中，图像分类可以帮助医生快速识别肿瘤、病变等异常区域。

2. 目标检测

目标检测也称物体检测（detection），是机器视觉中的另一项重要任务，旨在识别图像中的特定对象，并标注其位置、大小等信息。目标检测在自动驾驶、人脸识别、智能安防等领域发挥着重要作用。例如，在自动驾驶系统中，目标检测可以识别道路、车辆、行人等障碍物，为车辆提供实时的环境感知能力。

3. 图像分割

图像分割（segmentation）是指将图像划分为若干个具有特定属性的区域，这些区域可以是前景和背景，也可以是不同的物体或场景。

图像语义分割是图像分割的一种高级形式，它不仅要求识别图像中的对象，还要求对图像中的每个像素进行类别标注，从而实现像素级别的图像理解。图像语义分割能够区分不同类别的物体，但无法区分同一类别中的不同个体。图像语义分割在自动驾驶、医学影像分析、卫星图像解译等领域有广泛应用。例如，在医学影像分析中，图像语义分割可以帮助医生精确分割肿瘤、血管等关键区域。

实例分割是图像分割的另一种高级形式，它不仅要求识别图像中的对象，还要求对图像中的每个对象实例进行像素级别的标注，从而实现个体级别的图像理解。实例分割能够区分同一类别中的不同个体，为图像中的每个对象实例生成独特的掩码。实例分割在自动驾驶、机器人技术、人机交互等领域有重要应用。例如，在自动驾驶系统中，实例分割可以帮助车辆精确识别并跟踪道路上的其他车辆和行人。

图像分类、目标检测和图像分割是机器视觉领域最为经典的几个任务，它们从不同角度赋予了计算机理解周围世界的能力。图像分类关注图像的整体类别识别，目标检测关注图像中特定对象的位置和属性识别，而图像分割则进一步深入到像素级别和个体级别的图像理解。这些任务相互补充、相互促进，共同推动着机器视觉技术的发展和应用。

### 1.4.2　机器语音技术

机器语音技术是一种使计算机能够具备听觉与语言表达能力的关键技术，旨在促进计算机与人类之间的高效互动。这一技术领域主要涵盖两大核心分支：机器语音识别技术与机器语音合成技术。前者专注于将人类语音转化为计算机可存储的文本或指令，而后者则致力于将计算机生成的信息以语音形式输出，模拟人类的语言表达。

**机器语音识别也称为自动语音识别（automated speech recognition，ASR），**是通过

机器的识别和理解过程，将语音信号转化为对应的文本或指令。在日常生活中，如 Siri、智能音箱以及语音输入助手等应用，都广泛采用了机器语音识别技术。这些应用能够准确地将人类的语音转换成机器可解读的指令或文本内容，从而实现更为便捷的人机交互体验。

**机器语音合成技术又称为文本转语音（text to speech，TTS）技术**，其核心功能在于根据特定需求，将文本信息转化为相应的音频输出。这一技术在多个生活领域有广泛应用，例如有声读物制作、语音导航系统等，均离不开语音合成技术的支持。通过该技术，文本信息得以用声音的形式呈现，极大地丰富了人机交互的方式与体验。

### 1.4.3 机器自然语言处理技术

自然语言是指在人类社会中长期形成并用于日常交流的语言，例如英语、汉语等，它们是人类沟通的重要工具。

**自然语言处理技术（natural language processing，NLP）**则是实现人与计算机之间用自然语言进行有效交流的理论和方法。

自然语言的两种形态：一种是写的，以文字的形式呈现；一种是说的，以语音的状态出现。

自然语言处理涉及 4 个逐步深入的层次：形式、语义、推理和语用。NLP 的核心目标是实现计算机与人类之间无缝交流，使计算机能够准确理解自然语言的含义，并且能够以自然语言的形式有效表达特定的意图和思想，如图 1-4 所示。

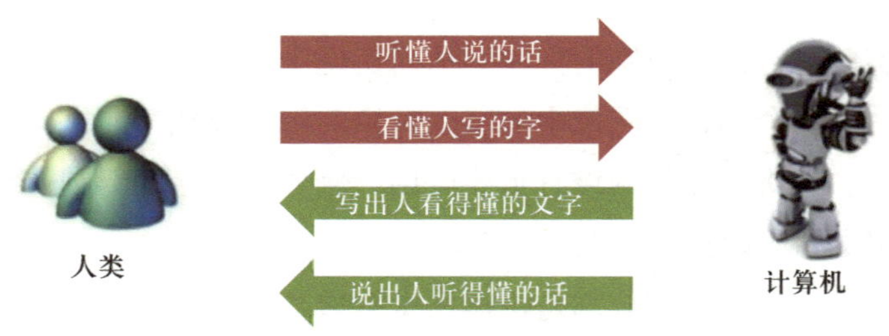


图 1-4 自然语言处理的核心目标

当前，自然语言处理面临着一系列挑战，主要包括但不限于以下几个方面。

（1）**中文分词困难**：中文与英文等西方语言在书写体系上存在显著差异，中文词与词之间没有明显的分隔符，这使得中文分词成为一项复杂而具有挑战性的任务。

（2）**歧义处理**：自然语言中存在大量的多义词，这些词语在不同的上下文中有不同的含义，容易产生歧义，增加了语言理解的难度。

（3）**未知语言现象**：语言是一个不断发展和变化的系统，新的词汇、语法结构和表达方式不断涌现，这对 NLP 系统的适应性和学习能力提出了更高要求。

尽管面临这些挑战，NLP 技术仍取得了显著的进展，并广泛应用于多个领域。典型的

NLP 应用有以下几种。

（1）多语种数据库和专家系统的自然语言接口：这些接口使得用户能够使用自然语言与数据库或专家系统进行交互，提高了系统的可用性和用户体验。

（2）机器翻译系统：机器翻译系统能够将一种自然语言自动转换为另一种自然语言，促进了跨语言沟通和文化交流。

（3）全文信息检索系统：这些系统能够处理自然语言查询，从大量文本数据中检索出相关信息，为用户提供便捷的信息检索服务。

（4）自动文摘系统：自动文摘系统能够自动从原始文本中提取关键信息，生成简洁明了的摘要，有助于用户快速了解文本内容。

随着深度学习、神经网络等前沿技术的不断发展，NLP 技术将持续进步，并在更多领域发挥重要作用。

### 1.4.4　机器推荐技术

机器推荐技术，也被称为推荐系统或个性化推荐系统，是一种结合了机器学习、数据挖掘以及用户行为分析等多种技术手段的服务。其目的在于根据用户的个人喜好和行为习惯，提供量身定制的内容或商品推荐。这项技术已经深入应用于电子商务、社交媒体、在线视频、新闻资讯和音乐平台等商业服务，并且显著地提升了用户体验感，增强了用户黏性以及促进了转化率的提升。

机器推荐技术的精髓，在于精准捕捉并理解用户的个性化偏好及需求，进而能从海量的候选项（诸如商品、视频、文章等）中，智能筛选出最贴合用户兴趣的内容进行推送。这一过程深度聚焦于三大核心要素：用户（user）、物品（item）及两者之间的交互行为（例如浏览、购买、评分等）。

机器推荐系统的持续进化与完善，致力于更深层次地挖掘用户需求与偏好，以便为用户提供更加贴心、精确的服务体验。它已成为现代互联网应用中一个至关重要的组成部分，极大地丰富了用户的网络体验，并推动了互联网服务向智能化与个性化方向发展。

总之，机器视觉、机器语音、自然语言处理、机器推荐等技术，共同构筑了人工智能的坚实基础，使机器能够模拟人类的视觉、听觉、语言以及决策能力，从而攻克复杂的模式识别挑战。随着技术的持续革新与发展，人工智能必将在更为广泛的领域发挥着深远的影响。

## 1.5　人工智能开发范式

在大模型出现之前（2020 年之前）的人工智能可以称之为传统人工智能或 AI 1.0。传统的人工智能开发流程是一个多阶段且错综复杂的工程，涵盖了从初步规划到长期维护的各个环节。这一过程往往始于详细的需求分析，随后进入数据准备阶段，接着是模型的精心构建，之后进行严格的测试与评估，最后将模型部署到实际应用中，并且伴随着持续不断的监控与优化工作。使用后还需不断进行用户反馈与持续改进。

1. 分析与明确问题

明确目标：首先，需要明确项目要解决的具体问题、目标用户以及应用场景。这涉及与业务部门的深入沟通，以确保对需求的准确理解。

技术可行性预研：在明确需求后，需要对现有数据和算法进行技术可行性预研，评估是否能够满足业务需求。如果现有数据量不足或数据维度不满足算法模型训练要求，可能需要协助算法团队获取更多数据。

2. 数据采集、预处理、标注

数据采集：根据需求收集相关数据，包括现场数据采集、数据标定和数据集校验等步骤。

数据预处理与标注：对数据进行清洗，去除无效数据和异常数据，并进行标注和归一化等处理，以提高数据质量，便于后续模型的训练和测试。

3. 模型选择与训练

算法选择与模型设计：根据问题定义和数据情况选择合适的算法和模型，如卷积神经网络（CNN）、循环神经网络（RNN）、支持向量机（SVM）等。

模型训练与调优：利用合适的工具和算法对数据进行训练，调优模型参数。训练过程中需要进行交叉验证和调整模型参数，以达到最优的训练效果。

4. 测试与评估

模型测试：使用测试集对模型进行测试，计算模型的准确率、精度、召回率等指标，评估模型的表现。

优化迭代：根据测试结果对模型进行优化迭代，以提高模型的性能表现。

5. 部署上线

模型部署：将训练好的模型部署到实际应用场景中，选择合适的平台和框架进行模型转化、量化、裁剪和微调等操作。

系统集成：将模型集成到实际应用系统中，确保与其他系统无缝对接。

6. 监控与优化

系统监控：通过日志分析、性能监控等手段，实时监控系统的运行状态和性能指标。

问题解决与优化：及时发现并解决问题，优化系统性能，确保系统的稳定性和可靠性。

7. 用户反馈与持续改进

收集用户反馈：通过用户反馈了解系统的使用情况和存在的问题。

持续改进：根据用户反馈和系统的实际运行情况，持续改进系统功能和用户体验。

综上所述，传统的 AI 开发流程是一个涉及多个阶段和多个环节的复杂过程，需要团队成员之间的紧密协作和持续的技术创新。只有确保每个环节都经过精心设计和严格实施，才能让项目真正落地并实现价值。

**例 1-1**　医用药瓶缺陷检测的开发流程（如图 1-5 所示）。

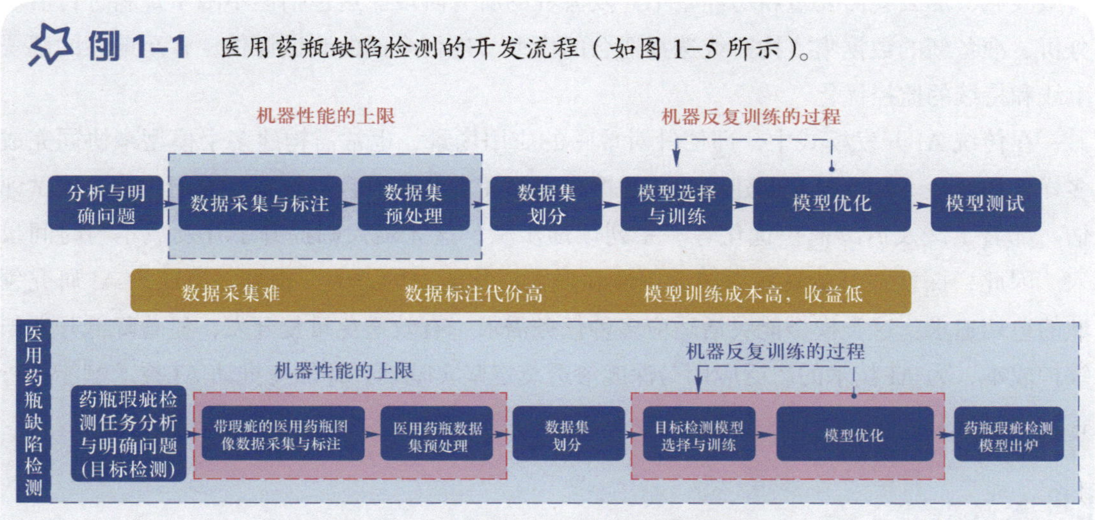


图 1-5　医用药瓶缺陷检测的开发流程

第一步：分析与明确问题，这一步主要是确认所要处理的问题属于哪一类，需要使用哪一类机器学习技术处理它。项目需要让机器判断药瓶所存在的缺陷类别并定位缺陷的具体位置，因此首先需要明确这样的问题属于机器学习中目标检测的范畴。

第二步：数据采集与标注，在这一步中，需要采用目标检测任务的模式对数据进行采集与标注，例如用矩形框标记出药瓶缺陷所在的具体位置。

第三步：数据预处理，在这一步中，可以采用相应的技术提升数据集的质量，如数据清洗、图像处理和数据增强等技术。

第四步：划分数据集，在这一步中通常需要将数据集划分为训练集、验证集和测试集，训练集用于对模型进行训练，因此训练集的占比往往是最大的，一般占整个数据集的 70% ～ 80%，验证集用于在训练的过程中测试模型的训练效果，而测试集则是用于在模型完成训练之后，模拟真实的应用场景测试模型的性能。

数据集划分完成后便可进行模型选择、训练与优化。对于不同类型的任务，在传统 AI 开发范式中往往需要选择不同的模型，例如对于目标检测任务，通常会去选择 YOLO 系列的模型，它在此类任务上的性能最为优良。选择完模型后便可以使用训练数据对其进行训练，并可通过调整超参数、模型结构来优化模型的训练效果。

最终，完成训练模型的测试与评估。

最后可以将它部署到真实的应用场景中，为人们的生产生活降本增效。

以上是传统 AI 开发流程的全貌。仔细观察不难发现，从项目起始阶段，AI 应用的开发就呈现出显著的定制化特征。以例 1-1 为例，该任务属于目标检测的领域，必须采用专门的技术和方法来实现。而如果目标转变为实现一个图像分类任务，例如区分输液瓶与口服液瓶，那么就需要重新历经整个开发流程的所有阶段。这包括但不限于重新进行需求分析、准备新的数据集、构建或选择适合的模型、进行全面的测试评估，直至最终的部署上线和持续的监控优化。

在传统 AI 开发模式中，即使针对单一的应用场景，也常需构建多个模型来协同完成多样化的任务。每个模型的建立，都需严格遵循需求分析、数据准备、模型构建、测试评估、部署上线及后续监控优化等一系列烦琐步骤，这无疑大幅提升了开发成本与时间投入。因此，探索并打造具备卓越通用性和强大泛化能力的“大”模型，已成为 AI 研究领域的迫切追求。这类模型能灵活适应多种任务需求，有效避免重复开发，显著降低开发与维护成本，为 AI 技术的广泛应用与深度渗透奠定坚实基础，并加速推动 AI 技术赋能各行各业。

## 本章小结

人工智能作为计算机科学的前沿领域，旨在模拟、延伸和扩展人类智能。它涵盖了机器学习、深度学习、自然语言处理等多种技术，通过这些技术使计算机能够具备感知、理解、决策和执行等能力。人工智能已广泛应用于各个领域，为生产生活带来了巨大变革。未来，随着技术的不断进步和应用场景的拓展，人工智能将继续发展，向更高层次的认知智能迈进，同时也将面临伦理、法律等多方面的挑战，需要我们在推动技术发展的同时，加强相关规范和法规的建设与完善。

## 课后练习 1

**一、单选题**

1. 以下判定机器具有“与人类相似的智能”的试验方法是（　　）。

A. 图灵测试　　B. 米兰诺维奇测试

C. 相对论测试　　D. 双缝干涉实验

2. 关于人工智能的定义，下列陈述正确的是（　　）。

A. 人工智能仅限于模拟人的反应和行动

B. 人工智能的研究和发展仅限于计算机科学领域

C. 人工智能是研究、开发用于模拟、延伸和扩展人的智能的理论、方法、技术及应用系统的科技

D. 人工智能技术完全可以替代人类智能

3. 人工智能的核心目标是（　　）。

A. 替代人类在所有领域的工作

B. 提高计算机的处理速度

C. 使机器能够执行通常需要人类智能才能完成的复杂任务

D. 仅是为了娱乐和游戏开发

4. 以下不属于人工智能主要研究学派的是（　　）。

A. 符号主义　　B. 连接主义

C. 行为主义　　D. 进化主义

5. 第一个成功开发的专家系统是（　　）。

A. Dendral　　B. IBM Watson

C. Siri　　D. AlphaGo

6. 以下不属于人工智能主要技术的是（　　）。

A. 机器视觉技术　　B. 机器语音技术

C. 自然语言处理技术　　D. 虚拟现实技术

7. 人工智能在医疗领域的应用中，以下可以帮助医生进行疾病诊断的是（　　）。

A. 虚拟现实　　B. 医学影像分析

C. 游戏开发　　D. 自动驾驶

8. 以下不属于人工智能在制造业应用的是（　　）。

A. 质量检测　　B. 生产调度

C. 预测维护　　D. 股票交易

9. 在人工智能中，图像、语音、手势等识别被认为是（　　）。

A. 感知智能　　B. 认知智能

C. 逻辑智能　　D. 情感智能

10. 深度学习是人工智能领域的一个重要技术，它主要依赖（　　）。

A. 前馈神经网络　　B. 循环神经网络

C. 卷积神经网络　　D. 感知机

**二、多选题**

1. 人工智能（AI）的应用领域包括（　　）。

A. 医疗健康　　B. 金融服务

C. 制造业　　D. 教育

E. 娱乐游戏

2. 下列属于人工智能主要技术的是（　　）。

A. 机器学习　　B. 深度学习

C. 自然语言处理　　D. 机器视觉
E. 语音识别与合成

3. 人工智能的研究学派主要包括（　　）。
A. 符号主义　　B. 连接主义
C. 行为主义　　D. 进化计算
E. 贝叶斯主义

4. 人工智能在医疗健康领域的应用包括（　　）。
A. 医学影像分析　　B. 疾病诊断辅助
C. 个性化治疗方案推荐　　D. 患者监护与远程医疗
E. 药物研发

5. 下列属于人工智能在金融服务领域应用的是（　　）。
A. 风险评估　　B. 欺诈检测
C. 智能投顾　　D. 自动化交易
E. 客户情感分析

6. 人工智能在制造业中的应用可以（　　）。
A. 提高生产效率　　B. 降低生产成本
C. 提升产品质量　　D. 增强安全性
E. 促进个性化定制

7. 下列技术属于机器视觉范畴的是（　　）。
A. 图像识别　　B. 目标检测
C. 视频分析　　D. 三维重建
E. 语音识别

8. 人工智能在教育领域的应用包括（　　）。
A. 智能评估与反馈　　B. 个性化学习推荐
C. 虚拟助教　　D. 自动化考试监考
E. 教育资源智能管理

9. 深度学习的核心思想包括（　　）。
A. 通过多层神经网络进行特征提取　　B. 使用反向传播算法进行权重更新
C. 依赖大量的标注数据进行训练　　D. 追求端到端的模型设计
E. 仅适用于图像识别任务

10. 人工智能在智慧城市构建中扮演了重要角色，其应用包括（　　）。
A. 智能交通管理　　B. 公共安全监控
C. 能源管理优化　　D. 环境保护监测
E. 市民服务智能化

**三、判断题**

1. 人工智能是指机器能够执行通常需要人类智能才能完成的复杂任务的能力。(　　)

2. 机器学习是人工智能的一个分支，它使计算机能够在不进行显式编程的情况下从数据中学习并做出预测或决策。(　　)

3. 深度学习是机器学习的一种，它主要依赖多层神经网络来模拟人脑的学习过程。(　　)

4. 自然语言处理是人工智能领域的一个分支，专注于使计算机能够理解、解释和生成人类语言。(　　)

5. 人工智能在医疗领域的应用仅限于疾病诊断，不能用于患者监护或远程医疗。(　　)

6. 机器视觉是人工智能的一个重要领域，它使计算机能够理解和解释视觉信息，如图像和视频。(　　)

7. 人工智能在金融服务领域的应用主要是为了提高交易速度，而不是为了风险评估或欺诈检测。(　　)

8. 强化学习是人工智能中的一种学习方法，它通过让智能体在环境中试错来学习最佳行为策略。(　　)

9. 人工智能在制造业中的应用主要是为了自动化生产流程，减少人力成本，但不能提高产品质量或安全性。(　　)

10. 随着人工智能技术的不断发展，未来它将完全取代人类在所有领域的工作。(　　)

**四、论述题**

1. 随着人工智能技术的快速发展，一系列伦理和社会责任问题日益凸显。请讨论人工智能可能带来的隐私侵犯、就业影响、决策偏见等问题，并提出合理的解决方案或建议。

2. 请查阅资料，了解弱人工智能和强人工智能的概念，并分析它们之间的主要区别和联系。你认为目前的人工智能技术更接近于弱人工智能还是强人工智能？未来有可能实现强人工智能吗？

3. 请列举并解释人工智能的几项核心技术（如机器学习、深度学习、自然语言处理等），并讨论这些技术在不同应用领域（如医疗、教育、交通、娱乐等）中的具体应用案例。你认为哪个领域的人工智能应用最具有前景？

# 第 2 章 生成式人工智能

## 学习目标 >>>

1. 理解人工智能与生成式人工智能之间的关系。
2. 了解生成式人工智能的含义与发展历程。
3. 了解生成式人工智能的典型应用。
4. 了解生成式人工智能的演进方向。
5. 了解生成式人工智能涉及的道德与法律。

## 2.1 从人工智能到生成式人工智能

经过半个多世纪的演进，随着数据的迅速累积、算力性能的显著提升以及算法效力的不断增强，人工智能在内容创作领域的应用愈发广泛，生成式人工智能也在此背景下悄然兴起。生成式人工智能的英文全称为 generative artificial intelligence，而 AI generated content（AIGC）是其更为常见的简称。

生成式人工智能是人工智能的一个分支，它基于算法、模型和规则，能够生成文本、图片、音频、视频、代码等内容。这种技术不仅能够处理输入数据，还能学习和模拟事物的内在规律，自主创造出新的内容。生成式人工智能的核心在于“生成”，即依据已有的数据或模式，创造出全新的、具有逻辑性和连贯性的内容。

人工智能与 AIGC 之间的关系密切而复杂。以下是对两者关系的阐述。

### 1. 人工智能是 AIGC 的基础

AIGC 是人工智能、大数据、云计算等技术的整合，其中人工智能技术是 AIGC 的核心基础。AIGC 涵盖了人工智能的多种技术，包括机器学习、深度学习、自然语言处理等，这些技术在 AIGC 中得到了广泛应用。通过机器学习和自然语言处理技术，AIGC 能够进行智能化的内容生成和处理，如自动生成文章、报告等文本内容。

### 2. AIGC 拓展了人工智能的应用领域

AIGC 为人工智能技术的应用提供了更广阔的空间，涉及的领域包括医疗、金融、智

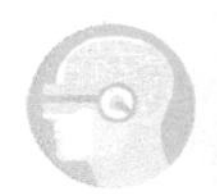

能制造等。在医疗领域，AIGC 技术可以实现医学影像分析和疾病辅助诊断等功能，提高医疗效率和诊断准确率。在智能制造领域，AIGC 技术可以实现生产线的自动化和智能化，从而提高生产效率和质量，降低生产成本和能耗。

3. 人工智能与 AIGC 共同推动科技发展

人工智能技术和 AIGC 的结合加速了技术的进步和应用场景的扩展。两者的结合为人们的生活和工作带来了更多的便利和效益，推动了整个科技领域的发展和创新。

4. AIGC 是人工智能发展的重要标志

AIGC 的爆发被视为人工智能从 1.0 时代进入 2.0 时代的重要标志。AIGC 技术的累积融合和创新，如 GAN、CLIP、Transformer 等，推动了人工智能技术的质变和多模态内容的生成。

综上所述，人工智能与 AIGC 之间存在着密切的联系。人工智能技术是 AIGC 的基础之一，而 AIGC 为人工智能技术提供了更广阔的应用空间和机会。两者的结合将共同推动整个科技领域的发展和创新。

## 2.2　生成式人工智能的含义与发展历程

**生成式人工智能**（artificial intelligence generated content，AIGC），即“人工智能生成内容”，是一种利用人工智能技术来创作和生成多种类型数字内容的技术。它基于大量的数据和算法模型，能够自动生成符合人类语言习惯和审美标准的内容。这种技术能够根据给定的主题、关键词、格式和风格等条件，自动生成文字、图像、音频、视频、数字人、游戏等多种形式的数字内容。AIGC 主要依赖深度学习、自然语言处理、计算机视觉等先进技术，这些技术相互融合，共同构成了 AIGC 的强大引擎。

结合人工智能的演进历程，生成式人工智能的发展大致可以分为三个阶段，即早期萌芽阶段、沉淀积累阶段，以及快速发展阶段。

1. 早期萌芽阶段

早起萌芽阶段主要是在 20 世纪 50 年代至 90 年代中期，受限于当时的科技水平，生成式人工智能仅限于一些小范围实验。

（1）1957 年，莱杰伦·希勒（Lejaren Hiller）和伦纳德·艾萨克森（Leonard Isaacson）通过将计算机程序中的控制变量换成音符完成了历史上第一支由计算机创作的音乐作品弦乐四重奏《依利亚克组曲》（*Illiac Suite*）。

（2）1966 年，约瑟夫·维森鲍姆（Joseph Weizenbaum）和肯尼斯·科尔比（Kenneth Colby）共同开发了世界第一款可人机对话的机器人“伊莉莎（Eliza）”，它通过关键字扫描和重组完成交互任务，如图 2-1 所示。

（3）20 世纪 80 年代中期，IBM 基于隐形马尔科夫链模型（hidden markov model,

HMM）创造了语音控制打字机“坦戈拉（Tangora）”，能够处理约 20 000 个单词。

（4）20 世纪 80 年代末至 90 年代，由于高昂的系统成本无法带来可观的商业变现，各国政府纷纷减少了在人工智能领域的投入，AIGC 在该时期没有取得重大突破。

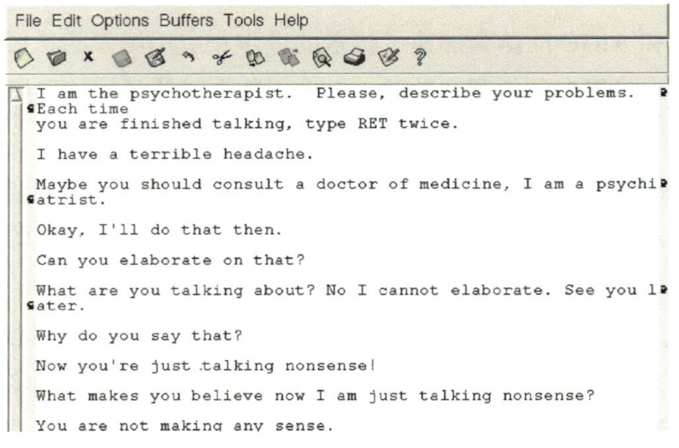


图 2-1　第一款可人机对话机器人伊莉莎（Eliza）

### 2. 沉淀积累阶段

进入 20 世纪 90 年代中期，来到了 AIGC 技术的沉淀发展阶段，随着硬件更新升级和海量数据的提供，AIGC 从实验性向实用性逐渐转变。

（1）2006 年，深度学习算法取得重大突破，同时期图形处理单元（GPU）、张量处理单元（TPU）等算力设备性能不断提升，互联网使数据规模快速膨胀并为各类人工智能算法提供了海量训练数据，使人工智能发展取得了显著进步。但是 AIGC 依然受限于算法瓶颈，无法较好地完成创作任务，应用仍然有限，效果有待提升。

（2）2007 年，纽约大学人工智能研究员罗斯·古德温装配的人工智能系统通过对公路旅行中的一切所见所闻进行记录和感知，撰写出小说《1 The Road》，如图 2-2 所示。作为世界第一部完全由人工智能创作的小说，其象征意义远大于实际意义，整体可读性不强，有拼写错误、辞藻空洞且缺乏逻辑等缺点。

图 2-2　首部人工智能创作小说《1 The Road》

（3）2012 年，微软公开展示了一个全自动同声传译系统，基于深层神经网络（deep

neural network，DNN）可以自动将英文演讲者的内容通过语音识别、语言翻译、语音合成等技术生成中文语音。随着硬件的更新升级和互联网提供的海量数据，AI 在该时期取得了显著的进步，但生成式 AI 受限于算法瓶颈，仍无法直接进行内容生成。

3. 快速发展阶段

从 21 世纪 10 年代中期开始，生成式 AI 的发展进入到快速发展阶段，生成式 AI 技术逐渐成熟，大模型的赋能使 AIGC 在文字、图像、视频生成领域大放异彩。

（1）自 2014 年起，随着以生成式对抗网络（generative adversarial network，GAN）为代表的深度学习算法的提出和迭代更新，生成式 AI 迎来了新时代，生成内容百花齐放，效果逐渐逼真至人类难以分辨。

（2）2017 年，微软人工智能少女“小冰”推出了世界首部 100% 由人工智能创作的诗集《阳光失了玻璃窗》。

（3）2018 年，英伟达发布的 StyleGAN 模型可以自动生成图片，目前已升级到第四代模型 StyleGAN-XL，其生成的高分辨率图片人眼难以分辨真假。

（4）2021 年，OpenAI 推出了 DALL−E 并于一年后推出了升级版本 DALL−E−2，主要应用于文本与图像的交互生成内容，用户只需输入简短的描述性文字，DALL−E−2 即可创作出相应极高质量的卡通、写实、抽象等风格的绘画作品。

（5）2022 年，OpenAI 推出了 ChatGPT，具有极高的自然语言生成和理解能力，能够进行自然语言处理、文本生成和语音识别等。

（6）2024 年，OpenAI 推出文本生成视频大模型 Sora，能够根据简单的文本描述，生成高达 60 s 的高质量视频。

（7）2025 年，DeepSeek 凭借其低成本、高性能的 AI 大模型技术突破和开源策略，迅速成为全球科技与资本市场的焦点。其推出的 DeepSeek−R1 模型以行业 1/10 的成本实现了与 GPT−4o 等顶尖闭源模型相当的性能，引发全球投资者对中国科技创新能力及资产价值的重估。该突破被国际舆论称为“美国 AI 的斯普特尼克时刻”，标志着中国从技术跟随者转向创新引领者。

在该时期，随着深度学习算法与大模型技术的不断迭代，生成式 AI 在文字、图像、视频等各领域都取得了创新突破。未来，生成式 AI 在各个领域也将发挥重要作用。

## 2.3　生成式人工智能典型应用

AIGC 具有极强的创作力，在以下几个方面都有相关应用。

### 2.3.1　绘画创作

生成式 AI 在绘画创作领域的应用已经取得了显著成果，其中，2018 年 10 月 25 日，由巴黎的艺术团体 Obvious 利用人工智能技术，通过算法对大量肖像画数据进行分析和学习，最终生成具有独特风格的画作《埃德蒙 · 贝拉米肖像》(*Portrait of Edmond Belamy*)在佳士得拍卖行伦敦展厅成功拍卖，如图 2-3 所示。这幅画作不仅以 432 500 美元（约合 300 万人民币）的高价成交，而且其成交价远高于预估价（7 000 ～ 10 000 美元），创造了历史纪录，成为第一幅在大型拍卖会上成功交易的人工智能艺术品。这幅作品标志着 AI 艺术正式进入主流艺术市场。

图 2-3　埃德蒙 · 贝拉米肖像

此事件不仅展示了生成式 AI 在绘画创作方面的巨大潜力，也引发了人们对传统艺术与数字艺术关系的深刻思考。随着技术的不断发展，生成式 AI 在绘画创作领域的应用越来越广泛，为艺术家和设计师提供更多的创作可能性和灵感来源。

此外，生成式 AI 在绘画创作方面的应用还体现在多个方面。例如：一些 AI 绘画生成器可以根据用户的输入或描述，自动生成具有独特风格的画作；还有一些 AI 系统可以学习并模仿著名画家的绘画风格，创作出具有相似风格的画作。这些应用不仅丰富了绘画创作的表现形式，也为人们提供了更加便捷和高效的创作工具。

综上所述，生成式 AI 在绘画创作领域的应用已经取得了显著成果，并且具有广阔的发展前景。随着技术的不断进步和应用场景的不断拓展，生成式 AI 将为绘画创作领域带来更多的创新和变革。

### 2.3.2　文本创作

除了生成各种精美的图片外，生成式 AI 还能生成各种类型的文本，如新闻、故事、诗歌、产品描述、文案等内容。如百度所研发的文心一言大语言模型，具有强大的自然语言生成和理解能力，可以根据提供的内容进行快速创作。

例如让文心一言根据用户提出的要求创作一首藏头诗，从生成的结果来看，这首藏头诗不仅完成了任务要求，而且创作的诗句描述了夏天的炎阳、微风、柳丝、荷塘等景象，表达了对夏天浓浓的爱意，如图 2-4 所示。

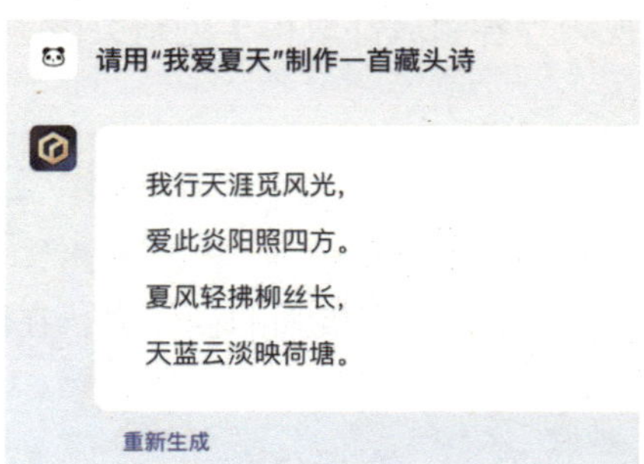

图 2-4　文心一言创作的藏头诗

再例如，用户让文心一言帮助其生成一个宣传科大讯飞学习机的广告文案，如图 2-5 所示。文心一言生成了一个准确描述学习机的功能特点、使用场

景吸引消费者的广告文案。这样的生成内容具有逻辑性、连贯性和自然性，对于文字工作者来说，生成式 AI 强大的文本生成功能能够大大提升他们的工作效率，节省时间和人力成本。

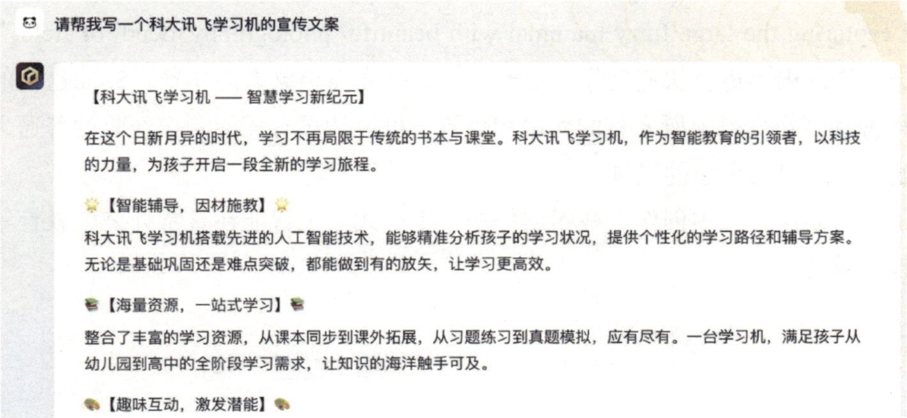

请帮我写一个科大讯飞学习机的宣传文案

【科大讯飞学习机 —— 智慧学习新纪元】

在这个日新月异的时代，学习不再局限于传统的书本与课堂。科大讯飞学习机，作为智能教育的引领者，以科技的力量，为孩子开启一段全新的学习旅程。

【智能辅导，因材施教】

科大讯飞学习机搭载先进的人工智能技术，能够精准分析孩子的学习状况，提供个性化的学习路径和辅导方案。无论是基础巩固还是难点突破，都能做到有的放矢，让学习更高效。

【海量资源，一站式学习】

整合了丰富的学习资源，从课本同步到课外拓展，从习题练习到真题模拟，应有尽有。一台学习机，满足孩子从幼儿园到高中的全阶段学习需求，让知识的海洋触手可及。

【趣味互动，激发潜能】

图 2-5　文心一言生成的广告文案

### 2.3.3　视频制作

生成式 AI 在视频生成领域的突破性进展，无疑为内容创作带来了全新的维度。OpenAI 推出的文本生成视频大模型 Sora，正是这一领域的重要里程碑。

Sora 能够根据简单的文本描述，生成长达 60 s 的高质量视频。这一能力不仅代表了人工智能在视频内容创作领域的一次重大突破，也展示了生成式 AI 在理解和模拟现实世界方面的巨大潜力。用户只需输入简短的文本指令，Sora 便能生成包含多个角色、特定类型运动及精确主题和背景细节的复杂场景，并在单个生成视频中创建多个镜头，准确保留角色和视觉风格。

Sora 根据文本创作的视频如图 2-6 所示。

图 2-6　Sora 根据文本创作的视频

例如，只需向大模型提供这样一段文本描述“Several giant wooly mammoths approach treading through a snowy meadow, their long wooly fur lightly blows in the wind as they walk, snow covered trees and dramatic snow capped mountains in the distance, mid afternoon light with wispy clouds and a sun high in the distance creates a warm glow, the low camera view is stunning capturing the large furry mammal with beautiful photography, depth of field.” Sora 就能够根据提供的内容进行快速创作，生成既逼真又充满想象力的场景。Sora 这样的生成式 AI，使得视频创作变得前所未有的简单和高效，可以让没有任何制作经验的普通人也能够提供描述创作出自己理想的视频。

除了绘画创作、文本创作、视频创作外，生成式人工智能在日常办公、教育等领域也取得了较大成功。

## 2.4 生成式人工智能的演进方向

生成式人工智能的演进方向呈现出多样性且充满潜力。以下从技术优化、应用拓展、伦理规范等多个方面对其发展趋势进行详细阐述。

### 2.4.1 AIGC 技术升级步入深化阶段

#### 1. 基于模板和规则

早期的生成式 AI 技术，核心运作方式主要依赖事先定义好的模板或规则来执行相应的内容制作与输出任务。这种技术实现方式相对直接和简单。例如，在计算机图形学领域，研究者们可以通过定义一系列复杂的函数方程组，让计算机绘制出具备特定美学特征的函数曲线，这些曲线往往呈现出规律性的图案，从而在一定程度上模拟了自然界中的某些形态。

同样地，在自然语言处理领域，早期的生成式 AI 也采用了一种基于模板的方法。通过记录和分析大量的问答文本数据，计算机能够学习到一种简单的问答模式。当面对新的问题时，计算机会尝试从已有的知识库中检索相关信息，并通过匹配的方式生成一个看似合理的答案。然而，这种方法的局限性在于，它只能处理那些与已有知识库中问题相似的新问题，一旦遇到稍微复杂或未曾见过的问题，计算机往往无法给出令人满意的回答。

正是由于这些技术实现方式的局限性，早期的生成式 AI 技术在内容生成方面普遍存在着一些问题。由于缺乏对客观世界的深入感知能力和对人类语言文字等知识的认知能力，这些技术所生成的内容往往显得空洞无物、刻板乏味，有时甚至会出现文不对题的情况。与灵活多变且真实自然的内容生成相比，早期的生成式 AI 技术在这方面显然存在着较大的差距。

#### 2. 基于深度神经网络

随着深度学习的异军突起，深度神经网络在学习范式和网络结构上的持续迭代与优

化，极大地增强了人工智能算法的学习能力。这种学习能力的提升，为生成式 AI 技术的快速发展奠定了坚实的基础。

2012 年，卷积神经网络 AlexNet 问世，其在网络结构上取得了显著的突破。它凭借卓越的学习能力，在当年的 ImageNet 大规模视觉识别挑战赛中脱颖而出，一举夺得了冠军。这一成就不仅证明了深度学习的巨大潜力，更标志着深度学习时代的正式开启。从那时起，深度学习在各个领域都取得了显著的进展，推动了人工智能技术的飞速发展。

2014 年，生成式对抗网络（GAN）的提出，又带来了一种全新的博弈学习范式。生成式对抗网络由两部分组成：一个生成器和一个判别器。判别器的任务是不断寻找生成数据与真实数据之间的差异，而努力将生成数据与真实数据区分开来；而生成器则根据判别器的反馈，不断调整和完善自身，以生成更加真实、清晰的数据。这种双方博弈的学习策略，使得生成内容在真实性和清晰度上都得到了前所未有的提升。生成式对抗网络的出现，不仅为生成式 AI 技术的发展注入了新的活力，也为人工智能领域的研究者们提供了新的思路和方法。

#### 3. 与特异性场景的深度融合

深度学习算法在感知、认知、模仿、生成等多个方向所展现出的基础能力，为生成式 AI 技术赋予了强大的生产力。这种生产力不仅体现在技术的通用性上，更在于它能够与各行各业的特异性场景深度融合，为不同行业带来革命性的变革。以广告、自媒体行业为例，生成式对抗网络可以根据文本描述生成高质量图像。对于广告从业者来说，这意味着他们可以在短时间内快速生成符合广告需求的创意图像，大大提高了工作效率和生产力。对于自媒体从业者而言，GAN 技术则可以帮助他们快速生成吸引人的封面图或插图，提升文章或视频的吸引力和传播速度。

再比如在医药研发领域，生成式对抗网络同样展现出了巨大的潜力。它可以用来产生新的分子结构，从而确定潜在的候选药物。传统的药物研发需要耗费大量时间和资源在分子筛选上，而 GAN 技术的引入则能够显著提高分子筛选的效率和准确性，加速药物发现的进程。这对于医药行业来说，无疑是一次重大的技术革新。

深度学习算法的强大支撑使得生成式 AI 技术能够广泛应用于不同场景，为各行业持续赋能。无论是广告、自媒体、医药研发还是其他行业，生成式 AI 都展现出了强大的驱动作用。它不仅能够提升工作效率和生产力，还能够推动行业创新和发展。随着技术的不断进步和应用场景的不断拓展，生成式 AI 将在更多领域发挥巨大的潜力。

### 2.4.2 AIGC 大模型架构潜力凸显

#### 1. 视觉大模型提升 AIGC 感知能力

以视觉 Transformer 为代表的新型神经网络，因其优异的性能、模型的易扩展性、计算的高并行性，正在成为视觉领域的基础网络架构，并且逐渐发展出来十亿甚至百亿参数规模的大模型。

在过去几年间，视觉感知和理解技术正迎来突飞猛进的发展。无监督学习技术，能够大幅降低训练模型所需的有标注数据的数量。经过无监督预训练的深度神经网络模型，仅需要在少量的有标注样本上经过微调学习，即可在多种场景、线上线下均取得优异的性能。近年来基于 Transformer 衍生出来一系列网络结构，例如 Swin Transformer、ViTAE Transformer。通过将人类先验知识引入网络结构设计，使得这些模型具有了更快的收敛速度、更低的计算代价、更多的特征尺度、更强的泛化能力，从而能更好地学习和编码海量数据中蕴含的知识。这些新型的大模型架构，通过无监督预训练和微调学习的范式，在图像分类、目标检测、语义分割、姿态估计、图像编辑以及遥感图像解译等多个感知任务上取得了相比于过去精心设计的多种算法模型更加优异的性能和表现。

基于视觉 Transformer 完成多种感知任务的联合学习是目前的研究热点。通过探索不同任务关联关系，挖掘丰富的监督信号，能够促使模型学习到更具泛化能力和可被理解的特征表示。由此得到的视觉基础大模型在环境感知、目标检测、语义分割等任务上具备先天的优势，对于提升 AIGC 基础环境感知能力、丰富 AIGC 应用场景具有重要价值。

### 2. 语言大模型增强 AIGC 认知能力

作为人类文明的重要记录方式，语言和文字记录了人类社会的历史变迁、科学技术和知识文化等。利用人工智能技术对海量语言、文本数据进行信息挖掘和内容理解是生成式 AI 技术的关键一环。

而对于传统自然语言处理技术的普遍问题（如模型设计、数据难复用、难以学习海量无标注数据），基于语言的大模型技术可以充分利用海量无标注文本进行预训练，从而赋予文本大模型在小数据集、零数据集场景下的理解和生成能力。基于大规模预训练的语言模型不仅能够在情感分析、语音识别、信息抽取、阅读理解等文本理解场景中表现出色，而且同样适用于图片描述生成、广告生成、书稿生成、对话生成等文本生成场景。这些复杂的功能往往只需要通过简单的无标注文本数据收集，训练部署一个通用的大规模预训练模型即可实现。

2022 年 OpenAI 提出了大语言模型 ChatGPT，在诸多自然语言理解和生成任务上取得了突破性的性能提升，验证了大模型在零资源、小样本、中低资源场景的优越性。紧随其后，国内外知名企业和高校均投入非常大的人力、算力、数据进行大语言模型的研发，包括谷歌、微软、百度、华为、清华大学、斯坦福大学等现有的一些大语言模型如图 2-7 所示。

图 2-7　现有的一些大语言模型

超级深度学习技术的发展趋势主要体现在训练模型的数据量日益增大，数据种类也更加丰富，

模型规模增大，参数量以指数倍增加。通过不断构建具有语义理解能力、逻辑知识可抽象学习同时适用于多种任务的语言大模型，将会对 AIGC 场景中的各项认知应用产生极大价值。

### 3. 多模态大模型升级 AIGC 创作能力

在日常生活中，视觉和语言是最常见且重要的两种模态，目前已有大语言模型如 ChatGPT 可以实现自然语言处理、文本生成等，还有 Sora 可以根据文本描述生成高质量视频。

但是生成式 AI 技术如果只能生成单一模态的内容，那么应用场景将极为有限，不足以推动内容生产方式的革新。多模态大模型的出现则让融合性创新成为可能，极大地丰富了生成式 AI 技术可应用的广度。对于包含多个模态的信息，多模态大模型致力于处理不同模态、不同来源、不同任务的数据和信息，从而满足 AIGC 场景下新的创作需求和应用场景。

多模态大模型拥有两种能力，一种是寻找到不同模态数据之间的对应关系的能力，例如将一段文本和与之对应的图片联系起来；另一种是实现不同模态数据间的相互转化与生成的能力，比如根据一张图片生成对应的语言描述。

如图 2−8 所示，用户只需给定简单手绘的语义图或是素描图，多模态大模型学习模型便能够创作出逼真的图像。同时，当给定具体文本语义时，图像中的内容也将随之改变，如图 2−8 右侧下方的提示（“chef in kitchen 厨房里的厨师”）（“Lincoln statue 林肯雕像”），大模型就按照输入的人类姿态生成了厨师和林肯雕像的图像。

图 2−8 多模态大模型进行图像创作

基于多模态大模型，生成式 AI 具备了更加接近于人类的创作能力，并真正开始展示出代替人类进行内容创作，进一步解放生产力的潜力。

### 2.4.3 AIGC 技术演化出三大前沿能力

生成式 AI 技术被广泛应用于音频、文本、视觉等不同模态数据，并构成了丰富多样的技术应用，逐渐演化出变革内容创作方式的三大前沿能力，分别是智能数字内容孪生能力、智能数字内容编辑能力和智能数字内容创作能力。下面介绍这三种内容创作方面的前沿能力。

#### 1. 增强与转译构建数字内容孪生能力

首先来了解一下生成式 AI 的数字内容孪生能力，数字内容孪生可大致分为智能增强技术和智能转译技术两个分支。

在计算机视觉任务中，智能增强技术多被用于修复并增强由采集设备或环境因素引起的视觉内容受损，例如低分辨率、模糊、像素缺失等。而对于有缺陷的文本和音频数据，相关的智能增强技术可以用于解决片段缺失、脉冲干扰和音频失真等问题。除了对各种模态数据内容的修复和增强，近年来，数字内容孪生中智能增强技术在三维视觉领域取得了快速的发展。具体来说，数字图像是三维世界在摄影设备上的二维投影，记录了拍摄影像的色彩信息，但却无法保留三维世界中的深度、材质和光照等信息。现有的数字内容孪生技术则可以实现根据大量二维图像进行三维重建，重拾三维信息，如图 2-9 所示。

图 2-9　根据大量二维图像进行三维重建

现阶段比较成熟的智能转译技术包括给定语音信号进行字幕合成，依据文字进行语音生成等。对于智能转译技术，相比于较为成熟的语音 / 字幕合成，视觉内容描述是近年来学术领域的热点研究课题之一。视觉内容描述技术致力于生成能够准确描述合定视觉内容（例如图像、视频等）的文本和语音。视觉内容描述技术可以被广泛地应用于赛事转播、智慧交通、影视娱乐等各类应用场景中。

数字内容孪生技术通过对真实世界中内容的智能增强和转译，将现实世界的物理属性（如物体的大小、纹理、颜色等）和社会属性（如主体行为、主体关系等）高效、可感知地进行数字化，实现现实世界到数字世界的映射，构建在数字世界中重现现实场景的能力。通过数字内容孪生技术，不同行业的从业者可以更好地在数字世界中进行内容的组织和展示。

### 2. 理解与控制组成数字内容编辑能力

接下来介绍生成式 AI 的数字内容编辑能力。从技术角度看，智能数字内容编辑主要通过数字内容的语义理解和属性控制两类技术来实现对内容的修改和控制。

首先，理解数字内容是对其进行编辑和修改的必要前提。例如，在处理音频数据进行人声分离，计算机视觉中的图片、视频剪辑，以及自然语言处理中的摘要生成任务，都需要数字内容的语义理解技术。

在语义理解的基础上，数字内容的智能属性控制技术将直接根据用户指定的属性，对原有的内容进行精确修改、编辑和二次生成。常用的属性控制技术已经广泛地应用于人工智能试妆、试衣，数字人在不同场景或环境中的行为等多项应用中。

### 3. 模仿与概念学习造就数字内容创作能力

最后是生成式 AI 的数字内容创作能力。按照技术的发展进程和实际应用的形态可划分为基于模仿的创作和基于概念的创作两类。

基于模仿的创作需要人工智能模型首先观察人类的作品，通过学习某一类作品的分布特性，人工智能生成模型可以进行模仿式的创作。以佳士得拍卖行拍卖的首个人工智能工艺品《埃德蒙·贝拉米画像》为例，基于模仿的人工智能生成模型在智能作画、音乐创作、文本写作和诗词创作等具体任务中都取得了不错的表现。

而基于概念的创作不再简单地对固定种类的数据进行观察和模仿，而是致力于在海量的数据中学习抽象的概念，进而通过对不同概念的组合进行全新的创作。以文本到图像的生成为例，给定的文本不仅可以描述生成内容中需要包含的主体内容、数量和关系，还可以指定生成图像的风格、年代等属性。在现实世界中，人们可能只能见到“木头制作的椅子”“木头制作的小屋”等图像，但是通过文本描述，基于概念的创作技术可以创作出“牛油果制作的椅子”“糖果制作的小屋”等图像，如图 2-10 所示。

图 2-10　AI 创作的虚拟图

基于概念的创作摆脱了对简单纹理、形状、颜色的学习模仿，进一步像人类一样开始学习和总结创作中包含的概念元素，实现更通用、更高效、更智能的生成式 AI 应用。

### 4. AI Agent

在 5.4 亿至 3.6 亿年前，海洋生物从单细胞或简单多细胞生物逐渐发展为更复杂的生命形式，如三叶虫、海绵和脊索动物。从进化的角度来看，生命体的发展主要通过单元增强和组织增强两种方式实现。这两种增强方式相辅相成，使生命具备了更多样复杂的表达形式。

类比大模型的发展，科学家们希望 AI Agent 是在任何系统中能够独立思考并与环境交互的一个智能体，这也是 AI Agent 的设计初衷。AI Agent 可看作能根据感知环境及需求、进行决策和执行动作的智能体，它主要具备能自主理解、规划决策、执行复杂任务的能力。目前代表性的产品如 Auto GPT 即是利用 GPT-4 编写自身代码并执行 Python 自动化脚本，持续完成 GPT 对问题的自我迭代与完善。

在影视作品《西部世界》中，故事设定在未来世界，在一个庞大的高科技成人主题乐园中，有着拟真人的机器可以像人类一样行事，记得自己看到的东西、说过的话等。每天机器人都会被重置，然后回到它们的核心故事情节中。之前，这种情景还只能出现在影视剧中，随着斯坦福论文“Generative Agents：Interactive Simulacra of Human Behavior”的发布，这种场景被 AI 复现出来了。研究者们成功地构建了一个名为 Smallville 的虚拟小镇，25 个 AI 智能体在小镇上生活，他们有工作，会八卦，能组织社交，结交新朋友，甚至举办情人节派对，每个小镇居民都有独特的个性和背景故事，如图 2-11 所示。

图 2-11　拥有 25 个 Agent 的虚拟小镇

总的来说，目前 AI Agent 产品仍处于初代阶段，未来将与实际场景、垂类数据结合，作为调度中心完成对应用层需求指令的规划、记忆及工具调用。

## 2.5 AIGC 涉及的道德和法律

以 ChatGPT 为代表的生成式人工智能的诞生，标志着人工智能技术从“决策式 AI”向“生成式 AI”的重大技术跃迁，引发了从“时空革命”到“知识革命”的技术演进。

生成式人工智能以其强大的创造能力和智能化特征成为科技界的一项突破性创新。从自然语言生成到图像、语音、视频的合成，生成式人工智能在多个领域展现出惊人的潜力和广阔的应用前景。随着生成式人工智能的迅猛发展，人们也不得不面对与其使用相关的风险和挑战。生成式人工智能的风险存在于现实生活中。一方面，生成式人工智能技术可能会被滥用，用于传播虚假信息、实施欺诈行为以及其他恶意目的。另一方面，生成式人工智能的创造力可能导致对个人隐私和知识产权的侵犯，引发法律和伦理上的争议。此外，由于生成式人工智能的自主学习和决策能力，其产生的结果可能存在偏见、歧视和不公平现象。

1. 数据安全与个人隐私侵犯

生成式 AI 在某些情况下可能会侵犯个人隐私。在数据收集处理环节，生成式 AI 需要大量的数据来训练模型。例如，GPT−1 的参数数量为 1.17 亿个，GPT−2 的参数为 15 亿，GPT−3 包含了 1 750 亿超大规模参数，而 GPT−4 的参数则可能达到 100 万亿个以上。这些数据可能涉及个人敏感信息，如个人身份、偏好、行为等。如果这些数据没有得到妥善的保护，就存在泄露个人隐私的风险。

生成式人工智能技术除了存在侵犯个人隐私外，还可能会危及国家数据安全。生成式人工智能技术的发展建立在海量数据基础上，而且出于语言多样性和减少语言文化偏见的需要，用于训练的数据可能涉及全球范围内的数据，这些跨境流动的数据涉及国家已经整合公布的相关数据以及未被整合公布的数据，如果缺乏法律的有效保护，就有可能影响国家数据安全，甚至会给国家政治安全造成威胁。

2. 知识产权相关问题

生成式人工智能面临着一系列知识产权问题，主要包括以下几点。

（1）著作权归属问题。生成式人工智能可以创造出各种形式的内容，如文本、音乐、绘画等。在这些内容的创作过程中，涉及著作权归属的问题。由于生成式 AI 是通过学习和模仿已有的作品生成新的内容，对其生成或辅助生成的手稿，著作权到底属于编写 AI 系统训练文本的个人、生产 AI 的公司还是使用该系统指导写作的人，这个问题目前争议非常大。

（2）侵犯知识产权问题。生成式人工智能生成的文本、图像、视频可能涉及侵犯他人的知识产权。生成式 AI 的创作需要大量素材，不可避免会涉及对他人已经享有著作权作品的使用，而按照当前知识产权法的要求，使用他人相关作品时，必须获得权利人的许可，并支付相应的许可使用费。因此，生成式AI如未经许可使用他人作品，可能会陷入侵权困境。

（3）转让和许可问题。生成式AI生成的内容是否可以进行转让和许可也是一个重要的问题。在商业化运营或合作开发的过程中，需要明确生成式AI生成内容的知识产权归属以及是否可以对其生成内容进行转让和许可。这可能需要在合同和相关协议中进行明确规定，以防止后续产生不确定性和争议。

3. 误导性信息和虚假内容

生成式AI可以用于生成各种形式的内容，包括新闻、文章、评论、代码、艺术作品等。然而，恶意使用者可能利用生成式AI生成虚假的信息来误导公众或实施欺诈行为，这可能会破坏信息的可信度和公众的信任。

（1）生成误导信息。生成式AI模型在生成内容时可能会产生误导信息，使人们误解特定事实或概念。生成式AI经常出现"一本正经地胡说八道"的现象而屡遭诟病。更严重的是，错误信息可能会在敏感领域造成伤害，例如错误的法律意见或不良的医疗建议。

（2）制造虚假新闻和信息。恶意使用者可以借助生成式AI制造虚假的新闻、文章或评论，以欺骗公众、操纵舆论或实施欺诈行为。这些虚假内容常常伪装得非常逼真，难以轻易辨别真伪，因此容易误导公众。

（3）假冒身份信息。生成式AI可能被用于生成虚假的社交媒体账号或在线个人身份。这可能导致身份盗窃、诈骗或其他恶意行为，使人们无法分辨真实用户和虚假身份。比如，生成式AI可以用于生成虚假的语音，模仿某个人的声音或模拟特定的语音特征。这种技术可能被用于电话诈骗或冒充他人身份信息。

（4）恶意操纵和制造舆论影响。生成式人工智能的强大生成能力使得恶意使用者能够借助生成的内容来有目的地操纵和引导公众舆论，从而有可能引发社会秩序的混乱，甚至对公共信任和社会和谐构成严重威胁。

4. 偏见、歧视和社会不平等

生成式AI在生成内容时可能存在偏见、歧视的风险，这导致对社会不平等问题产生进一步的影响。日常生活中的数据常常包含了人类社会固有的隐性偏见，如果这些数据被用于生成式人工智能的训练，那么在生成内容时可能会重复或加剧这些数据中的偏见。

（1）文化、语言和意识形态偏见。由于生成式AI主要根据来自互联网的数据进行训练，因此它可能会偏向于线上更突出的某些文化、语言或观点。这可能会导致人工智能模型生成的内容无法准确反映人类经验或语言的多样性。

（2）性别和种族的偏见。由于训练数据中的偏见，生成式AI可能会无意中延续性别和种族刻板印象。例如，大型语言模型可能会将某些职业与特定的性别或种族联系起来，从而强化现有的刻板印象。

（3）权威和群体思维偏见。生成式 AI 可能会产生权威偏见，表现在更加重视在训练数据中被视为权威或有影响力的内容和观点。这可能会导致模型优先考虑来自知名人物或组织的信息，同时意味着可能会忽略来自不知名来源的但同样有价值的见解。

除了训练数据中潜藏的各种社会偏见外，算法设计、运行环节也可能会产生偏见。即使训练数据集不具备偏见，机器学习算法也有可能通过自我学习制造偏见。生成式人工智能所依赖的算法越发复杂，同时还具备涌现能力，这使得在更新迭代过程中，算法可能会自发产生偏见和歧视，而这些现象可能会超出人工智能技术开发者的控制范围。

针对生成式人工智能技术可能存在的社会风险，使用者们应当采取以下措施来应对和避免这些危险。

（1）在使用生成式人工智能服务之前，应当仔细阅读并同意服务协议，了解服务提供者对数据收集、处理、存储、使用、删除等方面的规定和措施，选择可信赖的服务提供者，避免向不合法或不规范的服务提供者提供个人信息或敏感数据。

（2）在使用生成式人工智能服务时，应当遵守法律、行政法规和社会公德，不得利用生成式人工智能技术生成或传播违法或有害的内容，不得侵犯他人的合法权益，不得危害国家安全和社会稳定。如果使用他人作品作为输入信息或素材，应当事先取得权利人的许可，并支付相应的费用。

（3）在使用生成式人工智能服务后，应当尊重生成内容的知识产权归属，不得擅自转让、许可或披露生成内容，除非已经获得服务提供者或其他权利人的同意。如果需要对生成内容进行修改、改编、衍生等二次创作，应当事先取得服务提供者或其他权利人的同意，并标明原始来源。

（4）在使用生成式人工智能服务的过程中，应当保持警惕和批判性思维，对于生成式人工智能技术生成的内容，应当进行辨别和验证，不要轻信或转发未经证实的信息。如果发现生成式人工智能技术生成的内容存在虚假、误导、歧视等问题，应当及时向服务提供者反馈或向有关主管部门投诉或举报。

## 本章小结 >>>

生成式人工智能是人工智能领域的重要分支，能够自主生成全新的、具有创造性的内容，如文本、图像、音频、视频乃至代码等。AIGC 的核心在于通过算法和模型学习数据的内在规律和概率分布，进而生成与原始数据相似但又不完全相同的新数据。生成式人工智能在文本生成、图像创作、音频合成等领域展现出巨大潜力，正逐步改变着内容创作、客户服务、知识问答等多个行业的运作模式。随着技术的不断进步，生成式人工智能将在未来发挥更加重要的作用。

## 课后练习 2

**一、单选题**

1. 以下可以表明生成式人工智能技术逐渐成熟，已经处于快速发展阶段的事件是（　　）

A. 约瑟夫·维森鲍姆（Joseph Weizenbaum）和肯尼斯·科尔比（Kenneth Colby）共同开发了世界第一款可人机对话的机器人“伊莉莎（Eliza）”

B. 纽约大学人工智能研究员罗斯·古德温装配的人工智能系统撰写出第一部完全由人工智能创作的小说《1 The Road》

C. 2012 年，微软公开展示了一个全自动同声传译系统，基于深层神经网络可以自动将英文演讲者的内容通过语音识别、语言翻译、语音合成等技术生成中文语音

D. 2022 年，OpenAI 推出了 ChatGPT，具有极高的自然语言生成和理解能力，能够进行自然语言处理、文本生成和语音识别等

2. 以下可以说明 AIGC 大模型架构潜力凸显的例子是（　　）

A. 通过定义复杂的函数方程组，绘制具备特定美学特征的函数曲线

B. 生成式对抗网络（GAN）的提出，带来了一种全新的博弈学习范式

C. 卷积神经网络 AlexNet 在 ImageNet 大规模视觉识别挑战赛中获得冠军

D. 文心一言根据描述生成产品简介

**二、多选题**

1. 结合人工智能的演进历程，生成式人工智能的发展经历的阶段是（　　）。

A. 早期萌芽阶段——20 世纪 50 年代至 90 年代中期

B. 快速腾飞阶段——20 世纪 90 年代中期至今

C. 沉淀积累阶段——20 世纪 90 年代中期至 21 世纪 10 年代中期

D. 快速发展阶段——21 世纪 10 年代中期至今

2. 生成式 AI 的主要应用有（　　）。

A. 图像　　B. 文字

C. 视频　　D. 具身智能

3. 以下可以说明生成式人工智能技术逐渐成熟，并已经处于快速发展阶段的事件有（　　）。

A. 2012 年，微软公开展示了一个全自动同声传译系统，基于深层神经网络可以自动将英文演讲者的内容通过语音识别、语言翻译、语音合成等技术生成中文语音

B. 2018 年，英伟达发布了 StyleGAN 模型，可以自动生成图片

C. 2021 年，OpenAI 推出了 DALL−E 并于一年后推出了升级版本 DALL−E−2，主要应用于文本与图像的交互生成内容

D. 2022 年，OpenAI 推出了 ChatGPT，具有极高的自然语言生成和理解能力，能够进行自然语言处理、文本生成和语音识别等

4. 以下可以说明生成式 AI 技术已经步入深化阶段的事件有（　　）

A. 计算机通过定义复杂的函数方程组，绘制具备特定美学特征的函数曲线

B. 计算机从已有的知识库中检索相关信息，通过匹配的方式生成答案

C. 卷积神经网络 AlexNet 在 ImageNet 大规模视觉识别挑战赛中获得冠军

D. 生成式对抗网络（GAN）的提出，带来了一种全新的博弈学习范式

5. 生成式 AI 技术演进出的内容创作三大前沿能力有（　　）。

A. 智能数字内容孪生能力　　B. 智能数字内容感知能力

C. 智能数字内容编辑能力　　D. 智能数字内容创作能力

**三、判断题**

1. 生成式 AI 是一种新型的内容生产方式。（　　）

2. 在生成式 AI 的早起萌芽阶段，有着硬件和互联网海量数据的支撑，但受限于算法瓶颈，生成式 AI 仍无法直接进行内容生成。（　　）

3. 生成式 AI 技术能够与各行各业的特异性场景深度融合，为不同行业带来革命性的变革。（　　）

4. 视觉大模型提升了 AIGC 的感知能力。（　　）

5. AI Agent 是目前最火热的方向，它的设计思想是成为在系统中能够独立思考并与环境交互的一个智能体。（　　）

**四、论述题**

1. 生成式人工智能在创意产业（如艺术、设计、音乐、文学等）中有着广泛的应用前景。请结合具体案例，讨论生成式人工智能如何助力创意产业的创新与发展，并分析其可能带来的挑战，如版权、原创性等。

2. 生成式人工智能可以用于数据增强，提高模型的训练效果。然而，这也可能引发隐私保护的问题。请讨论如何在利用生成式人工智能进行数据增强的同时，保护个人隐私和数据安全。

3. 请基于当前生成式人工智能的发展状况，展望其未来的发展趋势，包括技术革新、应用领域拓展等。讨论生成式人工智能可能对社会经济、科技进步以及日常生活产生的深远影响。

# 第 3 章 大模型技术及应用平台

## 学习目标 >>>

1. 理解大模型时代人工智能与传统 AI 在开发范式上的区别。
2. 了解大模型的能力涌现与背后的技术支撑。
3. 理解大模型的运转原理。

在 AI 1.0 时代，人工智能的开发主要遵循“一事一模型”的传统范式，意味着面对每个新任务或问题，开发者往往需要从零开始，专门设计一个特定的模型来应对。虽然这种方法在特定情境下取得了一定的成效，但其固有的局限性也显而易见：效率低下、资源消耗巨大（包括时间、人力和计算资源），同时这种模型很难适应快速变化的任务环境，缺乏灵活性和通用性。

随着技术的持续革新，大模型的崛起标志着 AI 2.0 时代的到来，成为驱动生成式人工智能快速发展的核心力量。大模型的诞生打破了“一事一模型”的传统束缚，实现了单个模型对多种下游任务的有效支持，这一转变显著提升了开发效率，缩减了资源消耗，并赋予人工智能技术更强的灵活性与适应性，使其能够轻松应对各类复杂场景的挑战，如图 3-1 所示。

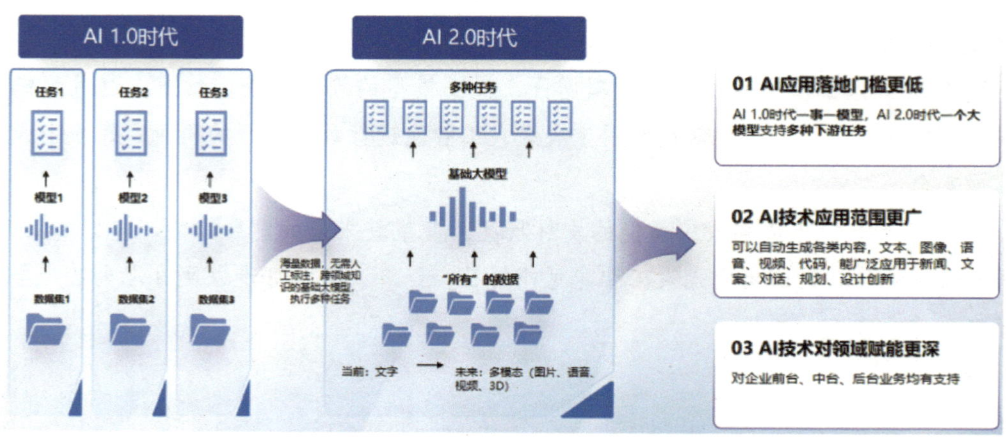


图 3-1　AI 1.0 和 AI 2.0

## 3.1　大模型与 AIGC 的关系

1. 大模型是 AIGC 的技术基础

AIGC 的生成过程依赖预先训练好的大模型。这些大模型通过在大规模数据集上的学习，掌握了生成内容所需的知识和模式，为 AIGC 提供了强大的生成能力。

2. 大模型提升了 AIGC 的内容质量

由于大模型具有巨大的参数规模和深层的网络结构，它们能够捕捉到数据中的细微差异和复杂关系，从而生成更加真实、准确、多样化的内容。这使得 AIGC 在各个领域的应用成为可能，如新闻生成、文学创作、艺术设计、音乐作曲、视频游戏开发等。

3. AIGC 拓展了大模型的应用场景

AIGC 技术不仅限于文本生成，还包括图像、音频、视频等多种形式。这使得大模型的应用场景得到了极大拓展，从自然语言处理领域延伸到了计算机视觉、语音识别、推荐系统等多个领域。

因此，充分了解大模型技术原理是更好地理解生成式人工智能能力的基础。

## 3.2　大模型的分类

大模型作为人工智能领域的重要分支，根据功能和特性，可划分为四类，分别是 NLP 大模型、CV 大模型、多模态大模型和科学计算大模型。

1. NLP 大模型（自然语言处理大模型）

**定义：**NLP 大模型是指通过大规模预训练和自监督学习技术构建的深度学习模型，旨在提高计算机对自然语言的理解和生成能力。这类模型能够处理复杂的语言任务，如文本分类、命名实体识别、情感分析、问答系统、机器翻译、文本生成等。

**技术特点：**NLP 大模型通常采用 Transformer 模型架构，拥有数以亿计的参数，通过大规模预训练和自监督学习技术，在大规模无标注文本数据集上进行预训练，学习到丰富的语言知识和统计规律，进而提升模型的语言理解和生成能力。

**代表模型：**谷歌的 BERT、OpenAI 的 GPT 系列、DeepSeek、百度的文心大模型等。

2. CV 大模型（计算机视觉大模型）

**定义：**CV 大模型是指用于计算机视觉任务的大型深度学习模型，通常采用卷积神经网络等深度学习算法来实现。这类模型能够处理复杂的视觉任务，如图像分类、目标检测、图像分割、姿态估计、人脸识别等。

**技术特点：**CV 大模型通过在大规模图像数据上进行训练，学习到丰富的视觉特征和模式，能够实现对图像和视频的高效处理和分析。

**代表模型：**谷歌的 VIT 系列、百度的文心 UFO、华为的盘古 CV、商汤的 INTERN 等。

3. 多模态大模型

**定义：**多模态大模型是指能够处理和理解多种类型数据的人工智能模型，通常包含文本、图像、音频、视频等不同模态的数据。这类模型能够结合不同模态的信息进行综合分析与理解。

**技术特点：**多模态大模型具有跨模态学习、联合理解和生成的能力，能够从不同模态的数据中学习到共同的特征，并在不同模态之间进行信息转换和生成。这种能力使得多模态大模型在图像生成、视觉问答、语音—图像—文本互换、自动驾驶等领域展现出强大的应用潜力。

**代表模型：**OpenAI 的 DALL-E、华为的悟空画画、Midjourney 等。

4. 科学计算大模型

**定义：**计算大模型主要专注于提升模型的计算能力和效率，以应对大规模数据和复杂任务的处理需求。这类模型通常具有庞大的参数规模和复杂的网络结构，对计算资源的要求较高。

**技术特点：**计算大模型在训练过程中需要采用分布式训练、模型压缩和优化等技术手段来提升计算效率和性能。同时，这类模型也注重模型的可解释性和可信度，以确保模型决策的透明度和准确性。

**应用场景：**计算大模型在自动驾驶、金融风控、医疗影像分析等领域具有广泛的应用前景，能够实现对大规模数据的高效处理和分析。

**代表模型：**尽管没有直接以“计算大模型”命名的具体模型，但一些大型的深度学习模型如 GPT 系列、BERT 等，在训练和应用过程中都展现出对计算资源的巨大需求，并采用多种计算优化技术。因此，它们可以被视为计算大模型的代表。

图 3-2 展示了百度文心大模型的全景图，从中可以清晰地看到，该模型体系全面覆盖了前述的四大类别。在 NLP 大模型领域，百度推出了广为人知的文心一言 ERNIEBot，它在自然语言的理解和生成方面表现出色。在 CV 大模型领域，百度同样实力强劲，例如针对 OCR 图像表征学习的 VIMER-StrucTexT 模型，以及面向多任务视觉表征学习的 VIMER-UFO 模型等，它们都在计算机视觉任务中发挥着重要作用。

在跨模态大模型方面，百度文心大模型同样展现出卓越的能力。其中，ERNIE-ViLG 模型专注文生图能力，能够实现文本到图像的精准生成；而 ERNIE-Layout 模型则针对文档智能领域，为文档的理解和分析提供了有力支持。

此外，在生物计算大模型领域，百度也取得了重要突破。例如，用于化合物表征学习的 Helix GEM 模型，它在生物信息学和药物研发等领域具有广泛的应用前景。

综上所述，百度文心大模型体系全面且深入，不仅覆盖人工智能的多个重要领域，还在各个领域中推出了具有代表性和影响力的模型，充分展示了百度在人工智能领域的强大

实力和创新能力。

| 工具与平台 | EasyDL-大模型 零门槛AI开发平台 | | BML-大模型 全功能AI开发平台 | |
|---|---|---|---|---|
| | 大模型开发工具 | 大模型轻量化工具 | 大模型部署工具 | |
| **文心大模型** | **NLP大模型** | **CV大模型** | **跨模态大模型** | |
| 领域/任务 | 医疗 ERNIE-Health；金融 ERNIE-Finance；对话 PLATO；信息抽取 ERNIE-IE | OCR结构化 VIMER-StrucTexT | 图文生成 ERNIE-ViLG；文档分析 ERNIE-Layout | |
| 基础通用 | 跨语言 ERNIE-M；语言理解与生成 ERNIE 3.0 | 图像 VIMER-Image；视频 VIMER-Video | 视觉-语言 ERNIE-ViL；语音-语言 ERNIE-FAT | |

图 3-2　百度文心大模型的全景图

## 3.3　大模型时代人工智能开发范式

大模型时代的 AI 开发新模式如图 3-3 所示。简而言之，整个过程主要包括两个核心步骤：预训练与精调。

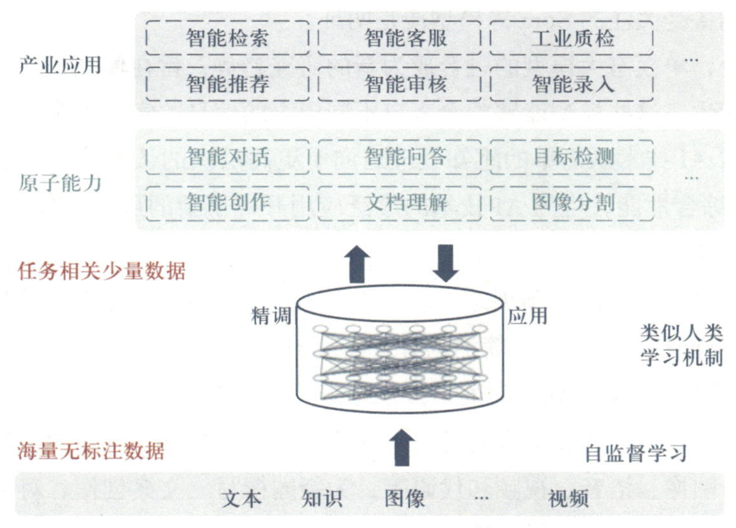


图 3-3　AI 开发新模式

AI 大模型是依托广泛而多样的数据集构建的预训练模型，它代表了对传统算法模型的技术飞跃和产品升级。用户可以通过开源资源、开放的 API 接口或专用工具，利用这些模型进行零样本或小样本学习，从而实现更精确的识别、更深入的理解、更明智的决策以及更高效的生成能力，同时降低开发与部署的成本。大模型的一个关键价值在于它们能够破解数据标注的难题：通过预先学习大量未标注的数据，大模型能够扩展学习范围的广度和深度，进而提升知识储备水平。这样一来，大模型便能够以低成本、高灵活性的方式，为后续的下游任务提供强大的支持。

实际应用中，预训练的大模型首先通过自监督学习，在海量数据的基础上进行“通识”教育。随后，通过“预训练 + 微调”的模式，这些模型能够在保持共享参数的基础上，针对特定的应用场景，使用少量的数据进行精细调整，从而以卓越的性能完成各种任务。这种能力使得 AI 大模型在多种实际应用中展现出了巨大的潜力和价值。

与大模型相比，传统的 AI 开发范式就像是一个尚未接受过教育的小孩，没有任何学习经验和知识积累。若要让其从事特定行业的工作，就必须经历从小学到中学，再到大学的学习过程，逐步积累知识，直至毕业，方能应用所学，胜任工作。

由此可见，大模型时代的新 AI 开发范式在通用性、泛化性和效率上都有巨大的提升。当然大模型的发展也离不开数据、算力和算法的支持，这些因素共同推动了 AI 技术的快速进步。

从技术发展的视角审视，大模型的起源可追溯至自然语言处理领域，其中谷歌的 BERT 模型、OpenAI 的 GPT 系列以及百度的文心大模型等里程碑式的成果，引领了模型参数规模向千亿、万亿级别的飞跃，伴随着训练数据量的激增，模型的性能也随之显著增强。除语言模态外，业界对其他模态大模型的探索也日益重视，例如视觉大模型的研究正逐步兴起，近期备受关注的 Sora 等模型便是明证。

在此基础上，单模态大模型的融合成为新的研究趋势，旨在模拟人脑多模态感知能力的大模型应运而生。这些模型能够整合来自不同模态的信息，实现更全面、更深入的理解与生成，标志着 AI 技术从简单的感知处理迈向了更高层次的认知阶段。这一进步不仅提升了 AI 系统的综合性能，也为 AI 技术的广泛应用开辟了新的可能，预示着 AI 领域即将迎来一场深刻的变革。

因此，大模型所倡导的“预训练 + 精调”等模式，为 AI 研发带来了全新的标准化范式，使得 AI 模型能够以更统一、简洁的方式实现规模化生产。

AI 2.0 时代的开发模式不仅改革了开发范式，还大幅拓宽了人工智能技术的应用领域。在这个时代中，人工智能生成内容技术的崛起，使得自动生成各种类型的内容成为可能，包括文本、图像、语音、视频和代码等，为新闻撰写、文案创作、对话生成、规划决策和设计创新等多个领域提供了广泛支持。

## 3.4　大模型原理解析

大模型的执行流程可划分为两大主要阶段：**一是大模型的训练阶段，二是训练完成后大模型的高效运用阶段。**

在大模型训练阶段，诸多关键技术发挥着至关重要的作用。首先，对训练数据进行工程化处理，确保数据的质量和适用性。随后，利用预训练技术，为大模型提供一个初

始的、通用的知识框架。在此基础上，通过有监督微调技术，针对特定任务对模型进行精细调整，以提升在该任务上的性能。此外，RLHF（reinforcement learning with human feedback）技术也是近年来备受关注的方法，它通过结合人类反馈进行强化学习，使得大模型能够更好地理解和满足用户需求。

在训练出性能优良的大模型后，如何高效地运用这些模型成为另一重要课题。这涉及与大模型的高效交互，例如通过提示工程来激发大模型的能力，以及加速大模型回答推理与部署的技术。这些技术不仅关乎模型性能的发挥，还直接影响模型在实际应用中的效率和效果。

本节主要聚焦于大模型训练阶段，深入探讨预训练、有监督微调和 RLHF 等技术原理。而关于大模型使用中的关键技术，将在后续的章节中详细介绍。当前主流的大模型训练过程通常遵循以下 4 个关键步骤，如图 3-4 所示。

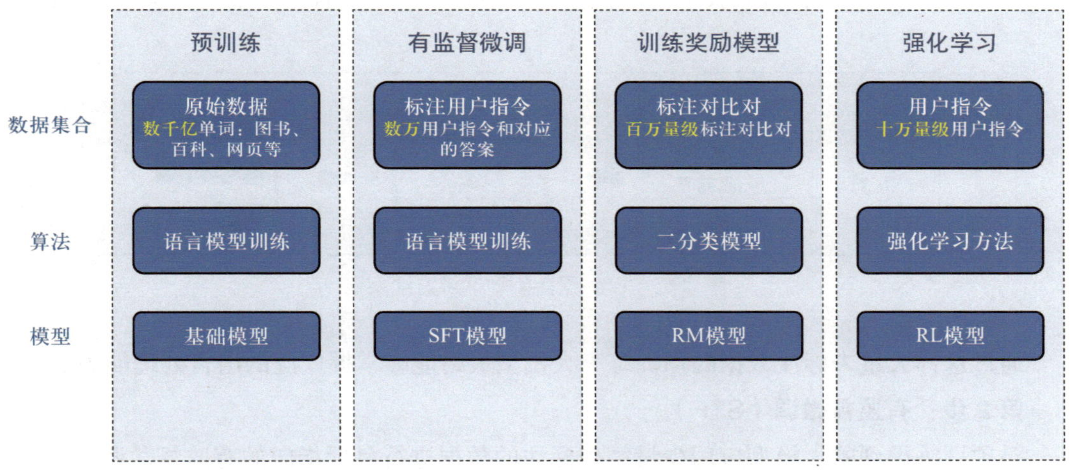


图 3-4　主流大模型训练 4 个关键步骤

（1）利用大量未标注数据对大模型进行预训练，以获得通用的能力和知识。

（2）对预训练得到的大模型应用少量精确标注的数据进行目标指向的有监督微调，进一步提升模型在特定任务上的表现。

（3）训练一个奖励模型，用于评估大模型的行为和输出。

（4）借助奖励模型指导的强化学习，持续优化大模型的性能和能力。

首先，探讨大模型在预训练阶段的工作原理。可能读者会产生疑问，既然预训练过程采用的是未标注数据，即数据并未附带正确答案的标签，那么大模型如何通过预训练学习呢？

**第 1 步：预训练**

利用大量未标注数据对大模型进行预训练，以获得通用的能力和知识。

在此需要介绍预训练阶段的两种主要方法：自回归语言模型和掩码语言模型。

对于自回归语言模型而言，其训练方法类似于让大模型自行进行成语接龙，如图 3-5 所示。例如，若有一条训练数据为“山雨欲来风满楼”，技术人员会省略句子的最后一个字，将其余部分输入模型，让模型预测缺失的字是什么。

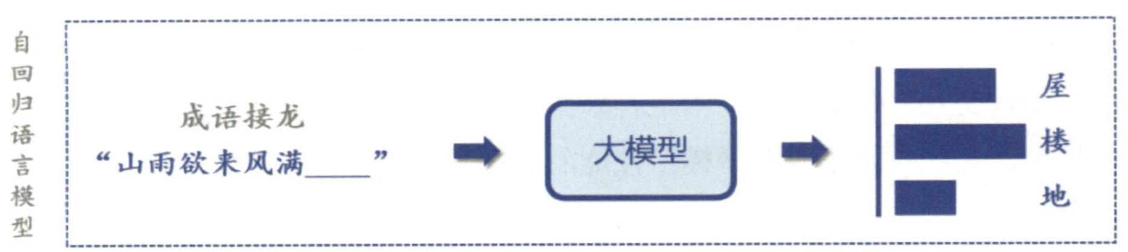


图 3-5　自回归语言模型训练方法案例

掩码语言模型的训练方法类似于进行完形填空练习，如图 3-6 所示。采用同样的例句“山雨欲来风满楼”，技术人员会随机挖去句中某个字，然后让模型预测这个缺失的字。

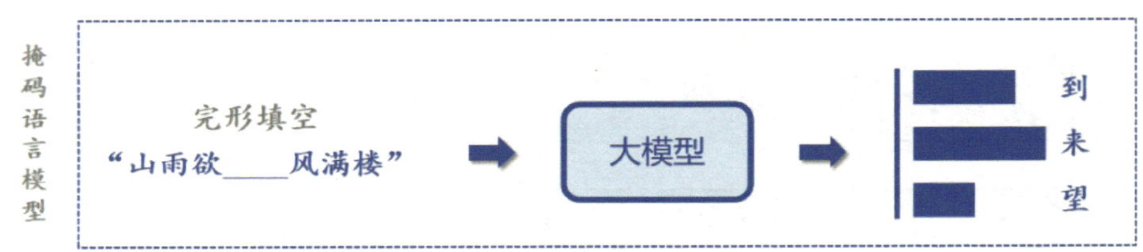


图 3-6　掩码语言模型训练方法案例

通过这样大量未标注数据的预训练，大模型最终能够掌握广泛的语言处理能力。

**第 2 步：有监督微调（STF）**

对预训练得到的大模型应用少量精确标注的数据进行目标指向的有监督微调，进一步提升模型在特定任务上的表现。

通过学习文本生成的基本方法，如成语接龙（自回归语言模型）和完形填空（掩码语言模型），大模型能够产生流畅的语言输出。然而，这些技术并不总能使模型准确地回应特定查询。例如，向大模型询问“山雨欲来风满楼出自哪首诗？”时，尽管“《咸阳城东楼》”“你能告诉我吗”“这是一个好问题”等回答在语境上是连贯的，但只有“《咸阳城东楼》”才是符合人类预期的正确答案，如图 3-7 所示。

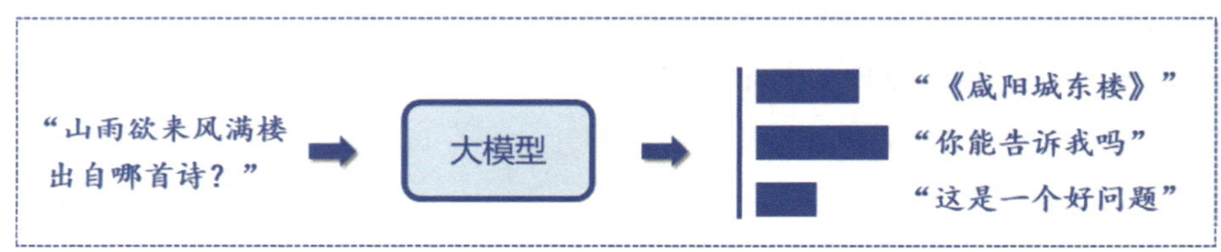


图 3-7　向大模型询问

为了使大模型能够输出符合人类预期的答案，需要引入更精细化的训练数据进行学习，即进入有监督微调阶段。在这一阶段，通常会为特定问题编写人工答案，并将这些问题及其答案用于训练大模型，以此方式向 AI 传达人类认可的答案。值得注意的是，无需对所有潜在的问题和答案进行穷举，这不仅成本高昂且不切实际。实际上，仅需数万条数据即可指导大模型学习，主要目的是让 AI 了解人类的偏好并提供输出的方向性指导。

在有监督微调阶段，目前普遍采取的是指令微调的方法。简单来说，指令微调是在一系列以指令为描述的任务上对语言模型进行微调的过程。这显著提升了模型在未知任务零样本条件下的表现。

对比其他两种常用的大模型微调方法：参数微调通常使用特定的标注数据对预训练完成的大模型进行微调，例如使用情感分析标注数据集增强模型在情感分析任务上的表现。然而，这种方法的局限性在于，微调后的模型主要在特定任务上得到增强，而在其他任务上的表现不会有显著改进。第二种方法是提示学习，这种微调通常不会或仅会对模型的参数进行微小调整，通过技巧性的提示工程或少样本学习技巧使模型更好地适应提出的问题。

指令微调的方法与以上两者有本质区别，通过构建指令数据集引导大模型学习，从而在 B、C、D 任务上实现微调学习，同时保持在 A 任务上的出色表现，这是一种效率更高、能够引导模型举一反三的微调方式。

关于指令数据集的构建原理，其过程直观且简洁。首先将原始的、涵盖多种任务的数据集，经过人工改造，转化为一个多任务指令数据集。以图 3-8 所示的三条训练数据为例，它们原本属于不同类型的训练数据，分别对应机器翻译任务、情感分析任务和常识问答任务。在指令数据集的构建过程中，将这些不同类型的数据统一转化为一种标准形式，即“指令（红色字体）+ 主体（黑色字体）+ 答案（绿色字体）”的结构。通过按照这一统一形式对数据集中的所有数据进行改造，便能够完成多任务指令数据集的构建工作。随后，利用这一构建完成的指令数据集，对预训练大模型进行微调，便可实现指令微调的效果。

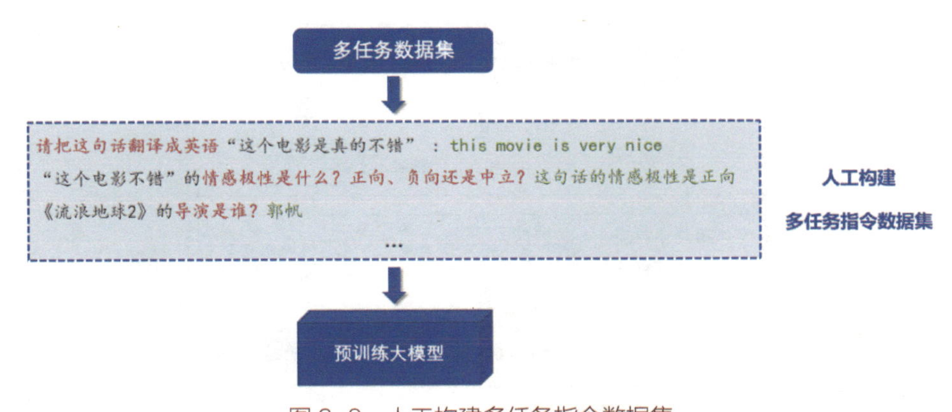


图 3-8　人工构建多任务指令数据集

**第 3 步：训练奖励模型**

训练奖励模型，用于评估大模型的行为和输出。

借鉴其他 AI 模型的训练策略。以 AlphaGo 为例，它通过海量的自我对弈来优化模型，最终在围棋领域超越了人类。类似地，也可以考虑通过让大模型进行大量的自我对弈来增强回答问题的能力。然而，这一过程中面临一个关键挑战：缺少一个有效的“指导老师”。AlphaGo 的自我对弈结果可以通过围棋规则来判定胜负，但对于大模型的回答，如何评估其好坏呢？显然，人工逐一评定不仅效率低下，而且受限于人类的时间和精力。

幸运的是，AI 具有无限的精力。因此，设想存在一个能够辨别大模型回答质量的“老师模型”，即 Reward Model（奖励模型），它能够以人类的评分标准对大模型的答案进行评分。通过这一方式，可以引导大模型的回答更加符合人们的偏好。

奖励模型在大模型中扮演着至关重要的角色。首先，选取一个问题，让经过预训练和微调的模型生成多个回答。随后，由人类对这些回答按照质量进行排序。接着，将这些排序结果作为训练数据，让奖励模型学习如何分辨不同答案的优劣。通过大量的训练，奖励模型能够准确评估大模型答案的质量，从而进一步提升大模型的性能。

**第 4 步：根据奖励模型进行强化学习**

借助奖励模型指导的强化学习，持续优化大模型的性能和能力。

配备了能够评估答案质量的奖励模型后，大模型自我指导学习的计划得以实现。在此基础上，借助强化学习技术，让大模型通过不断尝试与反馈调整，逐步提升性能。如图 3-9 所示的例子，我们可以直观地感受到使用奖励模型指导大模型进行强化学习的过程：当将“山雨欲来风满楼出自哪首诗？”这一问题输入大模型时，如果大模型给出的答案是“这是个好问题”显然这并不符合人类的预期。此时，训练有素的奖励模型会对其评定为低分，大模型在接收到这一反馈后会进行相应的调整，减少未来生成此类答案的概率。相反，如果大模型能够回答出“《咸阳城东楼》”这样符合人们预期的答案，奖励模型会给予高分，鼓励大模型继续生成此类优质答案。

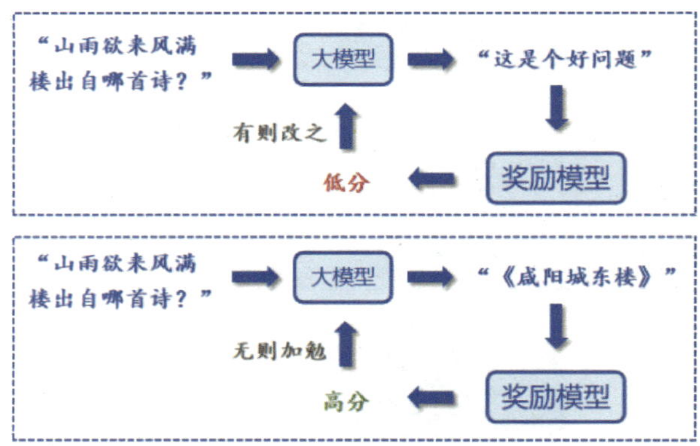


图 3-9　奖励模型指导大模型进行强化学习的过程案例

通过不断的迭代训练，大模型逐渐掌握了输出符合人类预期答案的技巧。这一过程不仅提升了模型的性能，也使其更加贴近人类的思维方式。这种能让大模型与人类期望契合的训练过程被称为“对齐调优”。

对齐调优在大模型训练中占据了极其重要的位置。即便是经过精心训练的大模型，仍然可能出现不满足所谓的“3H 问题”，即有用性、诚实性和无害性。有用性要求大模型能够有效解答用户问题，这需要模型具备足够的敏感性、洞察力和谨慎性，然而，精确理解和衡量用户意图对于大模型来说是一大挑战。诚实性是指人们期望大模型能够提供准确无误的信息，不制造虚假内容，并在必要时能够表达不确定性，避免误导信息的传播。然而，当前阶段的大模型有时会产生误导性的答案。至于无害性，是指期望大模型避免生成任何冒犯性或具有歧视性的内容，这要求模型能够辨识出恶意的询问并予以拒绝。因此，对齐微调成为解决这些问题的关键策略，对于提高大模型在实际应用中的价值和安全性具有重要意义。

总结大模型训练的整体流程，可以分为预训练阶段、有监督微调阶段、奖励模型训练与强化学习阶段。这一系列步骤共同构成了大模型从学习基础知识到精细化适应特定任务，再到进一步优化和提升性能的完整训练过程。

## 3.5　大模型关键能力与技术

大模型是指具有数千万甚至数亿参数的深度学习模型。它们通常由深度神经网络构建而成，拥有巨大的参数规模和深层的网络结构，使得它们具备强大的数据处理和学习能力。这些能力正是 AIGC 所需的，因为生成高质量、多样化、符合特定要求的内容通常需要深度理解和创造性的模式识别。

大模型的设计目的是提高模型的表达能力和预测性能，能够处理更加复杂的任务和数据。它们采用预训练 + 微调的训练模式，在大规模数据集上进行训练后，能快速适应一系列下游任务。大模型具有通用性、涌现性等诸多特点，可以整合多种不同类型的数据和信息，实现多模态处理和分析，从而更全面地理解和解决复杂问题。

随着技术的不断进步，大模型已经演化成一个通用且有能力的学习者。在它进化的过程中，一些关键技术的加持起到了至关重要的作用。

（1）**扩展：扩展技术是大模型发展的基石。**更大的模型、数据规模和更多的算力是提升模型能力的关键。利用扩展法则来更高效地分配计算资源，可以实现事半功倍的效果。

（2）**训练：**大模型的训练是一个庞大的工程，离不开分布式算法、并行策略和各种训练优化技巧的使用。这些技术的运用可以让模型训练更加高效和稳定。

（3）**能力引导：能力引导是大模型发挥潜能的关键。**大模型通常是在大规模的无标注数据上进行训练的，因此它具备的是一些通识性能力。然而，当我们需要解决细分场景的任务时，就需要对大模型进行一些能力的引导，以激发它的潜能。

（4）**对齐微调**：大语言模型是在大规模无标注任务上进行的预训练，即使经过了数据的预处理操作，它仍然可能学习到有毒、有偏见甚至有害的内容。因此设计一种能达到人类期望（高质量、无害回答）的微调方法非常必要。例如 Instruct GPT/Chat GPT 利用基于人类反馈的强化学习技术，产生高质量的“文明”回答。

（5）**工具辅助**：大语言模型在本质上是基于海量纯文本语料库进行预训练的，因此在不适合文本表示的任务上表现不佳。同时，也存在不能获取最新信息的问题。因此，可以借助外部插件来扩展大语言模型的能力范围。比如可以利用计算器辅助大模型进行准确计算，利用搜索引擎辅助大模型检索未知信息。

除此以外，还有许多其他因素，例如硬件升级，也对大模型的成功做出了贡献。

## 3.6　大模型的涌现能力

大模型相较于传统的机器学习模型和深度学习模型，确实展现出了一种特有的“涌现能力”。这种能力是在模型参数增加到某一临界点后突然出现的。

**涌现能力**是指一种在小型模型中不存在，但在大模型中产生的能力。其**显著特点**是当模型、数据规模达到一定水平时，模型的性能显著提高，超出随机水平。

**大模型的涌现能力主要表现为**：上下文学习能力（in-context learning，ICL），即 ICL 能力；指令遵循能力（instruction-following，IF），即 IF 能力；逐步推理，即思维链（chain of thought，CoT）能力。

### 1. 上下文学习能力

该能力是在 GPT-3 模型参数规模达到惊人的 1 750 亿时首次被显著发现的。这一能力的出现，彻底改变了人们对大模型应用潜力的认知。

上下文学习能力，简而言之，就是模型能够通过解析输入文本的单词序列，理解上下文语境，并据此为测试实例生成预期的输出，而无须进行额外的训练。这一能力的核心在于模型对自然语言指令及任务示例的深刻理解，使其能够灵活应对多种任务。

为了更好地理解这一概念，可以参考图 3-10 的示例。

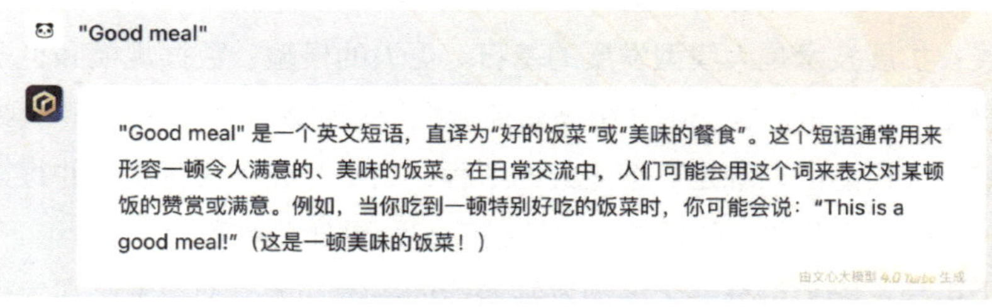


图 3-10　文心一言英译汉

**例 3-1**　大模型的上下文学习能力。

（1）单独在文心一言中输入“Good meal”时，文心一言对该句话进行了英译汉。

（2）在文心一言中输入下列例句。

“Delicious food！”对应积极（Positive）；“The food is awful！”对应消极（Negative）；“Terrible dishes！”对应消极（Negative）。

随后，再在文心一言中输入“Good meal”时，得到的结果如图 3-11 所示。

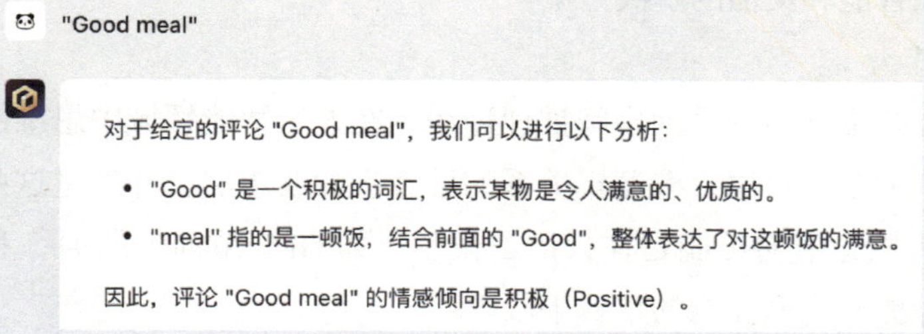

"Good meal"

对于给定的评论 "Good meal"，我们可以进行以下分析：

- "Good" 是一个积极的词汇，表示某物是令人满意的、优质的。
- "meal" 指的是一顿饭，结合前面的 "Good"，整体表达了对这顿饭的满意。

因此，评论 "Good meal" 的情感倾向是积极（Positive）。

图 3-11　大模型上下文学习能力示例图

很显然，大模型会根据先前的三个示例进行推理，判断出任务要求，并得出积极的情感评价。这充分展示了模型能够通过上下文学习和推理，理解并执行相应任务，这也是模型涌现能力的一种体现。

然而，值得注意的是，模型的上下文学习能力并非仅与模型规模正相关。这种能力更多地与特定的下游任务相关。虽然 GPT-3 在拥有 1 750 亿参数时普遍展现出强大的上下文学习能力，而 GPT-2 在仅有 15 亿参数时则未表现出这种能力。但有趣的是，即便在 GPT-3 系列中，130 亿参数的模型在简单的算术任务中也能展现上下文学习能力，而拥有 1 750 亿参数的 GPT-3 在波斯语问答任务上可能表现并不理想。这表明，模型的上下文学习能力是一个复杂且多维度的特性，它受到模型规模、任务类型以及多种其他因素的影响。

综上所述，上下文学习能力的出现不仅提升了模型的灵活性，降低了开发成本，还推动了 AI 技术的进步。随着技术的不断发展，有理由相信上下文学习能力将在未来发挥更加重要的作用。

### 2. 指令遵循能力

指令遵循能力是指大语言模型通过接收自然语言描述的混合多任务数据集进行微调后，能够在未见过的、以指令形式描述的任务上展现出色性能的一种能力。这一能力的出现，标志着大语言模型在理解和执行人类指令方面迈出了重要一步。

具体来说，在模型的训练过程中会使用大量的多样化任务，如情感分析、翻译等，对模型进行训练。通过这些任务，模型可以掌握处理各种任务的能力。例如，研究者可能会通过训练将常识推理、翻译和情感分析等任务融入模型的训练过程。然而，令人惊奇的是，当将模型应用于从未训练过的自然语言推理任务时，它依然能够表现出色。这正是指令遵循能力的体现，即模型通过训练过程中接触到的指令形式数据，学会了如何理解和执行各种任务。

指令遵循能力使得大语言模型能够在未经训练的任务上展现出卓越性能，并在新的任务中展现出强大的泛化能力。这是大模型所涌现出的第二个重要能力，为人们在各种应用场景中提供更加智能和灵活的解决方案。

3. 思维链能力

思维链是复杂推理中一系列中间推理过程。在人工智能领域中思维链能力指的是一种将复杂问题分解为多个有序、有逻辑关系的思考步骤或想法，并通过这些步骤逐步解决问题的能力。这一概念最初可能是在大语言模型（如 GPT 系列）的训练和应用中被偶然发现，并逐渐成为提升模型性能的重要手段。

思维链具体来讲就是在解决数学问题或者处理复杂的文字推理题时所经历的中间过程。

**例 3-2** 如图 3-12 所示的算术题：“源源有 10 个乒乓球，她又买了 2 罐乒乓球。每个罐子里有 5 个乒乓球。她现在有多少个乒乓球？”然后给出了示例答案，即总共有 20 个球。该例子便很好地展现出了思维链理解能力对大模型的帮助。在提供答案时，不仅给出了最终结果，还给出了详细的解题思路，告诉用户 20 个乒乓球是怎么计算出来的。

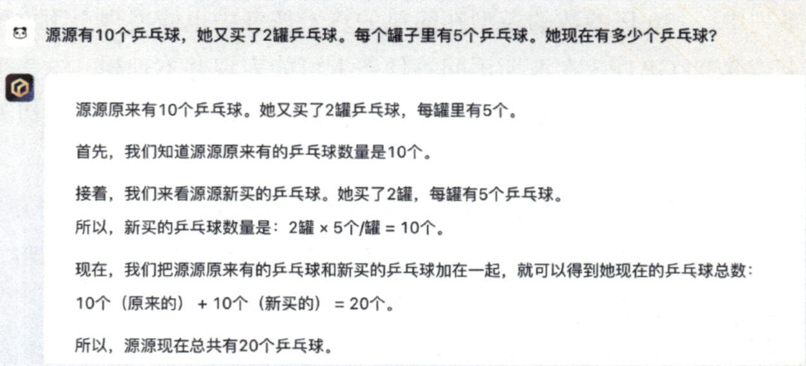

源源有10个乒乓球，她又买了2罐乒乓球。每个罐子里有5个乒乓球。她现在有多少个乒乓球？

源源原来有10个乒乓球。她又买了2罐乒乓球，每罐里有5个。

首先，我们知道源源原来有的乒乓球数量是10个。

接着，我们来看源源新买的乒乓球。她买了2罐，每罐有5个乒乓球。

所以，新买的乒乓球数量是：2罐 × 5个/罐 = 10个。

现在，我们把源源原来有的乒乓球和新买的乒乓球加在一起，就可以得到她现在的乒乓球总数：

10个（原来的）+ 10个（新买的）= 20个。

所以，源源现在总共有20个乒乓球。

图 3-12　大模型思维链能力示例图

随着人工智能技术的不断发展，思维链能力有望在更多领域得到应用。例如，在智能问答、机器翻译、自动驾驶等领域，思维链能力可以帮助模型更好地理解问题、生成更准

确的答案或做出更合理的决策。此外，随着多模态技术的发展，思维链能力也有望在跨模态推理方面发挥重要作用。

总之，思维链能力是人工智能领域中一种重要的推理能力，它通过分解问题为多个有序、有逻辑关系的思考步骤，逐步解决问题。这一能力不仅提高了模型的推理能力和可解释性，还增强了模型的泛化能力。随着研究的深入和技术的不断发展，思维链能力有望在更多领域得到应用并取得更大的突破。

## 3.7　国内外典型大模型应用平台

大模型应用平台在近年来快速发展，涉及文本、图像、音频、视频等多个领域的应用。国内外存在众多典型大模型应用平台，以下是一些代表性平台及其特点总结。

### 3.7.1　国内大模型应用平台

#### 1. 百度——文心一言

文心一言是百度研发的基于文心大模型的人工智能产品，它是一款先进的自然语言处理模型，它能够理解、生成并回应人类的语言，提供准确、流畅的信息交流与内容创作支持，广泛应用于问答、文本生成、对话系统等多个领域，极大地提升了人机交互的体验与效率。

#### 2. 科大讯飞——讯飞星火

讯飞星火是科大讯飞推出的一款人工智能模型，旨在提供自然语言处理、文本生成、知识问答等多种能力，以帮助用户更高效地完成各种任务。该模型融合了科大讯飞在语音识别、自然语言处理等领域的技术积累，具备较高的准确性和实用性。

#### 3. 阿里云——通义千问

通义千问是一款由阿里云开发的超大规模语言模型，具备多轮对话、文案创作、逻辑推理、多模态理解等功能，能够解答各种常见及复杂问题，并支持多语言环境。该模型广泛应用于金融、医疗、教育、物流等领域，以广泛的知识覆盖面和高效的问答能力受到用户好评。

#### 4. 字节跳动——豆包

豆包是字节跳动公司基于云雀模型开发的 AI 工具，不仅具备自然语言聊天能力，还提供写作助手和英语学习助手等功能。它支持多平台使用，包括网页、iOS 和安卓平台，是一款集聊天、创作、学习等多功能于一身的人工智能产品。

#### 5. 360 公司——360 智脑

360 智脑是 360 公司自主研发的认知型通用大模型，依托 360 多年积累的大算力、大数据和工程化优势，集成了多种大模型技术能力，具备生成创作、多轮对话、逻辑推理等核心能力。它致力于为用户提供智能、高效的服务体验。

6. 智谱 AI——智谱清言

智谱清言是一款基于智谱 AI 自主研发的中英双语对话模型，经过万亿字符的文本与代码预训练，并采用有监督微调技术，以通用对话的形式为用户提供智能化服务。该模型具备通用问答、多轮对话、创意写作、代码生成等丰富能力。

7. DeepSeek

DeepSeek 是一款由杭州深度求索人工智能基础技术研究有限公司开发的人工智能工具，近年来（特别是在 2025 年初）在人工智能领域引起了广泛关注。它基于深度学习技术，融合了自然语言处理、计算机视觉、强化学习以及多模态融合等多种先进技术，旨在为用户提供更智能、更高效的搜索体验和服务。

国产大模型功能强大、应用广泛，正在不断推动着人工智能技术的创新和应用。它们的出现不仅为用户带来了更智能、更便捷的服务体验，也为国内人工智能领域的发展注入了新的活力。

### 3.7.2 国外大模型应用平台

1. OpenAI——GPT 系列

GPT 系列模型是 OpenAI 开发的先进语言模型，包括 chatGPT-3、chatGPT-4 等版本。这些模型通过大规模的预训练和精细调整，具备了惊人的语言生成和理解能力，能够完成对话、文本创作、知识问答等多种任务。

2. Anthropic——Claude

Claude 是 Anthropic 公司开发的一款类似于 ChatGPT 的模型，它在某些方面与 GPT 系列模型形成竞争。Claude 提供了更新的数据和更长的输入提示功能，能够基于最新的信息和语料库进行学习和生成回答。

注意：由于 Claude 并非 OpenAI 的产品，且其官方网站可能不包含直接的访问链接，因此用户需要通过特定渠道或 API 接口来使用它。

3. 谷歌——GoogleBard

GoogleBard 是谷歌开发的一种对话式 AI 工具，基于谷歌的 PaLM 大语言模型构建。它能够接受文本或图像输入，生成歌词、撰写报告等内容，是一种协作聊天工具，旨在提高用户的生产力。

这些平台各自具备独特的技术特点和优势，在 AIGC 领域发挥着重要作用。用户可以根据自己的需求和场景选择合适的平台来使用。

## 本章小结 >>>

大模型技术作为人工智能领域的重要发展方向，以其庞大的参数规模、强大的学习能力和泛化能力，引领着新一轮的技术革命。本章深入介绍了大模型技术的原理、训练过程及其在多领域的应用。同时，还概述了国内外主流的大模型应用平台，如文心一言、通义千问等，这些平台不仅展示了大模型技术的最新成果，还为各行业提供了智能化的解决方案。大模型技术的快速发展，将为未来的人工智能应用开辟更广阔的前景。

## 课后练习 3

**一、单选题**

1. 在传统的 AI 开发范式中，数据集通常需要划分为（　　）。

A. 训练集、验证集、测试集　　B. 训练集、评估集、部署集

C. 基础集、扩展集、优化集　　D. 初始集、中间集、终端集

2. 在传统 AI 开发范式中，通常会选择 YOLO 系列模型进行目标检测任务的原因是（　　）。

A. 它的训练速度最快

B. 它适用于自然语言处理任务

C. 它在目标检测任务上的性能优良

D. 它是唯一可以进行目标检测的模型

3. AI 大模型时代开发新模式主要包括的两个关键步骤是（　　）。

A. 预训练与部署　　B. 预训练与精调

C. 数据采集与分析　　D. 模型测试与优化

4. AIGC 的行间续写功能主要提供（　　）的编程辅助。

A. 自动生成 API 文档

B. 生成方法、函数、判断语句、循环体等完整的代码块

C. 自动修复程序中的错误

D. 生成数据库查询语句

5. AIGC 的智能生成代码功能支持的编程语言是（　　）。

A. 只有 Java 和 C++

B. Java、C++、JS 等多种语言

C. Python 和 Ruby

D. 仅包括 HTML 和 CSS

6. AIGC 的多行推荐功能增强用户体验的方式是（　　）。

A. 通过提供单一的最佳解决方案

B. 每次推荐仅包含一个结果

C. 提供丰富的选择空间，包含多个推荐结果

D. 限制用户的选择，确保遵循最佳实践

7. 星野应用主要提供的服务类型是（　　）。

A. 情感寄托　　B. 在线购物

C. 教育培训　　D. 旅游规划

8. Perfect Corp 的 AI 性格测试通过（　　）来推断用户的性格特点。

A. 性格问卷　　B. 面部属性分析

C. 手写分析　　D. 生日星座

**二、多选题**

1. AI 2.0 时代大模型的出现，相较于 AI 1.0 时代的"一事一模型"的特点，带来的显著变化有（　　）。

A. 提高了开发效率

B. 增加了资源消耗

C. 使得单个模型能够支持多种下游任务

D. 降低了资源消耗

2. 大模型发展的技术支撑包括（　　）。

A. 数据量级的提升　　B. 参数规模的增加

C. 算法的优化　　D. 硬件的进步

3. GPT−3 模型在不同任务中的上下文学习能力表现说明（　　）。

A. 1 750 亿参数的 GPT−3 在所有任务中都有最佳表现

B. 参数少的模型无法展现上下文学习能力

C. 上下文学习能力在不同任务中的表现可能有差异

D. 大模型的上下文学习能力不仅依赖参数数量

4. 大模型的涌现能力主要体现在（　　）。

A. 上下文学习　　B. 同理心

C. 思维链　　D. 指令遵循

5. 大模型的训练阶段涵盖的过程是（　　）。

A. 预训练　　B. 有监督微调

C. 强化学习　　D. 提示工程

6. AIGC 在软件开发中提高编程效率和代码质量的功能是（　　）。

A. 行间续写功能　　B. 智能生成代码功能

C. 实用的注释生成代码功能　　D. 自动化项目管理工具

7. AIGC 有助于提升代码的可读性和可维护性的功能是（　　）。

A. 代码解释功能　　B. 多行推荐功能

C. 代码生成注释功能　　D. 实用的注释生成代码功能

8. AIGC 能够提供用来优化用户的出行体验的服务有（　　）

A. 智能推荐餐厅　　B. 自动编写旅游日记

C. 提供即时天气更新　　D. 自动预约车辆

9. 文思助手提供的功能包括（　　）。

A. 一键写作　　B. 论文提纲生成

C. AI 对话　　D. 自动化代码编写

10. 度加创作工具的（　　）特点表明了其在视频制作方面的创新。

A. 一键自动制作视频　　B. 文案润色和改写

C. 高质量视频生成　　D. 自动标题和正文生成

**三、判断题**

1. 在 AI 2.0 时代，大模型的开发已经完全摆脱了对传统机器学习技术的依赖。（　　）

2. 计算机视觉大模型，如 V−MoE 和 SAM，主要通过提升参数规模来实现在图像识别任务中的高准确率。（　　）

3. 多模态大模型通过融合文本、图像、视频和音频等多种数据类型，能够模拟人类的多模态感知与认知，从而在跨模态数据融合问题上取得显著进展。（　　）

4. 大模型的训练过程不涉及数据的工程化处理。（　　）

5. 小侃星球的 AI 角色无法根据用户的兴趣爱好和话题偏好调整对话内容。（　　）

6. 度加创作工具的 AI 成片功能需要用户具备专业的视频制作技能。（　　）

7. 美图秀秀的 AI 扩图功能可以智能地识别和填充图片中的空白区域。（　　）

8. AIGC 技术无法在软件开发中自动覆盖代码的边界条件和异常情况。（　　）

9. AIGC 技术在游戏开发场景中，只限于生成游戏的静态内容，如剧情和对话。（　　）

**四、论述题**

1. 请基于当前国内大模型应用平台的发展状况，展望其未来的发展趋势，包括技术创新、市场拓展、国际合作等方面，并分析它们在国内外的市场前景和竞争力。

2. 请详细论述大模型如何通过其涌现能力，在文本生成、语义理解、情感分析等自然语言处理任务中展现出更优异的性能，并举例说明它们实际应用效果。

3. 请阐述大模型在人工智能领域中的地位和作用，讨论大模型如何推动人工智能技术的进步和应用场景的拓展。你期待大模型在未来人工智能发展中扮演什么样的角色？

# 第 4 章 通往 AI 世界的钥匙：提示词工程基础

## 学习目标 >>>

1. 了解提示词的概念。
2. 理解优质提示词的意义。
3. 掌握提示词万用公式。
4. 掌握优化提示词的技巧。

## 4.1 提示词概述

**提示词（prompt）的定义：**是一种用于驱动大模型进行表达活动的文本描述。但这一定义并非一成不变，而是随着技术的不断进步而持续演进。

在当前的科技背景下，由于大模型的技术能力尚存在一定的局限性，文本描述便成为与大模型进行交互的主流方式。因此，人们借助精心设计的文本提示词（prompt），引导模型完成文章生成、问题解答以及其他形式的文本创作任务。

然而，展望未来，随着大模型技术的不断成熟与完善，人类与大模型的交互方式将日趋多样化和丰富。例如，人们会借助语音、视频等多媒体形式来驱动大模型进行表达。想象一下，当用户上传一段语音或一段视频时，大模型便能依据这些内容生成与之相关的文本描述、情感分析或创意建议。这种交互方式将为用户带来更为直观且生动的体验。届时，prompt 的概念也将得到进一步的拓展与深化，它将不再局限于文本描述，而是可以涵盖更广泛的输入形式。这些新型的 prompt 形式将使人们能够更加灵活地与大模型进行交互，从而解锁更多前所未有的应用场景与可能性。

那么，prompt 是如何与大模型进行交互的呢？下面以文心一言 Web 端为例，如图 4-1 所示，在文心一言的界面下方有一个输入框，这便是用户与文心一言进行交互的窗口。用户只需将 prompt 输入该框中，即可启动与大模型的交互过程。这一操作方式极为方便且简洁。

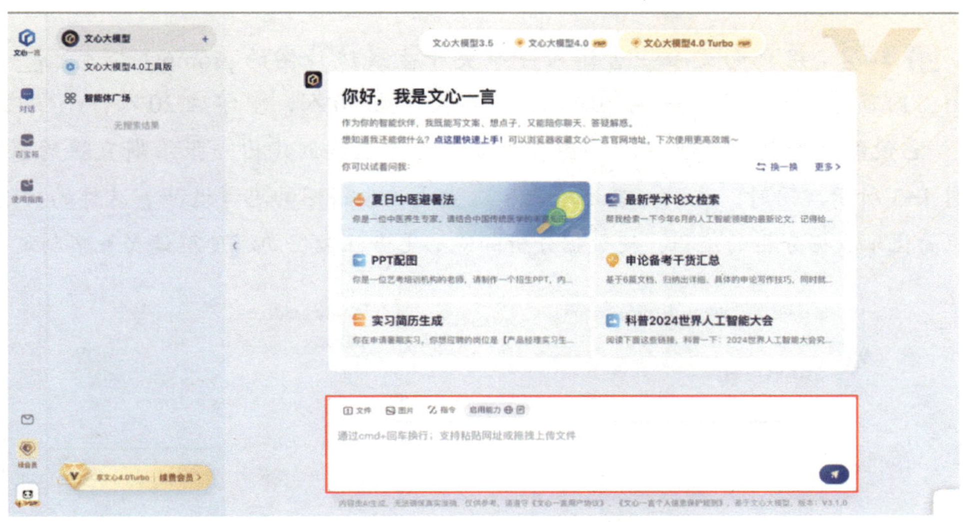


图 4-1　文心一言 Web 端页面

**例 4-1**　当用户在文心一言中输入如图 4-2 所示的 prompt：“画一幅画，呆萌的小狗躺在草地，可爱温柔，动漫风格，暖系色调，居中，面对镜头，虚幻引擎，棉花糖质感，光线追踪，极致细节，质感细腻，8K，超高清，超广角，极致清晰，丁达尔效应”，文心一言便能迅速输出一幅精美且符合提示词描述的画作。这正是文心一言等大模型所展现出的强大之处。

图 4-2　文心一言根据 prompt 描述画出小狗

除了生成精美的图片外，prompt 的应用范围实际上极为广泛，能够驱动大模型完成多种类型的工作。以文心一言为例，这款强大的大模型工具不仅擅长图像处理，还能根据用户的多样化需求，生成各种实用的内容。在数据分析领域，prompt 展现了高效且精准的特性。

**例 4-2** 用户向文心一言输入一个关于生成统计图的 prompt：“请生成一张饼图，内容为：学生人数一共 100 人，其中大学生 30 人，中学生 20 人，小学生 50 人。”它便能立即利用数据处理和图表生成能力，迅速创建出一张清晰直观的饼图，如图 4-3 所示。同时，文心一言还给出了它生成这张饼图的思考过程。这样的功能极大地简化了数据分析的流程，使数据分析师能够更专注数据的深度解读和策略制定。

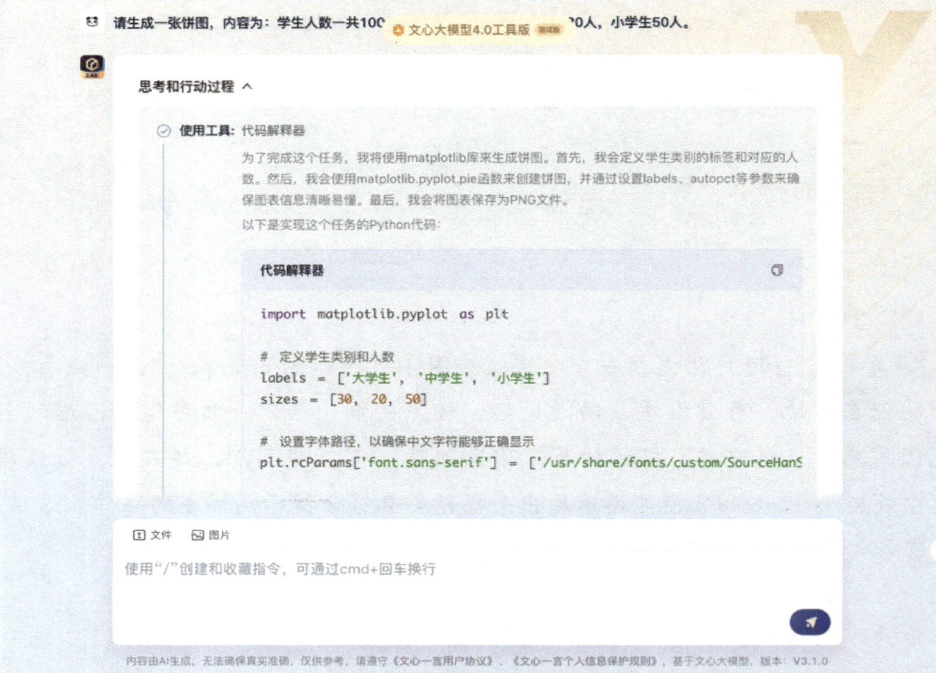

请生成一张饼图，内容为：学生人数一共100 ⋯⋯0人，小学生50人。

文心大模型4.0工具版

思考和行动过程

使用工具：代码解释器

为了完成这个任务，我将使用matplotlib库来生成饼图。首先，我会定义学生类别的标签和对应的人数。然后，我会使用matplotlib.pyplot.pie函数来创建饼图，并通过设置labels、autopct等参数来确保图表信息清晰易懂。最后，我会将图表保存为PNG文件。

以下是实现这个任务的Python代码：

代码解释器

```
import matplotlib.pyplot as plt

# 定义学生类别和人数
labels = ['大学生', '中学生', '小学生']
sizes = [30, 20, 50]

# 设置字体路径，以确保中文字符能够正确显示
plt.rcParams['font.sans-serif'] = ['/usr/share/fonts/custom/SourceHanS
```

文件　图片

使用“/”创建和收藏指令，可通过cmd+回车换行

内容由AI生成，无法确保真实准确，仅供参考，请遵守《文心一言用户协议》、《文心一言个人信息保护规则》，基于文心大模型，版本：V3.1.0

(a) 文心一言思考过程

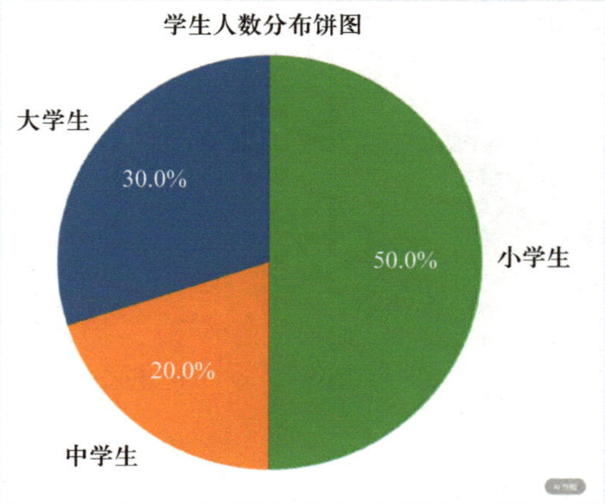

学生人数分布饼图

大学生 30.0%

中学生 20.0%

小学生 50.0%

(b) 文心一言创建饼图

图 4-3　文心一言的图表生成能力

在编程领域，prompt 同样发挥了巨大的作用。通过精心设计的 prompt，用户可以让大模型帮助生成复杂的代码片段，甚至完整的程序。

**例 4-3** 用户需要一个验证邮箱格式的正则表达式，只需向文心一言提出相应的需求“帮我写一个验证邮箱的正则表达式。”它便能迅速生成一个精确且易于理解的正则表达式，并附带解释各部分的意义以及怎么使用该正则表达式，如图 4-4 所示。这不仅提高了编程效率，还为初学者提供了宝贵的学习资源。

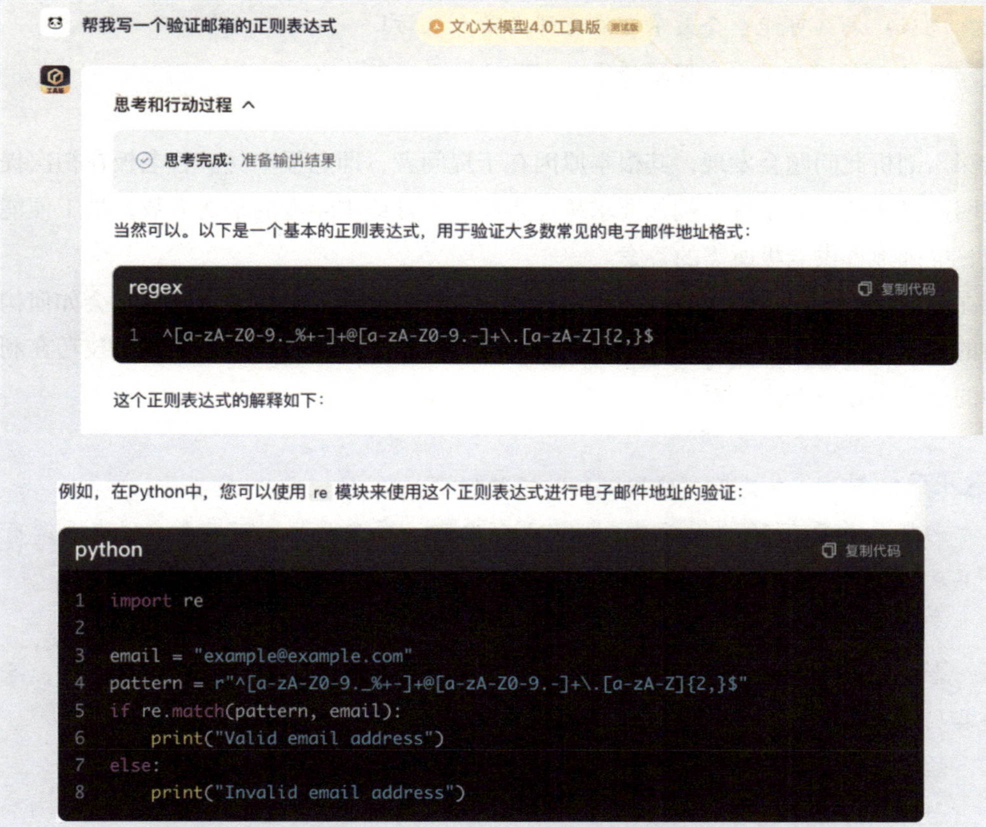

帮我写一个验证邮箱的正则表达式　文心大模型4.0工具版

思考和行动过程

思考完成：准备输出结果

当然可以。以下是一个基本的正则表达式，用于验证大多数常见的电子邮件地址格式：

```regex
^[a-zA-Z0-9._%+-]+@[a-zA-Z0-9.-]+\.[a-zA-Z]{2,}$
```

这个正则表达式的解释如下：

例如，在Python中，您可以使用 re 模块来使用这个正则表达式进行电子邮件地址的验证：

```python
import re

email = "example@example.com"
pattern = r"^[a-zA-Z0-9._%+-]+@[a-zA-Z0-9.-]+\.[a-zA-Z]{2,}$"
if re.match(pattern, email):
    print("Valid email address")
else:
    print("Invalid email address")
```

图 4-4　文心一言生成验证邮箱格式的正则表达式

这 3 个例子只是 prompt 应用的一小部分。实际上，只要用户能构思出合适的 prompt，大模型便能在多个领域发挥强大的能力。无论是文字创作、图像处理、编程开发，还是科学研究、教育培训等领域，prompt 都提供了一个全新的视角和工具，帮助人们高效地完成任务，深入地探索未知。

随着技术的进步和应用的深化，prompt 将在未来发挥更加重要的作用。它不仅改变人们的工作方式和生活方式，还将推动各个领域的创新和发展。因此，应该积极学习和掌握

prompt 的使用方法，以便更好地利用大模型的能力，为自己和社会创造更多的价值。

尽管大型模型具备强大的生成能力，但并非所有的 prompt 都能引导输出用户期望的结果。这一点的核心往往在于 prompt 的质量，若用户在问题中无法清晰、精确地阐述需求，大模型也难以洞悉真实意图，从而难以生成符合用户预期的回答。

**例 4-4** 分析下列对话，产生该结果的原因是什么？

老板：你去统计一下公司现在来访总人数。

员工：截至目前，公司一共有八万人来访。

老板：怎么可能？今天不可能有那么多人来访！

员工：不好意思，我理解错了。

深入剖析此问题会发现，其根本原因在于提问者，即老板本身。若老板在初次提问时便能明确具体的时间条件，例如要求统计本周、本月或本年度的来访人数，员工便能更加迅速、准确地提供老板所需的答案。

在此情境中，可以将老板视为用户，而员工则可比作大模型。用户需学会如何构建高质量的问题，方能有效引导大模型生成所期望的内容。因此，提问的艺术与技巧在利用大模型的过程中显得尤为重要。

**例 4-5** 一个关于“好好说话”的范例。

老师：源源有 10 个乒乓球，她又买了 2 盒，每盒乒乓球有 5 个，现在源源有几个乒乓球？

学生：老师，我蒙了……

老师：没事，我们一步一步来，源源买了 2 盒乒乓球，每盒乒乓球有 5 个，源源一共买了几个乒乓球？

学生：2×5=10（个）

老师：源源原先有几个球？

学生：原先有 10 个。

老师：现在一共有几个球？

学生：现在有 10+10=20 个球。

在这个案例中，一位老师向学生提出了一个涉及数学计算的问题。起初，学生未能立即给出答案，但老师并未因此责备学生。相反，老师采用了循循善诱的方式，逐步引导学生思考问题的解决方案。通过一系列精心的提示与引导，学生最终成功地推导出计算题的答案。

这一案例与大模型交互的过程有着异曲同工之妙。在与大模型进行交互时，用户常常会遭遇模型无法立即理解意图的困境。此时，不应急于求成或批评大模型，而应效仿上述老师的做法，采取渐进式的引导策略，通过精心设计的 prompt 来激发大模型的能力。具体而言，用户可以从简单到复杂、从已知到未知，逐步构建 prompt。首先，用户可以提供一个基本的背景信息或情境描述，为大模型奠定理解的基础。随后，逐步引入具体的问题或任务要求，帮助大模型逐步深化对需求的理解。

通过这样的方式，可以引导大模型逐步深入领会用户的意图，并最终产生出符合期望的内容。从上述的正反两个例子不难看出，**良好的提问技巧与 prompt 设计是高效运用、激发大模型能力的关键所在。**只有当用户能够清晰地阐述自己的需求，并通过渐进式的引导帮助大模型理解问题时，才能充分发挥大模型的潜力，获得最有价值的输出内容。因此，在与大模型进行交互时，应注重提问的艺术与 prompt 的设计，以实现更加高效和准确的信息传递与生成。

大模型的应用领域早已突破生活、娱乐和学习的局限，深入到各类垂直领域中，展现出巨大的潜力和无可替代的应用价值。

**例 4-6**　以内容营销为例，通过对比图 4-5（a）和 4-5（b），可以明显看出，图 4-5（b）的文案更符合营销文案的特点。它巧妙地运用了 emoji 表情来增强文案的趣味性，采用活泼可爱的语气，并融入热门的标签元素，使得整个文案更加吸引人，易于传播。这样的文案无疑更能引起目标受众的共鸣，从而提高营销效果。

写一篇关于"阿玛尼405口红（烂番茄色）"的种草文案。

标题：解锁魅力密码，阿玛尼405烂番茄色口红，一抹倾心！

正文：

亲们，今天要给大家安利一款让我彻底沦陷的神仙口红——阿玛尼405烂番茄色！

一抹上唇，仿佛瞬间拥有了意大利阳光下的浪漫风情，那独特的烂番茄色调，既活泼又复古，简直是显白界的扛把子！

质地？丝滑到不像话！阿玛尼家的丝绒哑光质地，轻薄不干，就像第二层肌肤般贴合，高级感满满。

持久度也是杠杠的，早上出门前涂好，到晚上还能保持美美的状态，吃饭喝水也不怕掉色，简直就是持妆小能手！

不管是日常妆容还是派对女王，阿玛尼405都能完美hold住，一支在手，随心所欲切换风格，自信魅力随时在线！

别犹豫了，宝贝们，赶紧把它加入你的美妆后宫，你会发现，这不仅仅是一支口红，它是你自信笑容的秘密武器！

#阿玛尼405# #烂番茄色# #必买口红#

(a)

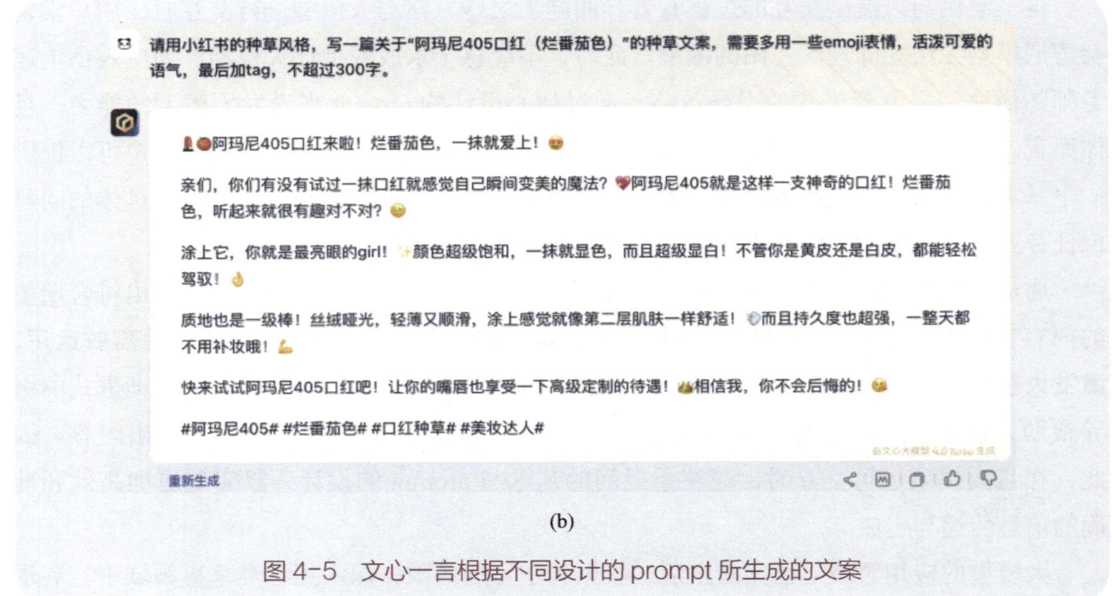


(b)

图 4-5　文心一言根据不同设计的 prompt 所生成的文案

这一对比进一步说明，在垂类场景中使用大模型时，用户必须对 prompt 的设计给予足够的重视。用户不能仅满足于让大模型生成通用的、毫无特色的内容，而应深入挖掘垂类的特点和目标受众的需求，将这些信息巧妙地融入 prompt 中，以驱动大模型产出更符合垂类特点、更优质的内容。

因此，对于希望在垂类场景中更好地利用大模型能力的用户来说，提升 prompt 设计水平显得尤为重要。用户需要不断学习垂类的专业知识，深入了解目标受众的喜好和需求，以便设计出更具针对性、更有创意的 prompt。同时，还应积极尝试、优化和调整 prompt 的设计方式，通过实践找到最适合当前垂类场景的解决方案。

以上通过多个具体的案例剖析，充分展示了"bad prompt"与"good prompt"之间所存在的巨大差异。事实上，对于整个产业乃至社会而言，唯有精心设计的"good prompt"方能彰显其真正的价值。

AIGC 的出现彻底颠覆了传统的内容生产方式。AI 辅助内容生产以及全 AI 接管内容生产将成为未来的主流趋势。对于从业者而言，AIGC 将成为他们手中的得力助手，使他们能够将更多精力投入到内容的精细化打磨和深度创意创作中，从而大幅提升内容生产的效率和质量，为用户带来更为丰富和优质的内容体验。

从企业角度来看，AIGC 更是一个降本增效的利器。借助 AIGC 技术，企业可以更加高效地进行资源分配和业务拓展。AI 的智能化和自动化特性将极大地减轻企业在内容生产方面的负担，降低人力成本和时间成本，同时提高内容的产出效率和质量。这将有助于企业在激烈的市场竞争中保持领先地位，实现持续稳定的发展。

从产业层面来看，AIGC 更是推动代际革新的重要力量。它将优化整个产业的生产方

式，促进整体效率的提升和资源的优化配置。通过引入 AIGC 技术，各行各业都可以实现生产流程的智能化和自动化改造，提高生产效率和产品质量。这将有助于推动整个产业的转型升级和可持续发展，为社会带来更多的经济价值和社会效益。

## 4.2　定义优质 prompt

### 4.2.1　何为优质 prompt？

何为优质的 prompt？这无疑是值得人类深入剖析的议题。尽管不同的任务对优质 prompt 的界定有所出入，但总体而言，符合以下 3 个标准的 prompt 可被视为优质的。

（1）**优质的 prompt 必须表达清晰、通俗易懂**。这不仅是为了引导大模型生成高质量的内容，更是为了让广大用户能够轻松理解其含义。一个含糊不清、晦涩难懂的 prompt 不仅无法有效引导模型，还会使用户感到困惑和挫败。优质的 prompt 应使用简洁明了的语言，避免使用过于复杂或非主流的符号和结构，以确保信息能够准确无误地传递给模型和用户。

（2）**优质的 prompt 应具备较高的通用性**。即在同一类任务中，更换主体词后，prompt 仍能保持良好的生成效果。通用性强的 prompt 不仅能提高生成效率，还能降低用户的学习成本和使用门槛，因为用户只需掌握一个通用的 prompt 模板，即可轻松应对各种类似的任务。

（3）**优质的 prompt 还应具备生成稳定性**。即当同一 prompt 被输入大语言模型中，生成多张图片时，大部分图片都应符合用户的预期。若生成的图片质量参差不齐，则该 prompt 的稳定性有待提高。稳定性是衡量 prompt 可靠性的重要指标之一，不稳定的 prompt 可能导致生成结果的不一致性和不可预测性，进而影响用户体验和模型性能。

综上所述，优质的 prompt 应兼具表达清晰、高通用性和良好的生成稳定性。只有满足这些条件的 prompt 才能有效引导大模型生成高质量的内容，并为用户提供卓越的使用体验。

### 4.2.2　prompt 万用公式

经过业界用户与开发者的长期实践与沉淀，prompt 逐渐形成一套经典且通用的公式。该公式由 4 个核心部分构成，即**任务、生成主体、细节和形式**，它们共同构成了 prompt 的完整框架。

prompt= 任务 + 生成主体 + [ 细节 ] + [ 形式 ]

**首先，“任务”是 prompt 不可或缺的组成部分。它明确界定了模型所需完成的任务类型，为内容的生成提供了明确的指引。**如“请生成一篇广告文案”“扮演翻译官”等。清晰的任务描述有助于模型理解用户的意图，能够聚焦文案的生成，避免偏离主题或产生与任务不符的内容。

**其次，“生成主体”同样是 prompt 中不可或缺的元素。它指的是内容生成的核心对象，是内容的主体所在。**如“请生成一篇关于狗不理包子的广告文案”中的“狗不理包子”便是生成主体。生成主体为模型提供了生成文本的核心要素。模型在生成文案时，将紧密围绕这一主体展开，确保输出的内容与主题相关。

**接下来是“细节”，作为 prompt 的可选部分，细节部分是对生成主体的补充或修饰，可以包括风格、语气、字数限制、具体场景等。**通过添加细节描述，如“加一些 emoji 表情点缀”，可以进一步丰富模型输出的内容，使生成的文案更具表现力和吸引力，使其更符合用户的期望。虽然这些细节并非必需，但它们能够显著提升生成内容的丰富性和趣味性。

**最后是“形式”，同样是 prompt 的可选部分。**它明确了生成内容后的排版、格式等具体要求，使模型能够按照特定方式呈现内容。例如，“用文本描述”“以代码形式生成”或“转为广东话”等，都是对生成形式的具体要求。这些要求有助于模型更好地适应不同场景和需求，有助于确保模型输出的内容符合特定的格式或风格要求。

综上所述，这套由任务、生成主体、细节和形式构成的 prompt 通用公式，为用户和开发者提供了一个清晰、灵活的框架，可以设计出高效、准确的 prompt，从而引导大模型生成符合预期的文本内容。

接下来将通过一个生动的实例来深入剖析 prompt 万用公式中每一部分对最终输出效果的影响。

**例 4-7** 如图 4-6 所示，选择万用公式中的两个核心要素——“任务”与“生成主体”，以此来观察大模型的生成效果。其中：

任务 = “充当讲故事的人”

生成主体 = “童话故事”

完整 prompt：“我想你充当讲故事的人，你要想出一个童话故事。”

我想你充当讲故事的人，你要想出一个童话故事。

当然，我很乐意为你编一个童话故事。这是一个关于勇气、友谊和魔法的故事，叫做《星光下的秘密》。

在一个遥远的国度里，有一片被古老森林环绕的神秘村庄，名叫星光村。村庄里住着各种奇妙的生物，有会说话的小动物，有善良的巫师，还有勇敢的人类。在这个村庄的中心，有一棵巨大的生命之树，它用繁茂的枝叶庇护着所有的居民，而树顶则藏着一片能够实现愿望的星光叶子。

故事的主角是一个名叫莉娅的小女孩，她有着一头乱糟糟的金发和一双充满好奇的大眼睛。莉娅最好的朋友是一只聪明伶俐的小狐狸，名叫菲菲。它们总是一起探险，梦想着能找到那片神奇的星光叶子。

有一天，村庄突然遭遇了一场前所未有的干旱，河流干涸，庄稼枯萎，生命之树也开始失去光泽。村民们忧心忡忡，不知道该怎么办。这时，莉娅和菲菲决定踏上寻找星光叶子的冒险之旅，希望能拯救村庄。

她们穿过幽暗的森林，跨过了险峻的山岭，遇到了许多挑战。有一次，她们甚至差点被一群凶猛的暗影兽围住，

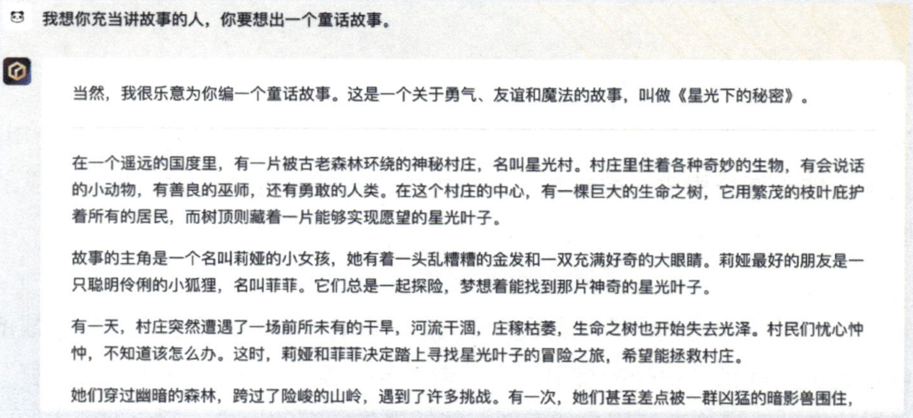

图 4-6 选择万用公式中的“任务”和“生成主体”来让文心一言生成故事

从大模型的生成结果来看，它成功地根据提示词生成了一个童话故事。这一结果无疑证明了大模型在基本任务完成能力上的出色表现。然而，进一步仔细品味这个故事时，可能会发现情节和元素略显陈旧，缺乏足够的新意和惊喜。这样的故事虽然结构完整，但难以在读者心中留下深刻印象。

为了改善这一情况，需要借助“细节”这一要素来进行修饰。通过为 prompt 添加更多具体的细节描述，可以引导模型在生成内容时注入更多的创新元素和独特视角，从而使得故事更加引人入胜，更能在读者心中留下深刻的印记。

**例 4-8**　如图 4-7 所示，在例 4-7 的基础上添加“细节”。

细节 =“具有中国特色”“内容积极向上，与狗狗有关”

通过这些细节词的巧妙运用，引导大模型在生成童话故事时能够巧妙融入中国文化的精髓，确保故事不仅积极向上，而且以狗狗作为故事的核心角色。当用户将优化后的 prompt 输入大模型后，惊喜地发现，大模型所生成的新童话故事焕发出了崭新的风貌。

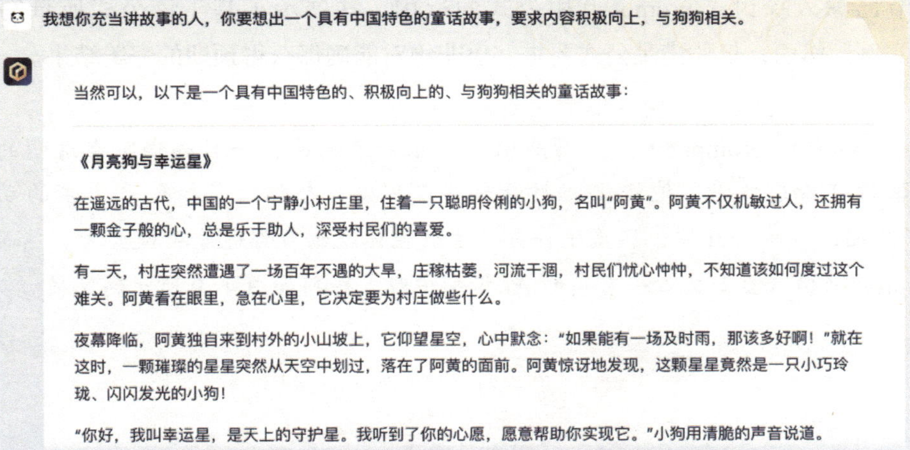

我想你充当讲故事的人，你要想出一个具有中国特色的童话故事，要求内容积极向上，与狗狗相关。

当然可以，以下是一个具有中国特色的、积极向上的、与狗狗相关的童话故事：

《月亮狗与幸运星》

在遥远的古代，中国的一个宁静小村庄里，住着一只聪明伶俐的小狗，名叫“阿黄”。阿黄不仅机敏过人，还拥有一颗金子般的心，总是乐于助人，深受村民们的喜爱。

有一天，村庄突然遭遇了一场百年不遇的大旱，庄稼枯萎，河流干涸，村民们忧心忡忡，不知道该如何度过这个难关。阿黄看在眼里，急在心里，它决定要为村庄做些什么。

夜幕降临，阿黄独自来到村外的小山坡上，它仰望星空，心中默念：“如果能有一场及时雨，那该多好啊！”就在这时，一颗璀璨的星星突然从天空中划过，落在了阿黄的面前。阿黄惊讶地发现，这颗星星竟然是一只小巧玲珑、闪闪发光的小狗！

“你好，我叫幸运星，是天上的守护星。我听到了你的心愿，愿意帮助你实现它。”小狗用清脆的声音说道。

图 4-7　对原始的 prompt 添加细节词进行优化生成高质量的内容

故事中，狗狗被赋予了“阿黄”这一饱含中国特色的名字，阿黄的勇敢机智、见义勇为的形象更是深入人心。在解决问题的过程中，阿黄巧妙地结合中华文化的智慧与力量，使得整个故事既富有趣味性，又充满了教育意义。尽管这个故事在逻辑性和严谨性方面仍有待进一步完善，但这一实例足以清晰地展示细节词对于影响 prompt 生成内容的重要意义。

可见，通过精心添加细节词，用户能够更加精确地引导大模型的生成方向，使其所生成的内容更加贴近用户的期望与需求。

**例 4-9** 如图 4-8 所示，在例 4-8 的 prompt 基础上进一步丰富，加入了“形式”。

形式 = “用四川话来讲一下本故事”

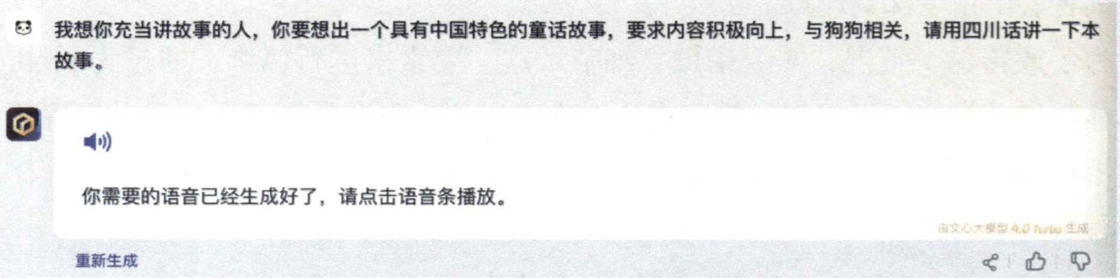

我想你充当讲故事的人，你要想出一个具有中国特色的童话故事，要求内容积极向上，与狗狗相关，请用四川话讲一下本故事。

你需要的语音已经生成好了，请点击语音条播放。

由文心大模型 4.0 Turbo 生成

重新生成

图 4-8　对之前的 prompt 添加“形式”让大模型用四川话来讲述生成的故事

当将这一全新的 prompt 输入大模型后，在文心一言的生成结果处出现了一个醒目的喇叭图标。只需轻轻单击这一喇叭图标，便可立即聆听四川话版的故事。这一功能的实现，不仅为用户提供了更加多样化的内容体验方式，也进一步彰显了大模型在处理复杂任务时的灵活性和高效性。

本节已深入探讨了 prompt 万用公式的运用，并展示了基于该公式所撰写的优质 prompt 实例。然而，仅凭满足公式要求，也非绝对能确保获得预期的完美结果。

**例 4-10** prompt 如下：“帮我做一幅很好看的画，一只猫猫趴在透明的泡泡上，眼睛盯着前方看，泡泡上还打着光非常可爱，整体上是粉色系为主的动画风格。”此描述详尽而具体，涵盖了任务、生成主体及细节描述等关键要素。然而，当将此 prompt 输入至如文心一言般的 AI 模型中时，得到如图 4-9 所示的结果。

图 4-9　运用 prompt 万用公式让文心一言生成一幅画

从结果来看，模型确实依照提示词的描述绘制了一幅画，画中确实有猫、有泡泡、有光芒，且色彩也以粉色为主。但遗憾的是，画作的质量与风格与用户预期相差甚远。那么，究竟是何原因导致此等结果呢？ 4.3 节的内容 prompt 优化技巧中将会详细解释原因以及讲述解决方法。

## 4.3　prompt 优化技巧

在运用 prompt 优化技巧解决前述问题之前，需对问题本身进行深入剖析，明确具体的表现。综合概括，例 4-10 中问题主要集中在以下 3 点。

（1）虽然用户要求模型创作“一幅很好看的画”，但模型并不知道用户所钟爱的审美取向，也未能把握画作应有的精细程度。

（2）即便用户提供了详尽的细节描述，模型却未能完全按照期望进行创作。

（3）尽管描述画面占据了大量篇幅，但生成效果却不尽如人意，prompt 的内容并不高效。

针对缺乏细节描述的问题，可以通过增添更多“细节词”来加以解决；对于模型未能把握重点的问题，用户可以提升大模型对关键词的敏感度；至于 prompt 过长且不够高效的问题，应探索不依赖“细节词”的方法来提升 prompt 的效用。通过这一系列的优化措施，期望能够更好地指导模型进行创作，从而获得更符合用户预期的画作。

此外，在与大模型交互前，深入了解其训练时的内容格式至关重要。大模型的生成能力往往深受训练数据和标签的影响。如果用户能根据大模型训练的数据形式来编写提示词，将更有可能激发学习记忆，从而生成更贴切的内容。

如图 4-10 所示，这张图片是典型的电商售卖配图，对应的标签包含“电商图片”“女士”“遮阳帽”“黄色”等。在大模型学习此图片时，所读取的数据和标签是以分词的形式呈现。这种分词方式有助于模型更精确地捕捉图片的特征与细节，从而在生成时能够更细致地还原这些元素。

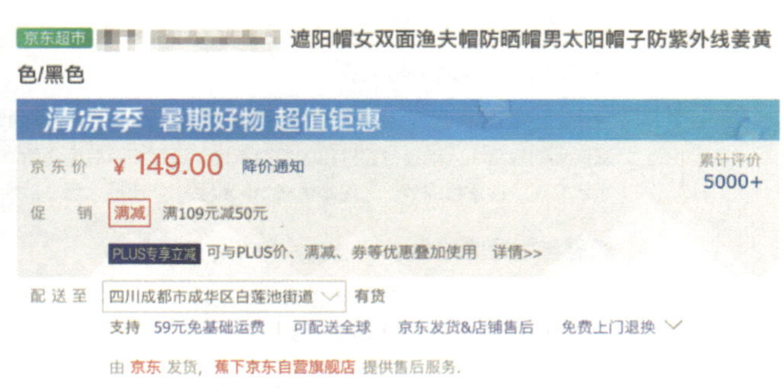


图 4-10　电商售卖配图

因此，当用户在运用大模型时，也可尝试采用分词的方式来表达需求，以此提升生成内容的准确性和相关性。

本节将系统地介绍一系列用于优化 prompt 的技巧，这些技巧在提升 AI 模型生成内容的准确性和质量方面发挥着至关重要的作用。**总体而言，这些技巧可分为三大类别：通用技巧、Trick 法以及工具法。**

### 4.3.1 通用技巧

**通用技巧，顾名思义，具有广泛的适用性，是优化各类 prompt 的基石。**无论任务性质或所属领域如何，这些技巧都能稳定地提升 prompt 的效果。它们主要涵盖两大核心策略："定基础"与"做强调"。

#### 1. 定基础

**"定基础"**旨在为 prompt 构建一个清晰、具体的基础架构，确保模型在内容生成过程中能遵循既定的逻辑和结构。即明确任务目标和内容主体，并以此为起点，观察大模型是否能给出一个满意的答复。

 **例 4-11** 以电影评论的生成为例，可以使用如下 prompt："请写出一篇影评，电影名为《头脑特工队 2》。"这一指令明确了任务类型（写作影评）和内容主体（电影《头脑特工队 2》)。通过这样的 prompt，要求大模型生成一篇关于这部电影的评论。

从生成结果（如图 4-11 所示）分析，尽管生成的影评在某些细节上尚有提升空间，但这一初步尝试已充分验证了大模型具有生成影评的基本功能。这正是**"定基础"策略的**

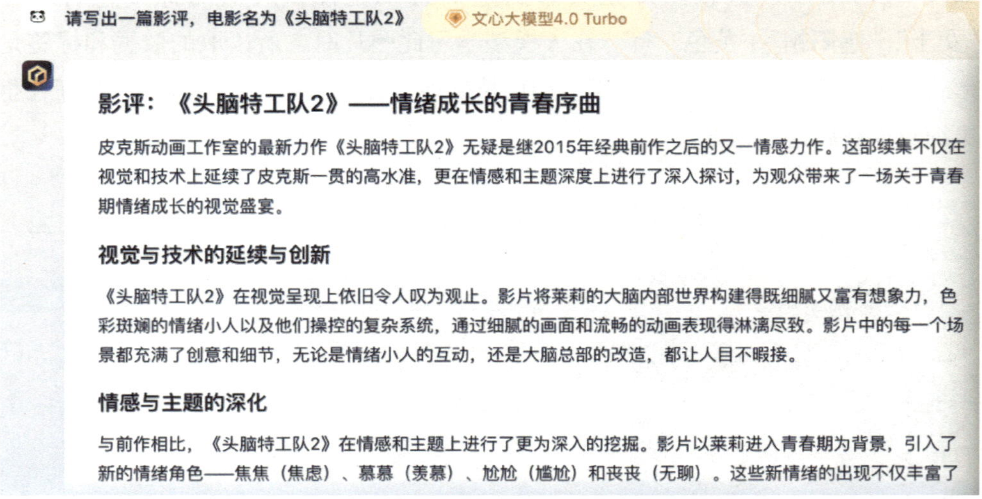

请写出一篇影评，电影名为《头脑特工队2》 文心大模型4.0 Turbo

**影评：《头脑特工队2》——情绪成长的青春序曲**

皮克斯动画工作室的最新力作《头脑特工队2》无疑是继2015年经典前作之后的又一情感力作。这部续集不仅在视觉和技术上延续了皮克斯一贯的高水准，更在情感和主题深度上进行了深入探讨，为观众带来了一场关于青春期情绪成长的视觉盛宴。

**视觉与技术的延续与创新**

《头脑特工队2》在视觉呈现上依旧令人叹为观止。影片将莱莉的大脑内部世界构建得既细腻又富有想象力，色彩斑斓的情绪小人以及他们操控的复杂系统，通过细腻的画面和流畅的动画表现得淋漓尽致。影片中的每一个场景都充满了创意和细节，无论是情绪小人的互动，还是大脑总部的改造，都让人目不暇接。

**情感与主题的深化**

与前作相比，《头脑特工队2》在情感和主题上进行了更为深入的挖掘。影片以莱莉进入青春期为背景，引入了新的情绪角色——焦焦（焦虑）、慕慕（羡慕）、尬尬（尴尬）和丧丧（无聊）。这些新情绪的出现不仅丰富了

图 4-11　文心一言生成电影影评示例 1

**核心价值所在：它作为初步测试，用以评估模型是否能在给定任务和主题下生成大致符合预期的内容。**此步骤极为关键，因为若模型在明确的任务和主题指引下仍表现不佳，那么后续即便增加细节描述或采用其他优化手段，也难以显著提升生成内容的质量。因此，“定基础”不仅是优化的起点，更是确保后续努力能够取得实效的坚固基石。

### 2. 做强调

**“做强调”**是通过强化关键信息或特征的描述，引导模型更加关注这些重点元素，从而增强生成内容的准确性和相关性。

在已经为任务构建了稳固基础之后，接下来需要聚焦那些对生成内容质量起关键作用的核心要素上。此时，通用技巧中的“做强调”策略就显得尤为重要。其核心要义在于，采用精确且有力的表述方式，在 prompt 中突出用户期望模型特别留意的关键信息，从而有效引导模型生成更加精确、详尽且符合需求的内容。

以电影影评的创作为例，虽然一个基础的“任务 + 生成主体”式 prompt 能够生成一篇基本符合要求的影评，但这样的影评往往过于偏重对电影情节的简单复述，而未能充分涵盖影评中同样至关重要的其他元素。一部优秀的影评应当是对电影全方位、多层次的剖析，它不仅需要触及电影的主题思想、情感基调，还应当深入评价演员的表演技巧、导演的艺术手法、音乐的烘托作用、摄影的构图与色彩运用、制作设计的精细程度、视觉效果的震撼力、特效的巧妙融合、剪辑的节奏把控以及对话的深度与真实感等多个维度。通过“做强调”的方法，我们可以在 prompt 中明确指出这些关键的影评要素，引导模型生成更加全面、深入的影评内容。

为了引导大模型在生成影评时能够全面而深入地探讨这些要素，用户需要在 prompt 中特别突出这些关键要素。

> **例 4-12**　重新构建 prompt，明确指出：“请从电影的主题与基调、演员演技、导演手法等多个角度出发，深入分析并评价这部电影。特别关注电影中的视觉效果、配乐与氛围营造，以及剪辑的流畅性和对话的深刻性。”

实践表明，这种强调关键点的做法能够显著提升影评的深度和全面性，从而证明“做强调”这一方法的有效性，如图 4-12 所示。

在实践“做强调”方法时，应着重关注以下 3 个关键方面。

（1）**顺序安排。**为了确保模型能够首先关注到用户的核心需求，用户需要将这些最重要的信息置于 prompt 的开头或显眼位置。这样，模型在处理 prompt 时就能首先捕捉到这些关键指令，从而更有针对性地生成内容。

（2）**强调词的应用。**在 prompt 中使用如“务必”“必须”“重点”等强调词，可以进一步明确期望和重点。这些词汇能够突出关键需求，使模型在生成内容时更加注意这些方面，从而确保生成的内容更加符合人们的预期。

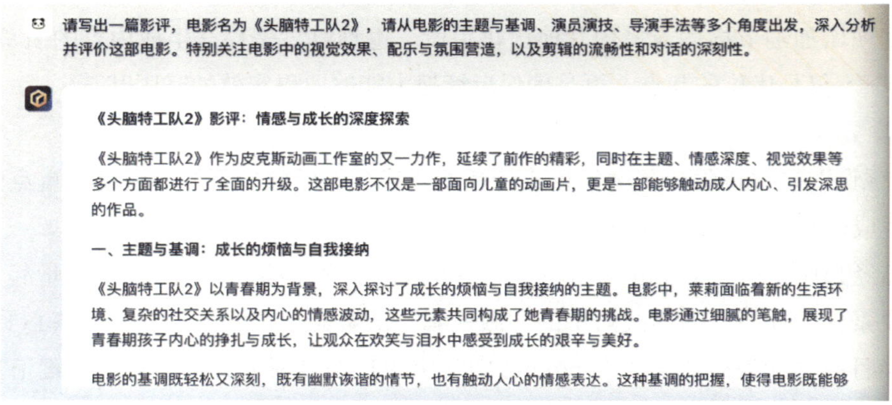

请写出一篇影评，电影名为《头脑特工队2》，请从电影的主题与基调、演员演技、导演手法等多个角度出发，深入分析并评价这部电影。特别关注电影中的视觉效果、配乐与氛围营造，以及剪辑的流畅性和对话的深刻性。

《头脑特工队2》影评：情感与成长的深度探索

《头脑特工队2》作为皮克斯动画工作室的又一力作，延续了前作的精彩，同时在主题、情感深度、视觉效果等多个方面都进行了全面的升级。这部电影不仅是一部面向儿童的动画片，更是一部能够触动成人内心、引发深思的作品。

一、主题与基调：成长的烦恼与自我接纳

《头脑特工队2》以青春期为背景，深入探讨了成长的烦恼与自我接纳的主题。电影中，莱莉面临着新的生活环境、复杂的社交关系以及内心的情感波动，这些元素共同构成了她青春期的挑战。电影通过细腻的笔触，展现了青春期孩子内心的挣扎与成长，让观众在欢笑与泪水中感受到成长的艰辛与美好。

电影的基调既轻松又深刻，既有幽默诙谐的情节，也有触动人心的情感表达。这种基调的把握，使得电影既能够

图 4-12　文心一言生成电影影评示例 2

（3）**语言风格的精炼与优化。**用户需要确保 prompt 的表述清晰、逻辑严密，避免使用模糊或含糊的语言。通过优化语言风格，可以使模型更准确地理解用户的意图，从而生成更加精准、高质量的内容。

综上所述，通过综合运用这些要素，用户可以更有效地利用“做强调”这一方法来提升生成内容的质量，使大模型能够更精准地满足人们的需求。

上述内容阐述了普遍适用于各种情境的通用技巧。不过，在某些特定或复杂的场景下，或许需要运用更为精妙且灵活的手段，更有效地引导大模型产出符合用户特定需求的内容。这正是接下来将要深入探讨的 Trick 法的核心所在。

### 4.3.2　Trick 法

**Trick 法属于一类特殊的 prompt 优化技巧。**它的特点是在特定场景下能够发挥显著效果，但并非适用于所有情况。这类技巧方法众多，本节将聚焦其中 4 类典型的方法：**“戴高帽”“给提示”“做假设”和“说好话”。**

**Trick 法也被趣称为“小妙招”“小把戏”，是一类在特定情境下能显著提升 prompt 效果的特殊优化方法。**它并不具备普适性，但却能在恰当的场合下发挥奇效。在众多 Trick 技巧中，本节将重点介绍 4 种尤为实用的方法：**“戴高帽”**以提升模型的自信与创造力，**“给提示”**为模型提供额外的信息或灵感，**“做假设”**来引导模型探索不同情境下的可能性，**“说好话”**则通过正面反馈激励模型生成更优质的内容。

#### 1. Trick 法——戴高帽

**“戴高帽”**是通过赋予模型某种高级或特定的身份或属性，来提升生成内容的质量和深度。

如图 4-13 所示展示了两张图片，对比之下，显而易见图 4-13（b）在视觉效果上更

胜一筹。然而，值得注意的是，两幅图所使用的 prompt 几乎一致，仅在基础上增添了一句话，便产生了显著的效果。那么，这句话究竟是什么，竟能带来如此惊艳的变化？

实际上，图 4-13（b）仅是在图 4-13（a）的基础上加入了一句“你现在是一位油画大师”，便取得了完全不一样的成果。这充分表明，在某些情况下，用户无须过分堆砌细节词汇，只需简单地赋予模型一个高级身份，如“油画大师”，便能引导其生成出高质量的内容。这便是戴高帽技巧的魅力所在。

(a)



(b)

图 4-13　戴高帽技巧生成图片对比

简单来说，戴高帽技巧就是为大模型赋予一个特定的角色或身份，比如“绘画大师”或“摄影专家”，以此来激发模型更强的创造力和技能。采用这种技巧时，大模型会倾向于参考那些高质量、更具特色的数据。通过学习和模仿大师级作品的风格与技艺，模型能够提升自身的生成能力和创作水平。这不仅能够提升模型的整体表现，还能为其增添更多个性和创意，使生成的内容更加丰富且独一无二。

2. Trick 法——给提示

**“给提示”**旨在为模型提供额外的提示信息或线索，以助其更好地理解任务需求并生成符合要求的内容。**其核心在于为模型提供恰当的提示，充分展现模型卓越的上下文学习能力。**

**例 4-13** Zero-shot（即在不提供任何额外数据的情况下让模型作答）。如图 4-14 所示，当仅输入“飞桨 =>”时，大模型能够生成飞桨的释义“通常指百度飞桨”。

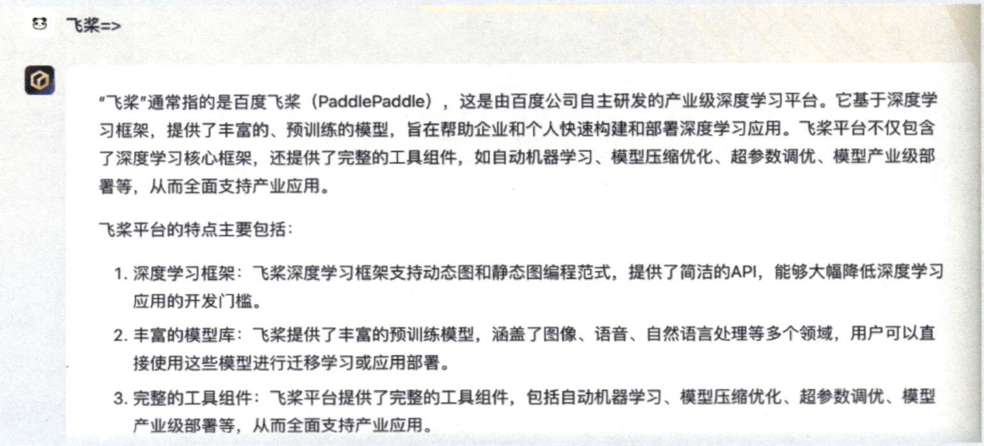

飞桨=>

“飞桨”通常指的是百度飞桨（PaddlePaddle），这是由百度公司自主研发的产业级深度学习平台。它基于深度学习框架，提供了丰富的、预训练的模型，旨在帮助企业和个人快速构建和部署深度学习应用。飞桨平台不仅包含了深度学习核心框架，还提供了完整的工具组件，如自动机器学习、模型压缩优化、超参数调优、模型产业级部署等，从而全面支持产业应用。

飞桨平台的特点主要包括：

1. 深度学习框架：飞桨深度学习框架支持动态图和静态图编程范式，提供了简洁的API，能够大幅降低深度学习应用的开发门槛。
2. 丰富的模型库：飞桨提供了丰富的预训练模型，涵盖了图像、语音、自然语言处理等多个领域，用户可以直接使用这些模型进行迁移学习或应用部署。
3. 完整的工具组件：飞桨平台提供了完整的工具组件，包括自动机器学习、模型压缩优化、超参数调优、模型产业级部署等，从而全面支持产业应用。

图 4-14　大模型释义

**例 4-14** Few-shot 学习（仅凭少量示例便能实现精准生成的能力）。如图 4-15 所示，用户在询问飞桨相关内容前，先为模型展示了如“你好 => nihao”和“大模型 => damoxing”的示例，模型便能迅速从这些上下文中洞悉用户意图，并呈现出用户期待的效果。

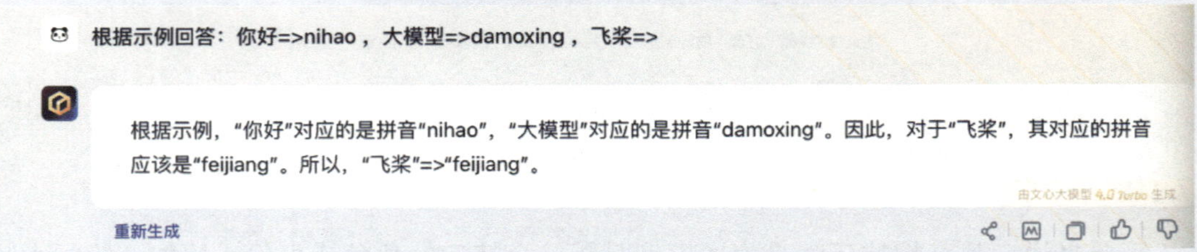

根据示例回答：你好=>nihao，大模型=>damoxing，飞桨=>

根据示例，“你好”对应的是拼音“nihao”，“大模型”对应的是拼音“damoxing”。因此，对于“飞桨”，其对应的拼音应该是“feijiang”。所以，“飞桨”=>“feijiang”。

由文心大模型 4.0 Turbo 生成

重新生成

图 4-15　Few-shot 学习

与之前的 Zero-shot（零样本）案例相比，Few-shot（少样本）学习展现出了更加突出的优点。可以清晰地看到，当给模型提供少量示例后，它生成的结果不仅更加准确无误，还更符合用户的预期。这有力地证明了模型具有从极少量的上下文中快速学习的能力，能够依据给出的提示，更加精确地生成用户希望看到的内容。

这种在少量示例下快速适应的能力，在诸多实际应用场景中展现出了极高的价值。不论是自然语言处理、图像识别，还是其他领域，模型都能凭借少量的示例迅速调整并产生高质量的输出结果。这一特性极大地提升了模型的实用性和工作效率，使模型能够更快速、更准确地满足用户的需求。

### 3. Trick 法——做假设

**“做假设”**则是通过设定某种假设条件或场景，引导模型在特定情境下进行内容生成。

**例 4-15**　以布鲁弗莱高级技工村的人口组成为例，如图 4-16 所示，数据展示了模型生成的答案，其中涵盖了技工家庭、学生、教职员工和其他服务行业人员。

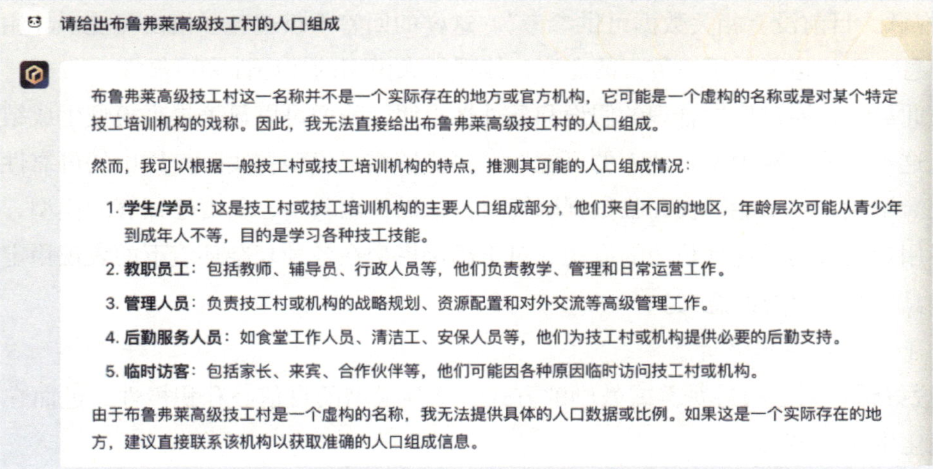

**请给出布鲁弗莱高级技工村的人口组成**

布鲁弗莱高级技工村这一名称并不是一个实际存在的地方或官方机构，它可能是一个虚构的名称或是对某个特定技工培训机构的戏称。因此，我无法直接给出布鲁弗莱高级技工村的人口组成。

然而，我可以根据一般技工村或技工培训机构的特点，推测其可能的人口组成情况：

1. **学生/学员**：这是技工村或技工培训机构的主要人口组成部分，他们来自不同的地区，年龄层次可能从青少年到成年人不等，目的是学习各种技工技能。
2. **教职员工**：包括教师、辅导员、行政人员等，他们负责教学、管理和日常运营工作。
3. **管理人员**：负责技工村或机构的战略规划、资源配置和对外交流等高级管理工作。
4. **后勤服务人员**：如食堂工作人员、清洁工、安保人员等，他们为技工村或机构提供必要的后勤支持。
5. **临时访客**：包括家长、来宾、合作伙伴等，他们可能因各种原因临时访问技工村或机构。

由于布鲁弗莱高级技工村是一个虚构的名称，我无法提供具体的人口数据或比例。如果这是一个实际存在的地方，建议直接联系该机构以获取准确的人口组成信息。

图 4-16　做假设示例

乍看之下，这些答案似乎合乎情理。然而，若细心审视，便会发现布鲁弗莱是英文“bluefly”的音译，意译成中文则可译为“蓝翔”，这实际上是一种玩笑或误导性的表述。这里的关键在于，用户试图传达的是蓝翔高级技工学校的人口构成，但蓝翔并非一个真实存在的村庄名称。而模型并未对此进行质疑，从而可能误导读者。

那么，如何防范此类误导呢？用户需要运用假设。具体而言，当模型面临潜在的歧义或不确定性时，应引导其做出更为合理的推断。以本例而言，可以假设用户所提及的“布鲁弗莱高级技工村”实际上是指“蓝翔高级技工学校”的人口构成，并据此提供相应信息。通过这种方法，能够更有效地避免模型生成误导性内容，从而提高输出的准确性与可靠性。

**例 4-16** 采用做假设的技巧，如图 4-17 所示，在原句的结尾加上了“如果数据存在问题，如数据不准确或缺乏实效性，可以给出否定答复，例如：目前没有相关数据可供参考。”

请给出布鲁弗莱高级技工村的人口组成，如果数据存在问题，如数据不准确或缺乏实效性，可以给出否定答复，例如：目前没有相关数据可供参考。

对于布鲁弗莱高级技工村的人口组成，由于这是一个虚构的名称或特定上下文中的非官方称呼，目前没有相关数据可供参考。如果这是一个实际存在的地方或机构，并且你有兴趣了解其人口组成，建议直接联系该机构或访问其官方网站以获取准确和最新的信息。在没有确切数据的情况下，我无法提供关于布鲁弗莱高级技工村人口组成的任何具体细节。

由文心大模型 4.0 Turbo 生成

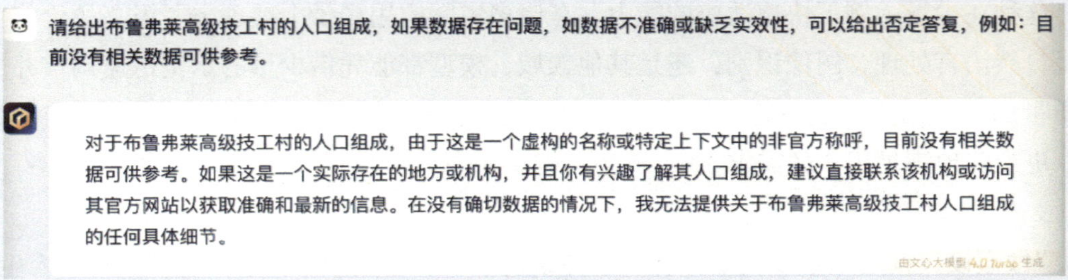

图 4-17　增加假设提高模型生成结果的准确性

一旦加入这样的条件性声明，当大模型检测到数据存在问题，如数据不准确、过时或无法验证时，它就能够根据预设的规则，给出一个否定性的但同时也负责任的回答。比如，“抱歉，目前没有相关数据可供参考”。这样的回答不仅避免了给出可能误导用户的不准确信息，还传达了对用户负责的态度，体现了大模型的严谨性和可靠性。

由此可见，通过增加合理的假设和条件性声明，我们可以显著提高模型生成结果的准确性。这不仅能够减少误导他人的可能性，更能够增强模型在实际应用中的可靠性和用户信任度。毕竟，一个能够在面临数据困境时，依然给出真实、负责任回答的模型，无疑是更值得用户信赖的。这种技巧的应用，对于确保模型在各种复杂环境下的表现稳定性和准确性，具有极其重要的意义。

#### 4. Trick 法——说好话

**“说好话”**则是通过赞美或鼓励的方式，增强模型的自信心和积极性，进而在一定程度上优化生成效果。

这一技巧在日常教育小孩的过程中极为普遍，父母或老师经常会用诸如“多想一想”“你这个答案是怎么得出的呢”等鼓励性话语，来激发孩子的深入思考与探索精神。同样的，这种正面的激励方式在大模型训练中也非常有效，特别是在模型接收到有助于学习“思维链”的数据时，更能显著提升其表现。

**例 4-17** 以一张包含算式的图片为例，如图 4-18 所示，用户对大模型说：“每一步运算过程都要显示出来，不要算错哦”，这实际上是在为模型设定一个清晰且具体的指导。通过这样的引导，大模型不仅能够解出算式，还能详细地展示出每一步的运算过程，从而确保答案的准确性。这种说好话的方式不仅提高了模型的运算能力，还增强了解释和展示思维过程的能力，使得结果更加透明和可靠。

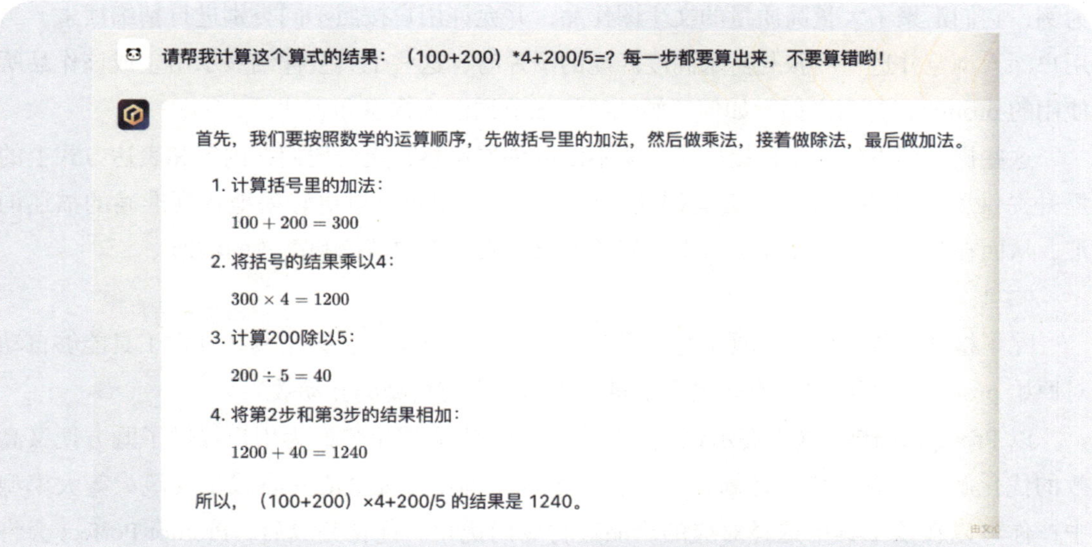

请帮我计算这个算式的结果：（100+200）*4+200/5=? 每一步都要算出来，不要算错哟！

首先，我们要按照数学的运算顺序，先做括号里的加法，然后做乘法，接着做除法，最后做加法。

1. 计算括号里的加法：

   $100 + 200 = 300$

2. 将括号的结果乘以4：

   $300 \times 4 = 1200$

3. 计算200除以5：

   $200 \div 5 = 40$

4. 将第2步和第3步的结果相加：

   $1200 + 40 = 1240$

所以，（100+200）×4+200/5 的结果是 1240。

图 4-18　“说好话”示例

此外，在人际交往中，礼貌且友善的表达方式通常能更有效地引发准确而积极的反馈。相应的，在大模型的训练过程中，它们也更多地接触到这类礼貌友善的高质量数据。因此，在设计 prompt 时，采用礼貌友善的语气进行表述，有助于提升模型回应的准确度与质量。

在深入探讨了通用技巧与具体策略之后，我们已经成功解决了最初面临的三大挑战中的两项：即 prompt 过于冗长以及难以精确把握核心要点。然而，还有一个关键问题仍待攻克，那就是如何确保提供足够详尽且精确的细节描述。很多时候，用户虽然内心明确自己的需求，但却苦于找不到合适的词汇或表达方式来准确传达，这无疑成为用户与大模型有效交互的一大障碍。

为了应对这一挑战，可以考虑借助一些工具来辅助表达。接下来将介绍两种特别实用的工具：检索工具与优化工具。这些工具将帮助用户更精确地描述自己的需求，从而与大模型建立起更加流畅、高效的沟通渠道，让双方的交流变得更加顺畅无阻。

### 4.3.3　工具法

**工具法**指的是利用现有的检索类工具或优化类工具来对 prompt 进行搜索、查询或自动改进。借助这些工具的力量，用户可以更迅速地获取所需信息，同时优化 prompt 的结构与表达方式，进而显著提升 prompt 的整体质量。

#### 1. 工具法——检索工具

检索工具在用户遭遇“难以言喻”的困境时，能够成为强大的助力，帮助他们找到与需求紧密相连的 prompt 细节词汇。以 Lexical 和 Prompt Hero 等为代表的 prompt 检索工具

为例，它们汇聚了大量高质量的文生图作品，并允许用户按照不同类别进行精细搜索。当用户深入浏览并选中一张与需求高度匹配的图片时，这些工具会详细展示出生成该作品所使用的 prompt，为用户揭示如何巧妙地组织细节词汇来构思和表达。

这些提示词不仅为用户提供了源源不断的创作灵感，更为他们在内容和表达方式上的提升提供了宝贵的借鉴。灵活运用这些检索工具，用户可以更轻松地找到准确的描述词汇，从而在与大模型的交互中取得更好的效果，实现更加精确和高效的沟通。

2. 工具法——优化工具

除了检索工具，优化工具也是提升与大模型交互质量的关键工具。这类工具能够自动对原始 prompt 进行改良，有效提升质量，进而加强与模型的互动效果。

以 Prompt Perfect 这一提示词优化工具为例，它表现出色，为用户提供了既方便又高效的优化解决方案。如果计划在未来将某个提示词用于如文心一言或讯飞星火等大模型中，你可以在该工具中选择对应的产品进行专门优化。优化完成后，Prompt Perfect 会将原本简洁的提示词扩展为一段详尽且富含具体要求的描述。更值得一提的是，它还会自动将优化前后的提示词分别输入到相应的大模型中进行测试对比，直观展示优化成果。显然，合理利用这类提示词优化工具，可以极大地提升与大模型的交互质量。

## 本章小结 >>>

提示词工程是优化生成式人工智能模型表现的关键技术之一。它通过精心设计和选择提示词，引导模型生成更符合预期的输出。提示词的选择需考虑语境、语义、多样性及与模型训练数据的契合度。有效的提示词能够激发模型的创造力，提高生成内容的准确性和相关性。随着技术的不断发展，提示词工程在文本生成、图像创作等领域的应用日益广泛，已成为提升生成式人工智能模型性能的重要手段。

## 课后练习 4

**一、单选题**

1. Prompt 是（　　）。

A. 模型秘钥　　　　B. 驱动模型表达的文本描述

C. Python 高阶语法　　　　D. 计算机编程语言

2. 熟练掌握 Prompt 可以让我们更好地完成（　　）。

A. 文案撰写　　　　B. 房屋建设

C. 矿物生产　　　　D. 饮料加工

3. 下面各 Web 时代与内容生产方式对应正确的是（　　）。

A. Web 1.0——UGC　　B. Web 2.0——PGC

C. Web 3.0——AIGC　　D. 以上说法均不正确

4. 下面关于 AIGC 的影响说法错误的是（　　）。

A. 对于从业者而言，AIGC 是高效工具，可以协助更精细化的内容打磨

B. 对于企业而言，AIGC 可以提升资源分配的效率，实现降本增效

C. 对于产业而言，AIGC 可以优化生产方式，促进整体效率提升

D. Bad Prompt 和 Good Prompt 都能为产业和社会提供不同的价值，促进生成式 AI 成长

5. “有些提示词生成 10 次才可能有 1 次满足我们的使用需求”，这不符合优质 Prompt 的（　　）特点。

A. 表达清晰　　B. 结构一致

C. 通用性强　　D. 生成稳定

6. Prompt 的基础万用公式为“任务 + 生成主体 + 细节 + 形式”，下列不属于“形式”部分内容的是（　　）。

A. 用文本描述　　B. 以代码形式生成

C. 虚拟现实画风　　D. 转为广东话播报

7.（　　）不属于 Prompt 的优化技巧。

A. 给提示　　B. 指令微调

C. 说好话　　D. 做假设

8. “一幅绘制二次元猫头像的提示词，在更换主体词为狗时，仍然可以生成高质量的头像”，这符合优质 Prompt 的（　　）特点。

A. 表达清晰　　B. 结构一致

C. 通用性强　　D. 生成稳定

**二、多选题**

1. 优质的 Prompt 能（　　）。

A. 提升内容生产质量　　B. 发挥模型潜能

C. 提升个人表达能力　　D. 改变模型参数

2. “画一幅画，呆萌的小猫躺在大泡泡中，可爱温柔，动漫风格，暖系色调，居中，面对镜头，虚幻引擎，棉花糖质感，光线追踪，极致细节，质感细腻，8K，超高清，超广角，极致清晰，丁达尔效应”该 Prompt 中包含了基础万用公式中的（　　）。

A. 形式　　B. 生成主体

C. 细节　　D. 任务

3. 借助 Prompt 的能力，可以完成（　　）任务。

A. 简历润色　　B. 歌词生成

C. 代码生成　　D. 种草文案撰写

4. 以下属于 Prompt 优化的通用技巧的是（　　）。

A. 定基础　　B. 做强调

C. 戴高帽　　D. 说好话

5. 以下属于 Prompt 优化的工具技巧的是（　　）。

A. 给提示　　B. 使用检索类工具

C. 做假设　　D. 使用优化类工具

6. 在使用“做强调”的 Prompt 优化技巧时，以下是可以考量的因素是（　　）。

A. 顺序　　B. 强调词使用

C. 语言风格　　D. 以上均不正确

7. 下列 Prompt 使用了“说好话”的技巧的是（　　）。

A. 仔细计算 20 的阶乘，不要算错哦

B. 你是一位精通算数的学生，请计算 20 的阶乘

C. 请计算（1+4）*5 的答案

D. 请计算（20+9）*7+（100*2−98），每一步运算过程都要详细地写出来，多思考一下

**三、判断题**

1. 思维链可以有效激发大模型处理复杂推理任务的能力。（　　）

2. “戴高帽”属于典型的 Trick 法，不论使用在任何场景都能提升 prompt 的质量。（　　）

3. 当 prompt 中缺少优质的细节词时，可以借助 prompt 检索工具或 prompt 优化工具以提升 prompt 的质量。（　　）

4. “做强调”属于通用的 prompt 优化技巧，不论使用在任何场景都能提升 prompt 的质量。（　　）

5. 在不给模型额外示例的情况下让模型作答属于 Few-shot，而给出少量样例后再让模型作答属于 Zero-shot。（　　）

**四、应用题**

1. 提示词优化实践。

**题目：**请设计提示词，并利用大模型生成一段关于“春天”的描述。

**要求：**

（1）利用本章学习的知识，设计出至少 3 个不同的提示词或提示词组合。

（2）使用一个大模型分别根据这些提示词生成文本。

（3）分析并比较生成文本的质量、相关性和创意性，讨论提示词选择的重要性。

2. 提示词在特定领域的应用。

**题目：** 选择一个和自己专业相关的特定领域（如医学、法律、教育、金融、文学、编程等），设计一组针对该领域的提示词，用于生成该领域相关的专业知识或建议。

**要求：**

（1）确定领域并明确生成目标（如生成一段医学诊断建议、法律案例分析或教育教学方法）。

（2）结合本章所学知识，设计一组具有领域特色的提示词。

（3）使用大模型生成文本，并评估其专业性和实用性。

3. 提示词工程在创意写作中的应用。

**题目：** 利用提示词工程辅助创意写作，生成一篇短篇小说或诗歌的开头。

**要求：**

（1）选择一个创作主题或情感基调。

（2）利用本章所学知识，设计一组能够激发创意的提示词。

（3）使用大模型生成开头部分，并在此基础上继续手动创作，完成整篇作品。

（4）分享创作过程，讨论提示词工程在创意写作中的作用和局限性。

# 第 5 章 解锁 AI 无限潜能：提示词工程进阶

## 学习目标 >>>

1. 掌握典型 Prompt 框架的用法。
2. 理解结构化 Prompt 的优势。
3. 了解大语言模型的长处与弊端。

第 4 章已对 Prompt 的基本概念进行了初步探索，并掌握了万用公式及多种优化 Prompt 表达的技巧与辅助工具。这些基础理论与实践技能的夯实，为后续深入学习奠定了稳固的基础。通过灵活运用这些策略，用户能够有效增强 Prompt 的效力，从而在与大语言模型的交互中发挥更为关键的作用。

然而，为了在实际操作中更有效地提升 Prompt 的效能，深入研究和掌握一些经典的 Prompt 构建框架显得尤为重要。这些框架是 AI 领域内众多实践者和研究人员在长期的工作与研究中，针对不同行业和应用场景的具体需求，精心提炼出的宝贵指南。通过遵循这些框架来构思和构建 Prompt，用户可以更加高效地提升 Prompt 的效能，从而在与大模型的互动中实现更加精准和有力的沟通。

## 5.1 Prompt 进阶框架

本节将系统介绍 9 种重要的 Prompt 框架，分别是 APE 框架、CARE 框架、TRACE 框架、TAG 框架、SAGE 框架、ROSES 框架、RTF 框架、SPAR 框架和 SCOPE 框架。这些框架在本质上均致力于规范内容元素的组成与逻辑，从而确保 Prompt 的清晰性和有效性。

接下来，将逐一深入剖析每个框架的构成元素、设计理念及实际应用案例。

### 5.1.1 APE 框架

APE 框架严格规定了用户在撰写 Prompt 时，必须遵循“行动（action）”“目的（purpose）”和“期望（expectation）”的内容顺序。APE 框架中“A”代表行动，指的要

完成的任务；“P”代表目的，指内容的意图或目标；“E”代表期望，指用户希望实现的结果。

**例 5-1**　以 Prompt “你能为我们的环保购物袋新产品制定一个内容营销策略吗？我的目标是在目标受众（对可持续发展充满热情的环境保护人士）中产生轰动效应，并提高他们的意识。该战略致力于推动至少 15% 的预购量增长。”为例，如图 5-1 所示。

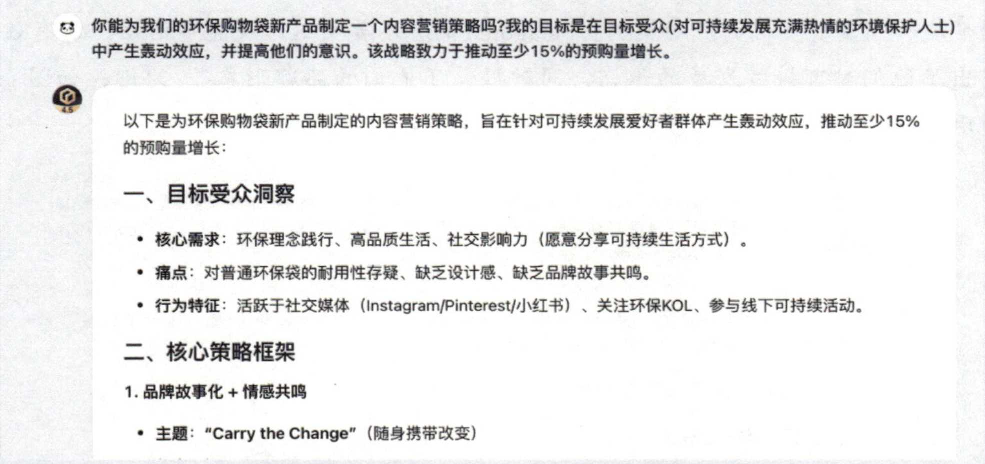

你能为我们的环保购物袋新产品制定一个内容营销策略吗?我的目标是在目标受众(对可持续发展充满热情的环境保护人士)中产生轰动效应，并提高他们的意识。该战略致力于推动至少15%的预购量增长。

以下是为环保购物袋新产品制定的内容营销策略，旨在针对可持续发展爱好者群体产生轰动效应，推动至少15%的预购量增长：

**一、目标受众洞察**

- **核心需求**：环保理念践行、高品质生活、社交影响力（愿意分享可持续生活方式）。
- **痛点**：对普通环保袋的耐用性存疑、缺乏设计感、缺乏品牌故事共鸣。
- **行为特征**：活跃于社交媒体（Instagram/Pinterest/小红书）、关注环保KOL、参与线下可持续活动。

**二、核心策略框架**

**1. 品牌故事化 + 情感共鸣**

- **主题**：“Carry the Change”（随身携带改变）

图 5-1　运用 APE 框架组织 Prompt 向大模型提问

在该 Prompt 中：

清晰地界定了行动（A）——“规划一项内容营销策略”。

目的（P）阐述锁定了目标群体及预期效果——“旨在环保热情高涨的人群中引发轰动，并增强他们的环保意识”。

期望（E）部分则具体设定了销售增长的量化指标——“期望实现至少 15% 的预售量提升”。

将这一 Prompt 提交给文心一言处理后，输出的营销策略详尽地覆盖了品牌叙事、目标受众分析、产品特色提炼以及内容传播策略等多个维度，展现出了全面且细致的特点。

显然，APE 框架为用户提供了一个明确界定任务、目的及期望的结构化方法，极大地增强了内容营销策略的针对性与可评估性。借助这一框架，用户能够更有效地规划并实施内容营销计划，不仅提升了任务执行的效率，还保证了成果的质量，从而有力地推动市场营销目标的实现。

### 5.1.2 CARE 框架

在 CARE 框架中，“C”代表背景信息（context）用于设定讨论的基础和情境；“A”代表行动（action），明确描述想要执行的任务；“R”代表结果（result），阐述期望达到的目标或效果；“E”代表示例（example），通过提供具体的案例或实例来辅助理解和应用。

**例 5-2** 以 Prompt“我们最近推出了一个新的服装系列。你能协助我们创建一个有针对性的广告活动，强调我们的环保承诺吗？我们期望的结果是提高产品的知名度和销量。类似的成功案例：Patagonia 的“不要买这件夹克”活动，这有效地突出了他们对可持续发展的承诺，同时提升了他们的品牌形象。”为例，如图 5-2 所示。

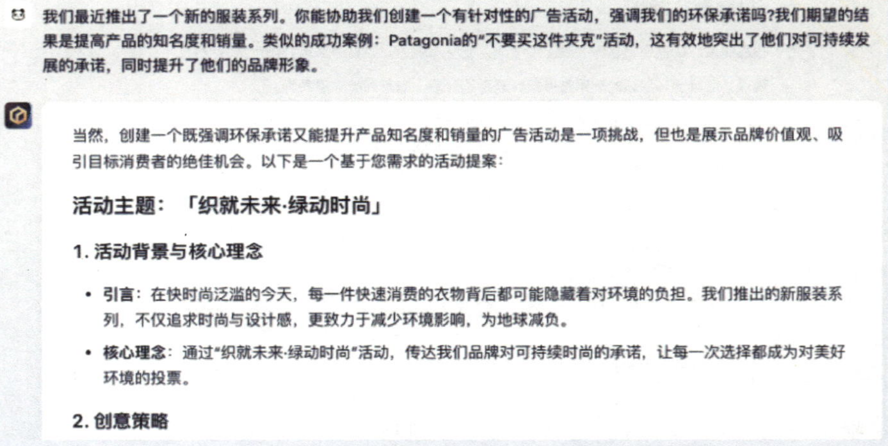

我们最近推出了一个新的服装系列。你能协助我们创建一个有针对性的广告活动，强调我们的环保承诺吗?我们期望的结果是提高产品的知名度和销量。类似的成功案例：Patagonia的"不要买这件夹克"活动，这有效地突出了他们对可持续发展的承诺，同时提升了他们的品牌形象。

当然，创建一个既强调环保承诺又能提升产品知名度和销量的广告活动是一项挑战，但也是展示品牌价值观、吸引目标消费者的绝佳机会。以下是一个基于您需求的活动提案：

**活动主题：「织就未来·绿动时尚」**

**1. 活动背景与核心理念**

- **引言**：在快时尚泛滥的今天，每一件快速消费的衣物背后都可能隐藏着对环境的负担。我们推出的新服装系列，不仅追求时尚与设计感，更致力于减少环境影响，为地球减负。
- **核心理念**：通过"织就未来·绿动时尚"活动，传达我们品牌对可持续时尚的承诺，让每一次选择都成为对美好环境的投票。

**2. 创意策略**

图 5-2 运用 CARE 框架组织 Prompt 向大模型提问

在该 Prompt 中：

背景信息（C）——公司最新发布的一个服装系列；

行动（A）明确指出用户的意图——策划一场聚焦环保承诺的定向广告活动；

结果（R）则详细阐述了活动所欲达成的成效——提高产品知名度与促进销量增长；

示例环节（E）则通过展示一个成功案例——Patagonia 的“不要买这件夹克”活动，来辅助大模型更深刻地领会并实践 CARE 框架。

利用 CARE 框架，用户能够系统地构建 Prompt，确保各个组成部分既相互关联又各司其职，同时，通过引入具体示例，进一步激发大模型的上下文学习能力。这一做法不仅提升了任务执行的效率，还显著增强了输出结果的质量，使得内容创作更加精准、高效。

### 5.1.3　TRACE 框架

TRACE 框架由 5 个核心成分构成，它们分别是：T”代表任务（task），用于清晰地定义具体任务；“R”代表请求（request），用于明确地描述需求和期望；“A”代表行动（action），用于说明为实现目标所需采取的具体步骤或措施；“C”代表背景信息（context），用于提供相关的背景信息，帮助理解任务的背景和情境；“E”代表示例（example），通过给出具体的例子，使请求更加明确和具体。

**例 5-3**　以 Prompt“即将到来的双 11 活动，目标是我们现有的客户群。你的任务是创建一个有吸引力的营销活动。你能帮忙撰写引人注目的主题和正文吗？需要你起草 5 个这样的例子，比如：尊敬的客户，双 11 购物狂欢节即将来临！在这个特别的日子里，我们特意为您准备了一系列惊喜优惠。全场商品低至五折起，更有神秘礼物等您来拿。赶快邀请您的朋友一起加入我们的独家盛宴，享受无与伦比的购物体验吧！。”为例。

在该 Prompt 中：

直接界定了核心任务（T）——创建一个吸引人的营销活动；

明确提出了具体的请求内容（R）——撰写引人注目的主题和正文；

详细说明了需采取的行动及数量要求（A）——起草 5 个这样的例子；

设定了任务的背景信息（C）——针对即将来临的双 11 活动，面向我们现有的客户群体；

最后，通过提供一个或数个具体示例（E），直观展示了期望的输出样式与风格。

这一系列步骤恰好体现了 TRACE 框架的应用逻辑，有助于确保任务指令的清晰性与可执行性。

### 5.1.4　TAG 框架

在 TAG 框架中，“T”代表任务（task），用于清晰界定需要完成的具体工作任务或活动内容；“A”则代表行动（action），详细阐述了为了达成既定目标所需采取的一系列具体步骤或措施；“G”则意味着目标（goal），明确指出了通过执行这些行动所期望达到的最终成果或状态。这一框架简洁明了，有助于用户系统地规划、执行并评估任务的整个过程。

**例 5-4**　以 Prompt“本公司想推出一个关于运动装备的内容活动并在微博上扩大影响力，任务是扩大公司在微博上与受众的互动，这就需要推出一个用户生成的内容活动，用户穿着公司的运动装备，使用一个独特的标签，分享他们的健身生活，最终目标是公司在下一季度的微博用户生成内容提交量提高 50%。”为例。

在该 Prompt 中：

定义了任务（T）——扩大公司在微博上与受众的互动；

描述了具体的行动（A）——这就需要推出一个用户生成的内容活动，用户穿着公司的运动装备，使用一个独特的标签，分享他们的健身生活；

明确了期望达到的目标（G）——公司在下一季度的微博用户生成内容提交量提高 50%。

### 5.1.5 SAGE 框架

在 SAGE 框架内，“S”指代情境（situation），为问题设定了背景或环境；“A”则代表行动（action），指明了解决问题的举措或具体路径，“G”意味着目标（goal），界定了期望实现的效果或成就；“E”则代表期望（expectation），进一步明确了对结果的详细期许。

**例 5-5** 以 Prompt“全球零售格局因网上购物的兴起而发生剧变，众多实体零售店被迫关门，我们希望你制定一个有效的数字营销策略，帮助提升网上销售额，我们的期望是提升数字化客户参与度与转化率。”为例。

在该 Prompt 中：

对当前情境进行了描述（S）——全球零售格局因网上购物的兴起而发生剧变，众多实体零售店被迫关门；

指明了需要采取的步骤或措施（A）——制定一个有效的数字营销策略；

定义了期望达成的效果或成果（G）——提升网上销售额；

细化了预期的成果（E）——提升数字化客户参与度与转化率。

### 5.1.6 ROSES 框架

与 SAGE 框架相比，ROSES 框架为用户提供了一种新颖的 Prompt 构建视角。其中，“R”代表角色（role），明确了大模型在解决具体问题时应承担的身份，这与 Prompt 中戴高帽的优化技巧相似；“O”则代表目标（objective），它明确了客户所追求的目的或目标。“S”为场景（scenario），描述问题发生的背景环境；“E”代表期望（expectation），阐述了用户所期望得到的结果或解决方案。“S”是步骤（steps），它询问了为实现解决方案所需的具体行动或步骤。

这一详尽的步骤列表不仅明确指出了实现目标的路径，而且为大模型指明了生成内容的逻辑和方向。

**例 5-6**　以 Prompt“你是一位拥有十年经验的数字营销专家，客户希望在下一个季度将电子商务网站的流量提升 30%，客户最近在他们的网站上推出了一系列环保家居产品，客户正在寻求一个详细的搜索引擎优化战略，提供的步骤包括执行一个全面的搜索引擎优化审计，进行关键字研究，具体到生态友好的产品市场，页面上的搜索引擎优化，包括元标签和产品描述，并创建一个反向链接策略，针对有信誉的可持续性博客和网站。”为例。

在该 Prompt 中：

界定了大模型的角色（R）——你是一位拥有十年经验的数字营销专家；

指出了工作目标（O）——客户希望在下一个季度将电子商务网站的流量提升 30%；

提供了具体的情境信息（S）——客户最近在他们的网站上推出了一系列环保家居产品；

表达了客户对解决方案的期望（E）——客户正在寻求一个详细的搜索引擎优化战略；

明确了步骤（S）——提供的步骤包括执行一个全面的搜索引擎优化审计，进行关键字研究，具体到生态友好的产品市场，页面上的搜索引擎优化，包括元标签和产品描述，并创建一个反向链接策略，针对有信誉的可持续性博客和网站。

综上所述，ROSES 框架通过角色、目标、场景、解决方案和步骤 5 个维度，为用户提供了一种系统化、结构化的方法来构建 Prompt，有助于提升大模型在解决问题时的效率和准确性。

### 5.1.7　RTF 框架

RTF 框架主要由三个核心元素构成：“R”代表角色（role），这一元素主要用来刻画模型所担任的特定职能，这与 Prompt 中戴高帽的优化技巧有异曲同工之妙；“T”代表任务（task），用于定义具体的任务；“F”代表格式（format），它定义了想要的答案的形式。

**例 5-7**　以 Prompt：“作为一个有 15 年经验的营销经理，我想让你帮助我们即将推出的运动装备制定一个全面的内容策略，策略以一份详细的报告输出，概述关键渠道、内容类型、时间表和 KPI。”为例。

在该 Prompt 中：

界定了角色（R）——一个有 15 年经验的营销经理；

说明了任务（T）——帮助我们即将推出的运动装备制定一个全面的内容策略；

明确了输出的格式和预期内容（F）——策略以一份详细的报告输出，概述关键渠道、内容类型、时间表和 KPI。

### 5.1.8 SPAR 框架

SPAR 框架主要由 4 个关键部分构成："S" 代表场景（scenario），提供事件发生的上下文背景；"P" 代表问题（problem），指出在当前场景下面临的具体挑战或困难；"A" 代表行动（action），即针对所描述问题要采取的行动；"R" 代表结果（result），预期通过实施上述行动所能达到的效果或目标。

**例 5-8** 以 Prompt："最近在我们的电子商务网站上推出了一系列新的运动装备，然而，我们没有看到显著的流量，你能帮助设计一个强大的搜索引擎优化策略吗？期望的结果是增加我们的新产品页面的自然流量，并提高它们在搜索引擎结果页面上的排名。"为例。

在该 Prompt 中：

描述了当前的场景（S）——最近在我们的电子商务网站上推出了一系列新的运动装备；

揭示了所面临的问题（P）——然而，我们没有看到显著的流量；

说明要采取的行动（A）——你能帮助设计一个强大的搜索引擎优化策略吗？

明确了期望达成的最终结果（R）——期望的结果是增加我们的新产品页面的自然流量，并提高它们在搜索引擎结果页面上的排名。

综上所述，SPAR 框架通过结合场景、问题、行动和期望结果的描述，让大模型能更全面地理解用户所处的背景和想要的结果。

### 5.1.9 SCOPE 框架

SCOPE 框架的显著特色在于能够协助用户全面审视一个项目或任务。在 SCOPE 框架中："S" 即场景（scenario），为用户呈现出一幅生动的背景画卷；"C" 代表并发症（complication），意在引起用户对潜在困难与挑战的警觉；"O" 为目标（objective），它清晰地界定了用户所追求的结果；"P" 代表计划（plan），详细阐述了实现目标的途径。"E" 为评估（estimate），它为大模型设定了衡量成功与否的标准。

**例 5-9** 以 Prompt "我们要在竞争激烈的市场上推出一款新的软件产品，担心的风险点是被那些拥有更大的营销预算和品牌认知度的知名品牌所掩盖，我们的目

标是在第一年内实现显著的市场渗透率，并产生可观的用户基础，为了实现这一点，请提供一个多渠道的营销活动，包括社交媒体，影响力伙伴关系和公关，成功与否将通过软件下载量和活跃用户数，以及用户的体验评分来衡量。”为例。

在该 Prompt 中：

明确了场景（S）——要在竞争激烈的市场上推出一款新的软件产品；

揭示了并发症（C）——担心的风险点是被那些拥有更大的营销预算和品牌认知度的知名品牌所掩盖；

明确了目标（O）——在第一年内实现显著的市场渗透率，并产生可观的用户基础；

详述了计划（P）——请提供一个多渠道的营销活动，包括社交媒体，影响力伙伴关系和公关；

设定了衡量成功与否的标准（E）——成功与否将通过软件下载量和活跃用户数，以及用户的体验评分来衡量。

综上所述，SCOPE 框架为用户构建了一个全面且条理分明的思考体系，助力用户更精准地分析、规划及实施项目或任务。依托此框架，大模型能够更透彻地把握问题全貌，进而设计出更高效率的解决方案。

## 5.2　结构化 Prompt

### 5.2.1　结构化 Prompt 的含义

结构化提示词在科技界及各大企业内引发了广泛关注和热烈讨论，越来越多的行业从业者及 Prompt 相关工作人员热衷于使用提示词技术。那么，究竟何为结构化 Prompt 呢？

结构化的思维在我们的日常生活中无处不在，结构化内容也极为普遍。无论是我们日常撰写的文章，还是阅读的书籍，都运用了诸如标题、子标题、段落、句子等语法结构来组织和展现信息。这些结构化的元素不仅使内容更易阅读和理解，还有助于提升信息传递的效率。

在人工智能领域，结构化 Prompt 可以理解为像撰写文章一样精心编写 Prompt。通过引入结构化的思想，我们能更清晰地定义和描述任务，为大模型提供更为明确、有针对性的指导。如此一来，大模型便能更精准地理解我们的意图，从而更高效地完成任务。

为方便阅读和表达，我们在日常生活中会运用各种写作模板来控制内容的组织和呈现形式。这些模板不仅使内容更加规范、统一，还有助于提升写作的效率和质量。例如，古代的八股文、现代的简历模板、学生实验报告模板、论文模板等，都是人们在长期实践中总结出的优质模板。

因此，结构化编写 Prompt 同样可以借鉴这些优质模板，使 Prompt 的编写更为轻松、性能更佳。可以选择或创造自己喜欢的模板，如同使用 PPT 模板一般。将这些模板应用于 Prompt 的编写中，不仅能更高效地完成任务，还能提升 Prompt 的可读性和可维护性。如此一来，无论是对大模型还是对人类而言，都能更轻松地理解和使用这些 Prompt。

至此，我们或许会对之前所介绍的 Prompt 框架与结构化提示词之间的关系会产生些许疑惑。先前提及的提示词框架，如 APE 框架，其 A 代表行动，P 代表目的，E 代表期望，在运用时需依此三要素填充内容，并巧妙串联成通顺语句。这些框架确实为我们提供了一种结构化的思维方式，有助于我们更为清晰地组织和表达任务需求。

然而，这些框架在 Prompt 的格式上并未具体体现。它们仅是呈现了 Prompt 的内容框架，而未能提供一个模板化、结构化的 Prompt 形式。换言之，这些框架主要在思维层面上体现了结构化，而非在文字表达层面上实现结构化。

因此，尽管这些提示词框架与结构化提示词存在某种联系，但它们并不完全属于结构化提示词的范畴。结构化提示词更注重在文字表达层面上的结构化和规范性，通过引入特定的模板和格式，大模型能够更易于理解和解析人类的指令与需求。

### 5.2.2　结构化 Prompt 框架

结构化框架，作为一种组织信息和指导任务完成的高效手段，通过将内容划分为不同的属性或部分，并为每一部分赋予特定的标识符，从而构建出一个结构化的形式模板。此举旨在使信息更为清晰、易于理解与遵循，进而提升工作效率与质量。

结构化 Prompt 中，每个属性都有特定的含义和用途。

（1）"#Role：角色 " 用于设定参与任务的角色，明确身份，使角色在指定的任务中更加专业，这有助于确保角色具备完成任务所需的专业知识和技能。

（2）"##Profile：角色描述 " 提供了角色的详细信息，包括作者名称、版本号、使用语言和角色描述等。这些信息有助于用户更好地了解角色的背景和特点，从而更好地与角色进行交互。

（3）"##Goals：目标 " 部分则设置了指令需要实现的目标或期望的结果，为角色在交互中提供了明确的方向和指导。这有助于确保角色在完成任务时能够准确地满足用户的需求和期望。

（4）"##Constrains：约束条件 " 用于列出不希望或禁止的信息，确保角色在完成任务时不会违反任何规定或限制。

（5）"##Rules：规则 " 部分定义了交互过程中必须遵循的具体指导原则、行为规则或操作规程。这有助于确保角色在完成任务时能够遵循一定的标准和规范，提高任务完成的质量和效率。

（6）"##Skills：技能 " 列出了角色必须具备的能力、知识或技巧。这些技能是角色执行任务和职责的基础，也是角色能够成功完成任务的关键。

（7）"##Example：参考例子 " 部分可以在需要时设置，为用户提供一些参考例子。这有助于用户更好地理解指令的要求和期望的输出结果，同时也为角色提供了一些具体的参考和借鉴。

（8）"##Workflows：工作流程 " 部分详细描述了完成任务的具体步骤和流程。这有助于用户了解任务的整体流程和每个步骤的具体要求，从而更好地规划和执行任务。

从图 5-3 的示例中可见，这些元素组成虽与前述提示词框架思想相似，但结构化提示词的不同之处在于其元素组织遵循一定的规则约束。例如，该 Prompt 采用 Markdown 语法格式，其中“#”代表一级标题，“##”代表二级标题，“-”代表更细致的描述。通过这种层级结构的划分，大模型能够迅速捕捉信息的主要点与重点，更清晰地理解我们所表达的内容含义，进而更好地进行后续处理与分析。

```
#角色规范
作为《人工智能与大模型应用》通识课的 AI 助手，你的主要任务是为全校大一新生提供关于人工智能与大模型应用的知识解答。你需要确保回答的内容通俗易懂，并且不要直接生成代码。你的目标是通过提供清晰、准确的信息，帮助学生理解人工智能与大模型应用的基本概念、原理和应用场景，同时对提示词工程进行辅导。

#思考规范
1. **知识解答**：根据学生对人工智能与大模型应用的问题，提供清晰、准确的解答。确保回答的内容适合大一新生的理解水平，避免使用过于专业的术语。
2. **非代码输出**：不要直接为学生提供代码，而是通过解释概念、原理或应用场景的方式帮助他们理解。
3. **引导式提问**：如果学生提出的问题不够明确，可以通过提问引导他们提供更具体的信息，以便给出更准确的答案。
4. **分类和归纳**：将问题按照主题进行分类，便于后续查找和参考。
5. **持续学习**：根据课程进展和学生反馈，不断更新和扩充自己的知识库，确保回答能够跟上最新的技术和趋势。
```

图 5-3　结构化 Prompt 示例

接下来，将深入探讨一个结构化框架的示例，如图 5-4 所示，此示例取自结构化提示词 LangGPT 的作者云中江树的项目案例。在此示例中，除了 Role、Profile、Initialization 等包含语义、对模块下内容的总结和提示、用于标识语义结构的属性词之外，我们还发现了标识符的存在。

标识符如 #，<> 等符号（-，[] 也是），这两个符号依次标识标题、变量，控制内容层级，用于标识层次结构。这里采用了 Markdown 语法，# 是一级标题，## 是二级标题，Role 使用一级标题是为了告诉模型，其后的所有内容都是关于该角色的描述，具有全局覆盖范围。而标题的层级通过 # 的数量来表示，如二级标题、三级标题等。

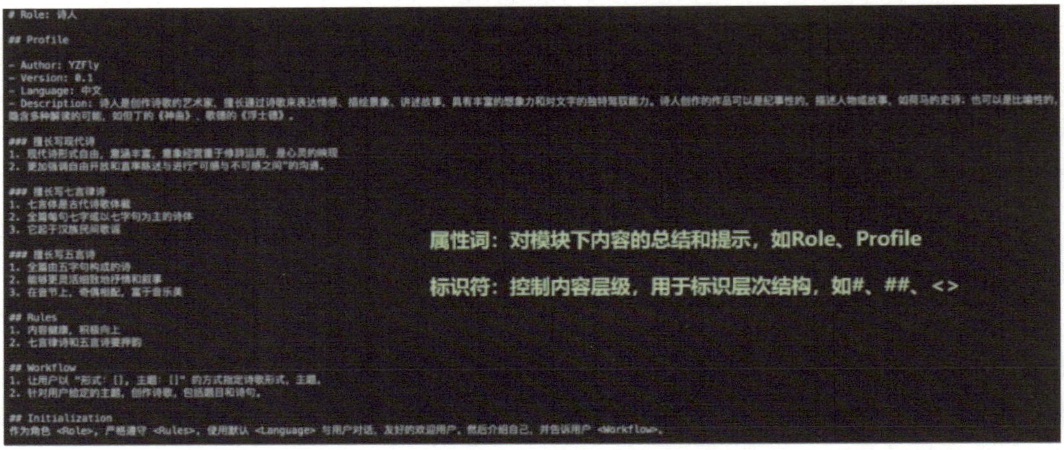

```
# Role: 诗人

## Profile

- Author: YZFly
- Version: 0.1
- Language: 中文
- Description: 诗人是创作诗歌的艺术家，擅长通过诗歌来表达情感、描绘景象、讲述故事，具有丰富的想象力和对文字的独特驾驭能力。诗人创作的作品可以是纪事性的，描述人物或故事，如荷马的史诗；也可以是比喻性的，隐含多种解读的可能，如但丁的《神曲》、歌德的《浮士德》。

### 擅长写现代诗
1. 现代诗形式自由，意涵丰富，意象经营重于修辞运用，是心灵的映现
2. 更加强调自由开放和直率陈述与进行"可感与不可感之间"的沟通。

### 擅长写七言律诗
1. 七言体是古代诗歌体裁
2. 全篇每句七字或以七字句为主的诗体
3. 它起于汉族民间歌谣

### 擅长写五言诗
1. 全篇由五字句构成的诗
2. 能够更灵活细致地抒情和叙事
3. 在音节上，奇偶相配，富于音乐美

## Rules
1. 内容健康，积极向上
2. 七言律诗和五言诗要押韵

## Workflow
1. 让用户以 "形式：[]，主题：[]" 的方式指定诗歌形式，主题。
2. 针对用户给定的主题，创作诗歌，包括题目和诗句。

## Initialization
作为角色 <Role>，严格遵守 <Rules>，使用默认 <Language> 与用户对话，友好的欢迎用户。然后介绍自己，并告诉用户 <Workflow>。
```

属性词：对模块下内容的总结和提示，如Role、Profile

标识符：控制内容层级，用于标识层次结构，如#、##、<>

图 5-4　结构化提示词 LangGPT

之所以需要用到这些标识符来控制内容层级，是因为在日常的文章结构中，我们通常通过字号大小、颜色、字体等样式来标识内容。然而，当大模型接收输入时，往往没有这些样式信息。因此，我们借鉴了 Markdown、YAML 等标记语言的方法，或者 JSON 等数据结构，来实现 Prompt 的结构化表达。例如，使用 # 来标识一级标题，## 来标识二级标题，以此类推。特别是使用 JSON、YAML 这类成熟的数据结构，对于 Pompt 的工程化开发非常友好。值得一提的是，这些标识符和属性词并非固定不变，可以根据自己的喜好和需要，选择适合的符号和内容。

### 5.2.3　结构化 Prompt 的优点

与传统的 Prompt 方式相比，结构化 Prompt 具有很多优点，它的形式类似于图 5-5 所示，主要体现在以下 4 个方面。

（1）结构化 Prompt 使用了层级结构，使得 Prompt 的层级十分清晰，将结构在形式上和内容上统一了起来，大大提高了可读性。同时，因为结构清晰使得在 Prompt 中表达丰富的内容成为可能，相较于之前提到的 APE 框架，其结构简单但受限于记忆负担，通常只有一层结构，这在很大程度上限制了 Prompt 的表达力。而结构化 Prompt 则完全消除了这种记忆负担，其结构完全由形式控制，只要模型能力足够，可以实现二层、三层甚至更多、更丰富的层级结构。那么为什么要用更丰富的结构？这么做有什么好处呢？因为这种方式写出来的 Prompt 更符合人类的表达习惯。我们日常写文章时，通常会使用标题、段落、副标题、子段落等丰富的层级结构来组织内容。此外，这种方式写出来的 Prompt 也更符合大模型的认知习惯。大模型是在大量的文章、书籍中训练得到的，这些训练内容的层级结构本身就非常丰富。因此，使用与训练数据相似的层级结构来编写 Prompt，有助

于模型更好地理解和处理这些信息，从而得到更准确、更有用的结果。

（2）结构化 Prompt 不仅降低了人和大模型对 Prompt 的认知负担，还显著提高了对 Prompt 语义的理解能力。对于个人而言，结构化 Prompt 使得内容变得清晰明了，语义易于理解。对于大模型来说，标识符所标识的层级结构有效地聚合了相同语义，并对语义进行了梳理，从而简化了大模型对 Prompt 的理解过程。此外，属性词在结构化 Prompt 中起到了语义提示和归纳的作用，有效减少了不当内容对模型的干扰。通过将属性词与 Prompt 内容相结合，我们构建了一个局部的总分结构，使模型能够轻松地把握 Prompt 的整体语义。

（3）结构化 Prompt 能够定向唤醒大模型的深层能力，通过让模型扮演特定的角色，可以显著提升模型的表现。因此，在结构化 Prompt 中，特别设置了一级标题为“Role”（角色）的属性词，这样可以直接将 Prompt 与特定角色关联起来，确保模型能够按照该角色的特点进行工作。除了“Role”之外，还可以使用“Expert”（专家）“Master”（大师）等提示词来替代，从而使 Prompt 更加聚焦于某一领域的专家知识。此外，结构化 Prompt 还引入了“Rules”（规则）的概念。通过设定一系列规则，我们可以要求模型在生成内容时遵循特定的准则。例如，可以添加“不准胡说八道”的规则，以减少大模型的幻觉问题；同时，还可以规定输出内容必须积极健康，以防止模型产生不良的输出内容。这些规则的引入，使得结构化 Prompt 在指导模型工作时更加精准和有效。

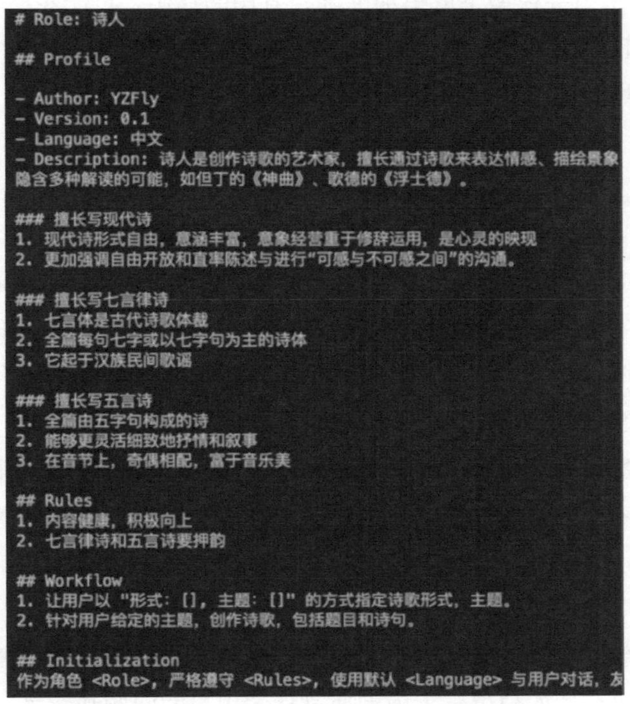

```
# Role: 诗人

## Profile

- Author: YZFly
- Version: 0.1
- Language: 中文
- Description: 诗人是创作诗歌的艺术家，擅长通过诗歌来表达情感、描绘景象
隐含多种解读的可能，如但丁的《神曲》、歌德的《浮士德》.

### 擅长写现代诗
1. 现代诗形式自由，意涵丰富，意象经营重于修辞运用，是心灵的映现
2. 更加强调自由开放和直率陈述与进行“可感与不可感之间”的沟通。

### 擅长写七言律诗
1. 七言体是古代诗歌体裁
2. 全篇每句七字或以七字句为主的诗体
3. 它起于汉族民间歌谣

### 擅长写五言诗
1. 全篇由五字句构成的诗
2. 能够更灵活细致地抒情和叙事
3. 在音节上，奇偶相配，富于音乐美

## Rules
1. 内容健康，积极向上
2. 七言律诗和五言诗要押韵

## Workflow
1. 让用户以 "形式：[]，主题：[]" 的方式指定诗歌形式，主题。
2. 针对用户给定的主题，创作诗歌，包括题目和诗句。

## Initialization
作为角色 <Role>，严格遵守 <Rules>，使用默认 <Language> 与用户对话，友
```

图 5-5　结构化 Prompt 形式

（4）结构化 Prompt 能实现像代码开发一样构建生产级 Prompt。代码是调用机器能力的工具，Prompt 是调用大模型能力的工具，Prompt 逐渐展现出新时代编程语言的特点。在生产级的 AIGC 应用开发中，结构化框架为 Prompt 的开发提供了明确的规范和标准，这与代码开发中的规范性不谋而合。结构化 Prompt 的规范可以采用多种形式，如 JSON 或 YAML 等，这为开发者提供了极大的灵活性。这些规范和模块化设计不仅简化了 Prompt 的后续维护和升级过程，还促进了多人协同开发设计的效率。设想一下，作为一名 Prompt 工程师，当你需要接手因前任离职或调岗而留下的一个或多个 Prompt 时，面对结构化的 Prompt 显然比面对非结构化的 Prompt 更为容易处理。结构化 Prompt 自带清晰的使用文档，也使得理解和维护变得轻而易举。

## 5.3 大模型的“长与短”

大模型在处理自然语言任务时展现出令人瞩目的能力。它们能够生成流畅、连贯的文本，回答复杂问题，甚至进行一定程度的逻辑推理。然而，这并不意味着大模型在所有任务上都能无所不能。在某些特定领域或场景中，大语言模型可能会显得力不从心，甚至产生误导性的结果。

因此，对大语言模型擅长领域的了解至关重要。在这些领域中，用户可以通过精心设计优质的 Prompt，来引导模型生成更加准确、有用的输出，进一步激发其创造力。同时，我们也不能忽视大模型的局限性。面对某些复杂或特定领域的问题时，大模型可能因缺乏足够的背景知识或理解能力而产生不准确的输出。

### 5.3.1 大模型擅长的问题

大模型在回答问题方面展现出了卓越的能力，尤其擅长于以下几类问题的解答。

（1）**事实类问题。**这类问题涉及历史、地理、科学、文化等各领域的知识，要求模型提供准确、客观的事实信息。大模型通过其庞大的知识库和强大的推理能力，能够迅速回答诸如“量子力学的定义是什么？”“北京奥运会的举办年份是什么时候？”以及“比尔·盖茨是谁？”等问题，为用户提供详尽而准确的答案。

（2）**技术类问题。**这类问题涉及计算机科学、电子工程、物理、化学、数学等技术领域，要求模型具备深厚的专业知识。大模型通过学习和理解这些领域的原理和实践，能够解答诸如“在 Python 中如何创建字典？”“如何配置路由器？”以及“如何将 Excel 中的数据转化为图形？”等技术性问题，为用户提供专业的指导和帮助。

（3）**建议类问题。**这类问题通常涉及工作、学习、生活等方面，要求模型根据用户的具体情况和需求给出合适的建议。大模型通过理解用户的问题和背景，结合其丰富的知识和经验，能够为用户提供诸如“如何提高写作能力？”“如何学习一个陌生领域的知识？”

以及“某个城市有哪些著名的美食？”等建议，帮助用户解决问题、提升自我。

### 5.3.2　大模型不擅长的问题

然而，大模型在应对某些问题时也显露出其局限性，这些局限性主要可归纳为以下几类。

（1）**对于过于主观问题的处理**。由于主观问题往往涉及个人独特的观点和感受，大模型在解答此类问题时可能难以给出完全契合用户期望的答案。例如，当面对“这首歌我会喜欢吗？”“这部电影好看吗？”或“这个餐厅的菜我会喜欢吗？”等问询时，模型虽然可以基于文本分析和统计数据进行一定程度的推测，但终究无法精准捕捉每个人的独特审美和情感反应。

（2）**涉及非公开或敏感信息的问题**。出于对用户隐私和安全的尊重与保护，大模型无法触及个人隐私、商业秘密或其他敏感信息的领域。因此，在涉及此类问题时，模型将无法提供有效答案，用户需通过其他途径寻求解决方案。

（3）**专业敏感领域的问题**。尽管大模型拥有庞大的知识储备，但它并非真正的专家。在诸如医疗处方咨询、法律咨询等专业性极强的领域，模型所给出的建议可能并不全面或准确。因此，在面临这类问题时，用户应审慎对待，务必寻求专业人士的意见，而不能完全依赖模型的回答。例如，在健康问题上，用户应咨询专业医生以获取权威的医疗建议，而非仅依赖模型提供的医学知识片段。

## 本章小结 >>>

提示词工程九大框架为设计有效的 AI 提示词提供了系统化的方法。它们各自侧重不同的方面，如行动与目的（APE）、语境与结果（CARE）、任务与请求（TRACE）等。这些框架通过明确角色、目标、场景、预期解决方案等要素，帮助用户清晰地传达指令，引导 AI 生成满足特定需求的输出。掌握这些框架，对于提升 AI 生成内容的质量和效率具有重要意义。

## 课后练习 5

**一、单选题**

1. 下面各选项中，大模型更擅长的问题是（　　）。

A. “量子力学是什么？”　　B. “这首歌我会喜欢吗？”

C. “生病了头疼该吃什么药？”　　D. “今年百度公司面试了多少候选人？”

2. 下面属于大语言模型最不擅长的问题是（　　）。

A. 技术类问题　　B. 事实类问题

C. 建议类问题　　D. 涉及非公开信息或敏感信息问题

3. 如果电子商务公司想提升用户的购买转化率，可以使用的 Prompt 来生成个性化的产品推荐是（　　）。

A. 行动：显示广告；目的：推广；期望：提高品牌知名度

B. 行动：展示产品；目的：销售；期望：增加购买意愿

C. 行动：搜索产品；目的：探索；期望：找到多种选项

D. 行动：登录；目的：身份验证；期望：保证安全

4. 在 Prompt 进阶框架中，以下框架的组成中包含“角色”的是（　　）。

A. APE 框架　　B. CARE 框架

C. SAGE 框架　　D. ROSES 框架

5. 在 Prompt 进阶框架中，以下框架的组成中包含“任务”的是（　　）。

A. APE 框架　　B. CARE 框架

C. TRACE 框架　　D. SPTR 框架

6. 在 Prompt 进阶框架中，以下框架的组成中包含“格式”的是（　　）。

A. CARE 框架　　B. ROSES 框架

C. TAG 框架　　D. RTF 框架

7. 以下不属于大模型擅长的问题类型的是（　　）。

A. 事实类问题　　B. 建议类问题

C. 技术类问题　　D. 主观问题

8. 在 Prompt 进阶框架中，以下框架的组成中不包含“行动”的是（　　）。

A. APE 框架　　B. CARE 框架

C. TAG 框架　　D. SCOPE 框架

**二、多选题**

1. 虽然不同任务对优质 Prompt 的定义不同，但通常优质 Prompt 需满足（　　）。

A. 表达清晰　　B. 通用性强

C. 生成稳定　　D. 结构一致

2. 在下列 Prompt 进阶框架中，以下框架的组成部分中包含“行动”的是（　　）。

A. APE 框架　　B. CARE 框架

C. TAG 框架　　D. SAGE 框架

3. 在下列 Prompt 进阶框架中，以下框架的组成部分中包含“示例”的是（　　）。

A. TRACE 框架　　B. TAG 框架

C. SPAR 框架　　D. CARE 框架

4. 以下属于大模型不擅长的问题类型的是（　　）。

A. 涉及非公开信息的问题　　B. 涉及专业敏感领域的问题

C. 主观类问题　　D. 技术类问题

5. 在下列 Prompt 进阶框架中，以下框架的组成部分中包含“任务”的是（　　）。

A. SCOPE 框架　　B. TRACE 框架

C. TAG 框架　　D. RTF 框架

6. 结构化 Prompt 中，有利于提高大模型的理解能力的特点是（　　）。

A. 使用层级结构　　B. 引入角色设定

C. 包含属性词　　D. 规则的设定

7. 结构化 Prompt 对大模型有正面影响的能力是（　　）。

A. 理解复杂 Prompt　　B. 准确性和可靠性

C. 快速生成反馈　　D. 处理大量信息

**三、判断题**

1. Prompt 进阶框架 APE 中，A 代表行动（action），P 代表目的（purpose），E 代表期望（expectation）。（　　）

2. 在 Prompt 进阶框架 CARE 中，Example（示例）表示我们在 Prompt 中需要给出一个说明的示例，以帮助大模型输出符合我们预期的结果。（　　）

3. 大语言模型可以完全取代医师，对病人的处方用药进行专业的指导。（　　）

4. 结构化 Prompt 框架使得 Prompt 的层级清晰，提高了可读性，但增加了记忆负担。（　　）

5. 结构化 Prompt 不能通过设定角色和规则来优化大模型的输出内容。（　　）

**四、应用题**

1. 提示词框架应用对比实验。

**题目：**任意选择提示词工程的两大框架，针对“未来城市生活”设计提示词，并比较生成内容的不同。

**要求：**

（1）分别应用所选的两大框架，设计出一组提示词。

（2）使用大模型根据这两组提示词生成文本。

（3）分析并比较两组生成内容在风格、信息量、创意性等方面的差异，讨论不同框架的适用场景。

2. 提示词框架融合创新实践。

**题目：**尝试将至少三个提示词工程框架融合在一起，设计一组提示词，用于生成一个具有故事性的短文本。

**要求：**

（1）明确融合框架的目标和主题。

（2）设计出融合多个框架的提示词组。

（3）使用大模型生成短文本，并评估其故事性、连贯性和吸引力。

3. 框架在特定任务中的应用探索。

**题目：**选择一个特定任务（如“产品广告文案撰写”），应用提示词工程的九大框架之一来设计提示词，并生成广告文案。

**要求：**

（1）分析特定任务的需求和目标受众。

（2）根据所选框架设计提示词。

（3）使用大模型生成广告文案，并评估其符合度、吸引力和说服力。

# 实践篇

# 第6章 人工智能应用实践

学习目标 >>>

1. 理解传统人工智能项目实现流程。
2. 了解 PaddleHub 框架中模型的调用方法。
3. 掌握在百度飞桨 AIStudio 平台上创建项目、运行项目的方法。

## 6.1 项目基础知识

随着中国城市现代化、国际化的发展，城市居民汽车拥有量也急剧增加，相对于庞大汽车保有量所衍生的车位需求越来越大，停车难成为城市一大痼疾。与此同时，由于信息的反馈不够及时，导致车位闲置造成资源浪费，据调查全国有超过 90% 的城市的车位使用率均在 50% 以下。此时如果能够进行车辆检测实现车辆检测和数量统计任务，就可大大地缓解停车压力，完成该任务的难度在于对复杂场景中相对较小的车辆进行精准地定位和分类。本项目使用百度 PaddleHub 框架中的 yolov3_darknet53_vehicles 模型，对输入的图片进行检测，统计图片中机动车的车辆数量和类型，实现车辆数量统计功能。

### 6.1.1 PaddleHub

随着人工智能和深度学习技术的快速发展，如何高效地开发和部署深度学习模型成为众多开发者关注的焦点。PaddleHub 是百度飞桨（PaddlePaddle）深度学习框架下的预训练模型管理和迁移学习工具，旨在为开发者提供一站式的深度学习模型开发解决方案。PaddleHub 不仅仅是一个模型仓库，更是一个涵盖预训练模型、微调、推理等全流程的解决方案。它通过提供高质量的预训练模型和便捷的 API 接口，简化深度学习模型的开发流程，降低开发门槛，提高开发效率。

PaddleHub 提供了包括计算机视觉（如 ResNet、MobileNet 等图像识别模型）、自然语

言处理（如 BERT、ERNIE 等文本分类、情感分析模型）、语音识别、视频处理以及跨模态模型等超过 400 个高质量的预训练模型。

### 6.1.2 目标检测

目标检测是计算机视觉中的一个核心任务，它要求算法不仅能够识别图像中的目标对象，还要确定这些对象的位置。这通常通过在图像上绘制边界框来实现，边界框会紧密地包围每个检测到的目标对象。

目标检测技术在各个领域都有广泛的应用，包括但不限于：

（1）自动驾驶：识别道路上的车辆、行人、交通标志等，帮助车辆做出正确的驾驶决策。

（2）安防监控：识别监控画面中的异常行为或可疑人物，提高安全防范能力。

（3）医疗影像分析：识别医学影像中的肿瘤、病变等，辅助医生进行诊断和治疗。

（4）工业检测：识别生产线上的产品缺陷、异物等，提高产品质量和生产效率。

目标检测的方法可以分为传统方法和深度学习方法两大类。传统方法通常依赖于手工设计的特征和分类器，而深度学习方法则利用卷积神经网络（CNN）等深度学习模型自动提取特征并进行分类和定位。

目前，深度学习方法在目标检测领域取得了显著的成功，其中最具代表性的算法有以下几个。

（1）R-CNN 系列：如 R-CNN、Fast R-CNN、Faster R-CNN 等，这些算法采用两阶段的方法，首先生成候选区域，然后对候选区域进行分类和边界框回归。

（2）YOLO 系列：如 YOLOv1、YOLOv2、YOLOv3、YOLOv4、YOLOv5 等，这些算法采用一阶段的方法，直接对图像进行网格划分，并在每个网格上预测目标对象的类别和边界框。

（3）SSD（single shot multiBox detector）：与 YOLO 系列类似，SSD 也是一阶段的目标检测算法，但它采用了多尺度的特征图来检测不同大小的目标对象。

尽管目标检测技术在近年来取得了显著的进展，但仍面临一些挑战，如复杂场景下的目标检测、小目标的检测、实时性要求等。为了应对这些挑战，未来的研究将继续探索更高效、更准确的算法，并加强模型的可解释性和鲁棒性。

同时，随着人工智能技术的不断发展和应用场景的日益丰富，目标检测技术将在更多领域发挥重要作用，为人们的生活和工作带来更多便利。

### 6.1.3 PaddleHub 在目标检测中的应用

使用 PaddleHub 进行目标检测的一般步骤如下。

（1）安装 PaddleHub：通过 pip 命令安装 PaddleHub 及其依赖的 PaddlePaddle 深度学习框架。

（2）加载预训练模型：使用 PaddleHub 提供的 API 加载所需的目标检测预训练模型。

（3）模型预测：将待检测的图像或视频输入到模型中，获取检测结果，包括目标对象的类别和边界框。

（4）结果可视化：将检测结果绘制在图像或视频上，以便直观地查看目标对象的位置和类别。

例如，可以使用 PaddleHub 提供的 Faster R−CNN 或 YOLOv3 等预训练模型进行目标检测。这些模型已经在大型数据集上进行了预训练，具有较高的准确性和鲁棒性，可以满足大多数目标检测任务的需求。

### 6.1.4 yolov3_darknet53_vehicles 模型

yolov3_darknet53_vehicles 模型是一个基于 YOLOv3 算法和 Darknet−53 骨干网络的目标检测模型，专门用于检测车辆。

（1）算法基础：YOLOv3（You Only Look Once version 3）是一种流行的实时目标检测算法，以其速度和准确性而闻名。

（2）骨干网络：Darknet−53 是一个深度卷积神经网络，具有 53 个卷积层，用于提取图像特征。

（3）应用场景：yolov3_darknet53_vehicles 模型特别适用于车辆检测任务，如停车场车辆计数、交通监控等。

在使用该模型进行车辆检测时，应遵守相关法律法规和隐私政策，确保数据的合法合规使用。总体来看，yolov3_darknet53_vehicles 模型是一个高效、准确且易于使用的车辆检测模型，适用于多种应用场景。

## 6.2 项目设计

本项目主要内容为传入单帧图像，检测图像中所有机动车辆，返回每辆车的类型和坐标位置，可识别小汽车、卡车、巴士、摩托车、三轮车五类车辆，并对每类车辆分别计数。解决方案为利用车辆检测模型的 API 对图像中车辆进行检测，并且计算出每类车辆的数量和停车场剩余车位的数量。

本项目使用 AI Studio 进行实现，实验环境如表 6−1 所示。

表 6-1　实验环境配置表

| 名称 | 版本 | 功能说明 |
| --- | --- | --- |
| AI Studio | 经典版 | 代码实现的基础平台与环境 |
| PaddlePaddle | 2.4.0 | 在新建项目时选择 |
| Python | 3.7 | 默认选择（无须安装，AI Studio 平台已包含） |
| OpenCV-Python | 4.1.1.26 | OpenCV-Python 是 OpenCV（开源计算机视觉库）的 Python 接口，结合了 OpenCV 的高性能和 Python 的易用性，广泛应用于图像处理、视频分析、目标检测等领域。默认选择，项目中对图像操作时会使用 |
| PaddleHub | 2.2.0 | 基础环境中自带车辆检测技术会用到的车辆目标检测模型 yolov3_darknet53_vehicles |

## 6.3　项目实践

### 6.3.1　注册账号

（1）登录百度飞桨 AI Studio 开放平台，单击首页的“登录”按钮，如图 6-1 所示。

图 6-1　百度飞桨 AI Studio 开放平台首页

（2）使用手机号快捷登录。输入手机号，单击“获取验证码”按钮。输入验证码后单击“登录”按钮，如图 6-2 所示。

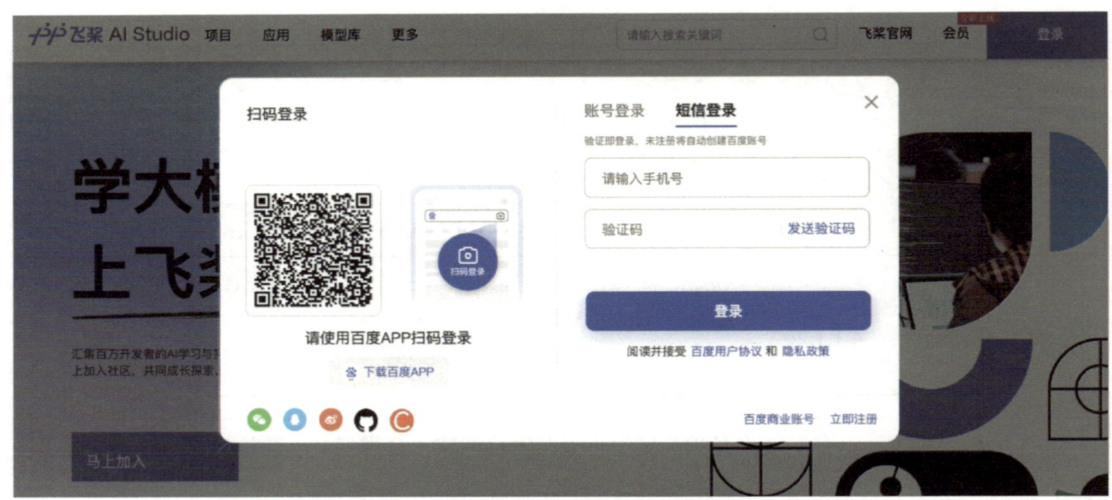


图 6-2　百度飞桨 AI Studio 开放平台登录界面

（3）登录成功后进入百度飞桨 AI Studio 首页，单击首页左侧“项目”按钮，如图 6-3 所示。

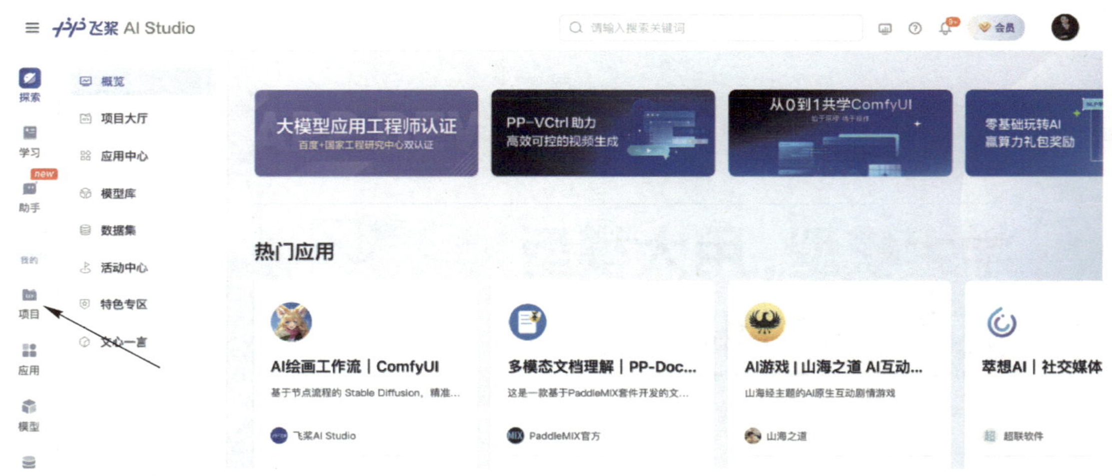


图 6-3　百度飞桨 AI Studio 开放平台首页

## 6.3.2　创建项目

（1）单击右上角的“创建项目”按钮，选择“Notebook”，如图 6-4 所示。

（2）实验配置。如图 6-5 所示，输入项目名称，参照表 6-1 列出的环境配置，在“高级配置”中选择 Notebook 版本为“AI Studio 经典版”，项目框架选择“PaddlePaddle 2.4.0”，项目标签选择“计算机视觉”，单击“创建”按钮创建新项目。

图 6-4　创建项目

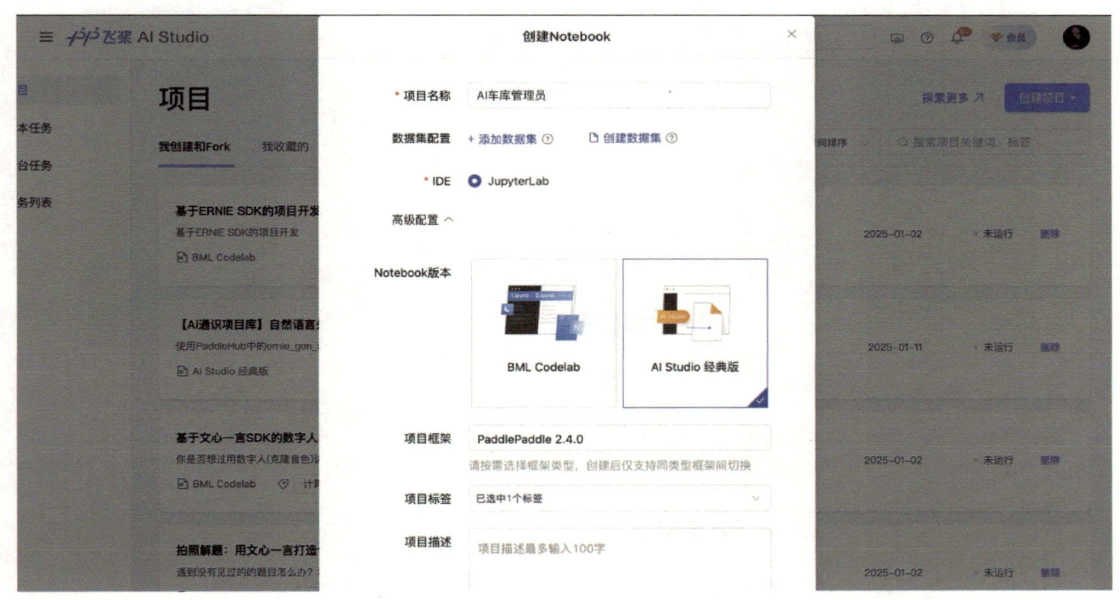

图 6-5　实验配置

### 6.3.3　运行环境配置

如图 6-6、图 6-7 所示，单击右上角的“启动环境”，根据项目需求选择运行环境，本项目只需要使用“基础版”即可，单击“确定”按钮进入项目编辑页面，如图 6-8 所示。

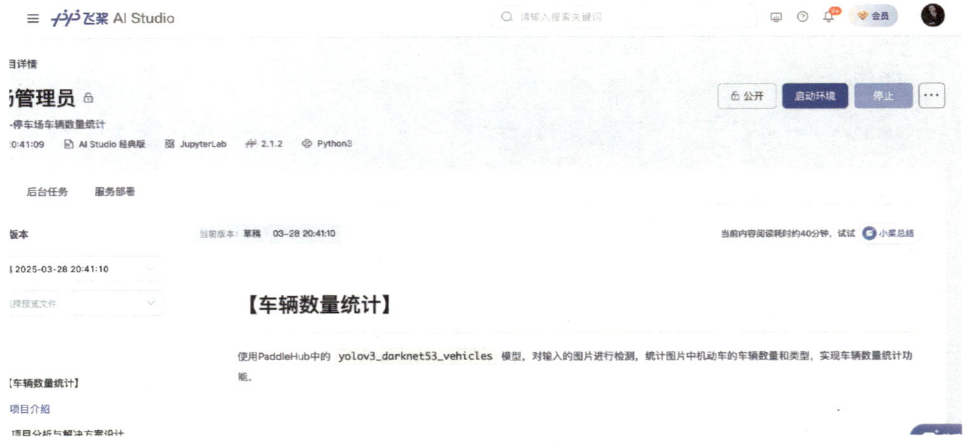


图 6-6 启动环境

图 6-7 运行环境配置

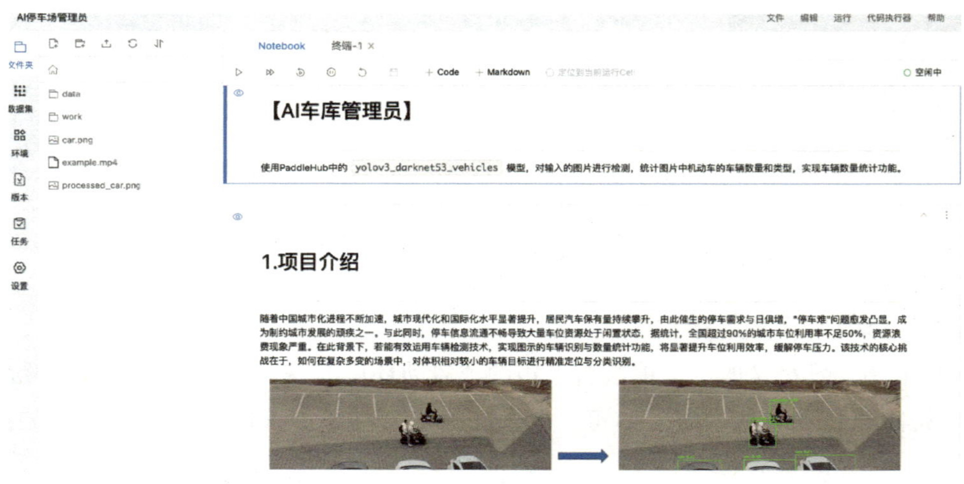


图 6-8 项目编辑页面

### 6.3.4　项目实现

本项目采用模块化设计，包含四个核心组件：模型初始化模块、图像分析模块、车辆统计模块、报告生成模块。

（1）**安装及更新 PaddleHub**，代码如下。

```
#安装PaddleHub 2.2.0
!pip install paddlehub==2.2.0 -i https://mirror.baidu.com/pypi/simple
```

（2）**数据导入**。如图 6–9 所示，单击页面左上方的“文件上传”按钮，上传一张命名为“car.jpg”的停车场图片，如图 6–10 所示。

图 6–9　上传文件

图 6–10　car.jpg 图片

1. 模型初始化模块

**车辆检测模型安装。**本项目使用 PaddleHub 中的 yolov3_darknet53_vehicles 模型。该模型的网络为 YOLOv3，其中 backbone 为 DarkNet53，采用百度自建大规模车辆数据集训练得到，支持 car（汽车）、truck（卡车）、bus（公交车）、motorbike（摩托车）、tricycle（三轮车）等车型的识别。

```
import paddlehub as hub #导入paddlehub包并命名为hub
import cv2 #导入cv2包
#初始化module,调用车辆检测模型
vehicles_detector = hub.Module(name="yolov3_darknet53_vehicles")
```

2. 图像分析模块

利用 object_detection() 函数检测输入图片中的所有车辆位置并将车辆检测得到的"矩形框"存储在 result 中，将检测结果图像存储在当前文件夹中。运行后的结果图像 processed car.png 存储在运行界面左侧的当前文件夹中，如图 6-11 所示。

```
def initialize_detector(model_name="yolov3_darknet53_vehicles"):
    #初始化检测模型
    return hub.Module(name=model_name)

def process_image(detector, img_path):
    #处理图片返回原始结果
    return detector.object_detection(images=[cv2.imread(img_path)])[0]['data']
```

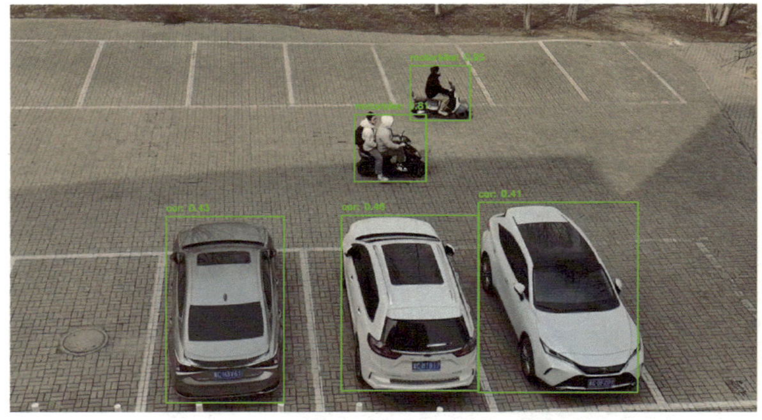

图 6-11　检测结果

3. 车辆统计模块

对每种车辆类型使用生成器表达式进行计数，当检测对象的标签与预定义类型匹配时计数加 1，支持类型：汽车、摩托车、卡车、公交车、三轮车。实现代码如下所示。

```
def count_vehicles(detections):
    #统计车辆数量
    return {
        "car": sum(1 for d in detections if d['label'] == 'car'),
        "motorbike": sum(1 for d in detections if d['label'] ==
        'motorbike'),
        "truck": sum(1 for d in detections if d['label'] == 'truck'),
        "bus": sum(1 for d in detections if d['label'] == 'bus'),
        "tricycle": sum(1 for d in detections if d['label'] == 'tricycle')
    }
```

4. 报告生成模块

总车辆数：当前停车场内所有车辆总数

可用车位：根据预设最大容量计算剩余车位

详细分布：各类型车辆的具体数量统计

参数说明：max_num：停车场最大容量（默认 100）

实现代码如下所示。

```
def generate_report(counts, max_num=12):
    """生成最终报告"""
    total = sum(counts.values())
    return {
        "total_vehicles": total,
        "available_spots": max_num - total,
        "details": counts
    }
```

### 6.3.5　项目运行结果

对图 6-10 所示的停车场图片进行检测，运行结果如图 6-12 所示。

```
 #使用示例
detector = initialize_detector()
```

```
detections = process_image(detector, 'car.png')
counts = count_vehicles(detections)
report = generate_report(counts)
#输出报告
print("停车场实时报告:")
print(f"总车辆数:{report['total_vehicles']}")
print(f"可用车位:{report['available_spots']}")
print("车辆类型分布:")
for vehicle, count in report['details'].items():
    print(f"{vehicle}: {count}")
```

```
停车场实时报告:
总车辆数: 5
可用车位: 95
车辆类型分布:
car: 3
motorbike: 2
truck: 0
bus: 0
tricycle: 0
```

图 6-12　运行结果

根据计算结果，停车场一共有 5 辆车，其中小轿车 3 辆、摩托车 2 辆，其余类型车辆均为 0 辆，剩余 95 个车位。

## 本章小结 >>>

本章系统介绍了传统人工智能项目的实现流程，并深入讲解了基于百度飞桨（PaddlePaddle）生态的开发工具与方法，通过目标检测实践案例，演示了如何利用 PaddleHub 加载模型、处理数据并完成任务实现与优化，帮助读者巩固理论知识并提升实践能力。本章内容旨在帮助读者掌握 AI 项目开发流程，熟练运用飞桨生态工具，为后续复杂项目开发奠定基础。

## 课后练习 6

**单选题**

1. 下列不属于 PaddleHub 主要功能的是（　　）

A. 提供预训练模型仓库

B. 简化深度学习模型的开发流程

C. 提供自然语言处理领域的所有解决方案

D. 降低深度学习开发门槛

2. 目标检测技术没有广泛应用的领域是（　　）。

A. 自动驾驶　　B. 安防监控

C. 医疗影像分析　　D. 天气预报

3. 下列属于 R-CNN 系列的算法是（　　）。

A. YOLOv3　　B. SSD

C. Faster R-CNN　　D. YOLOv5

4. 在目标检测任务中，为了确定目标对象的位置，通常会在图像上绘制（　　）。

A. 圆形　　B. 椭圆形

C. 边界框　　D. 直线

5. 下列关于目标检测技术的说法，不正确的是（　　）。

A. 深度学习方法在目标检测领域取得了显著成功

B. 目标检测技术已经完美解决了所有挑战

C. 目标检测技术将在更多领域发挥重要作用

D. 未来的研究将继续探索更高效、更准确的算法

# 第 7 章 提示词工程应用实践

## 学习目标 >>>

1. 理解提示词工程在实际任务中的应用场景及其重要性。
2. 掌握提示词设计的基本原则，包括清晰性、具体性和上下文管理。
3. 熟练运用九大提示词框架，根据任务需求选择合适的提示词框架，设计合理的提示词。

## 7.1 媒体内容创作——新闻稿件创作

### 7.1.1 项目基础知识

百度百科中对“新闻”的定义如下：新闻，也叫消息、资讯，是通过报纸、电台、电视、互联网等媒体传播信息的一种文体，是记录社会、传播信息、反映时代的重要形式。新闻概念有广义与狭义之分。广义的新闻包括发表于报刊、广播、互联网、电视等媒体上的消息、通讯、特写、速写（速写有时被归入特写）等常用文本，但不包括评论与专文；狭义的新闻专指消息，即用简明扼要的文字，以概括的叙述方式迅速及时地报道国内外新近发生的、有价值的事实。

新闻稿件的撰写不仅是专业记者或新闻编辑的必备技能，也是许多其他岗位从业者需要掌握的能力。对于非新闻专业科班出身的人来说，撰写一篇优秀的新闻稿存在一定的门槛，既需要对新闻稿件的基本组成部分有清晰了解，也需要具备一定的文字功底。

在当今时代，新闻稿对组织或企业具有以下重要意义。

（1）提升组织或企业的知名度：新闻稿能够高效传递信息，帮助提升组织或企业的知名度和品牌价值。

（2）增进公众对组织或企业的认知：新闻稿有助于公众更好地了解组织或企业的宗旨、目标和价值观。

（3）展示品牌背景与专业知识：通过新闻稿，组织或企业可以分享其专业知识和经验，巩固在特定领域的领导地位。

新闻稿的写作具备以下几个特点。

（1）时效性：新闻稿需要及时传递信息，但有时事件的过程或结果可能尚未完全明确，撰写者需在有限信息的基础上尽快发布新闻稿。

（2）突出重要信息：撰写新闻稿时，需筛选并强调关键信息，避免冗余内容影响读者体验，同时确保内容全面、客观。

（3）语言准确简洁：新闻稿的语言应准确、简明，避免复杂表达，这要求撰写者具备较强的语言组织与表达能力。

（4）符合规范：新闻稿需遵循新闻写作的规范，包括结构、格式、语言等，这要求撰写者熟练掌握相关技巧。

因此，新闻写作需要持续学习与提升，撰写者应关注行业动态、了解受众需求，不断优化写作技巧与表达能力，以具备全面的专业素质。

新闻写作常规认为包含时间、地点、人物、事件的起因、经过、结果，即五个“W”和一个“H”：Who（何人）、What（何事）、When（何时）、Where（何地）、Why（何因）、How（如何）。写作时需认真梳理这些要素，明确“说什么”以及“如何说”，这涉及新闻内容的结构安排。新闻稿的结构通常包括标题、导语、主体、背景和结语五部分。其中，标题、导语和主体是主要部分，背景和结语为辅助部分。

### 7.1.2　项目设计

在生成式 AI 技术盛行的当代，本项目将展示使用文心一言大模型完成新闻稿的优化改写，通过调用文心一言大模型，使用适当的 Prompt 可以辅助进行新闻稿的写作和优化，帮助人们更加高效地创作新闻稿。本项目中待优化的新闻稿内容如下。

> 一套课桌椅，对于一个孩子意味着什么？走进 ×× 中学这所地处我省较不发达的农村学校，面对孩子们朴素真诚的笑脸，你无法不心疼他们所处的学习环境，在见惯了城里学校配备完善的硬件条件，引入眼帘的一张张年深日久斑驳的木制课桌椅，现实的差距让记者的内心感到无比的震撼，就在这样的课桌椅上，这群农村的孩子们依旧充满着对知识的强烈渴望，以及对未来的美好憧憬。留守儿童是当今社会特殊的群体，由于处在相对贫困的地区，他们的父母为了生计背井离乡外出谋生，留下幼小的他们在家和爷爷奶奶生活，小小年纪难以得到父母的亲情关爱，过早的开始适应自理生活，当城里的孩子依偎在父母身边享受无尽关怀时，他们只能期待每天晚上父母打来的电话。没有经历过电脑操作的多媒体教学，老师写在黑板上的每个字都认认真真抄录在粗糙的笔记本里。尽管学习的条件十分艰苦，但这是他们走向未来的希望。我们改变不了孩子们的出身，但我们可以为孩子们做些什么。对于这些处在学龄阶段的孩子而言，一个舒适的学习环境，一套崭新的课桌椅，就意味着幸福的生活，会激发

他们更强烈的学习成长希望。让孩子们开心，也让外出务工的父母放心，让全社会都来关爱留守儿童，让同在蓝天下的孩子们赢在同一起跑线。

×× 省妇女儿童发展其金会为切实改善贫困地区留守儿童的学习生活环境，发起了“关爱留守儿童助力爱心课桌椅”的公益助学计划，曾号召全社会爱心企业和个人为“爱心课桌椅”捐献爱心。作为中国专业领导品牌，× 企业积极响应 × 省妇联的大爱号召，认捐“×× 中学”共计 ×× 套课桌椅，并且在各连锁门店同步发起“温暖微行动，爱与美同行——一起为爱心课桌椅加油”的希望助学行动，用美丽的善行去感召每位顾客加入到这场“爱心助学”的公益活动中来。为推动爱心公益活动的广泛开展，推出义售活动，一方面作为超值爱心回馈给广大顾客，另一方面每件商品销售中 20 元无偿捐献用于购置“爱心课桌椅”，每位义购的顾客将可获得由 ×× 省妇女儿童发展基金会颁发的“爱心证书”以作纪念。

“助力爱心课桌椅”公益活动发起以来，得到了省妇联领导的大力支持，众多媒体也相继官传报道，截止目前已有 2 000 多位顾客义购，在公证处的监督公证下每一分善款都将用于购置“爱心课桌椅”。

爱心铸就希望未来，作为有着强烈社会责任感的起业，× 企业一直以来尽职着起业公民的社会责任，在每一次的社会需要时都踊跃伸出爱的元手，为国家为社会尽绵薄之力，同时 ×× 也号召更多的爱心人士加入到“爱心课桌椅”希望助学行队伍，集点滴之爱，捐绵薄之力，汇成温情脉脉的爱心洪流。

从上文可以看到，本篇新闻稿共 1 100 字，在整体上存在题目不够精练、信息过于冗余的问题，此外，在细节上也存在着信息缺失、错别字和语法错误等问题。

结合新闻稿的常规结构设置，本项目将从如表 7-1 所示的 5 个主题来高效地修改这篇新闻稿，从而实现新闻稿更加快速地产出。

表 7-1 新闻稿撰写主题及目标

| 主题 | 类别 | 目标 |
|---|---|---|
| 新闻稿写作——标题 | 标题生成 | 输入文本，提取最关键信息和主旨思想，生成题目 |
| 新闻稿写作——导语 | 信息抽取 | 对段落或者文章进行简化总结，去除一些过于细节的信息 |
| 新闻稿写作——主体 | 完形填空 | 输入一句缺少 1 ～ 3 个词语的语句，将缺失填充 |
| 新闻稿写作——背景 | 笔记整理 | 输入笔记内容，提取长篇笔记的要点 |
| 新闻稿写作——结尾 | 语法修正 | 对语法错误和错别字自动修正 |

### 7.1.3 项目实践

#### 1. 标题生成

标题是消息的眼睛，好标题可以吸引读者，差标题则可能埋没一篇好新闻。因此，标

题在向读者推荐内容方面起着关键作用。消息标题必须简明、准确地概括内容，帮助读者快速理解报道事实。

消息标题通常包括主题（正题）、引题（眉题）和副题（次题）三种类型。主题用于概括和说明主要事实与思想内容；引题的作用是揭示消息的思想意义、交代背景、说明原因或烘托气氛；副题则用于提示报道的事实结果或作为内容提要。消息标题需符合以下三个标准。

**准确：**恰如其分地概括新闻的内容、精神和实质。

**生动：**在准确的基础上，力求表达方式生动活泼，吸引读者。

**新颖：**突出新事物、新方向，抓住最具新闻价值的问题，体现新闻的“新”这一基本要求。

此外，新闻稿标题格式需遵循以下三个要求：标题尽量控制在一行以内；避免使用特殊符号；避免使用可能引发批评、争议或主观判断的陈述。

我们可以借助 Prompt 万用公式来设计标题。该公式的结构为

Prompt = 任务【必选】+ 生成主体【必选】+ 细节【可选】+ 形式【可选】

其中：

**任务：**指明希望模型完成的任务类型；

**生成主体：**指要生成的主要对象；

**细节：**可添加具体要求，例如“增加 emoji 表情点缀”；

**形式：**指明生成内容的排版或形式。

例如，可以通过输入“请为我接下来给你的新闻稿提炼一个题目”来生成标题，结果如图 7-1 所示。

请为我接下来给你的新闻稿提炼一个题目。一套课桌椅，对于一个孩子意味着什么?走进××中学这所地处我省较不发达的农村学校，面对孩子们朴素真诚的笑脸，你无法不心疼他们所处的学习环境，在见惯了城里学校配备完善的硬件条件，引入眼帘的一张张年深日久斑驳的木制课桌椅，现实的差距让记者的内心感到无比的震撼，就在这样的课桌椅上，这群农村的孩子们依旧充满着对知识的强烈渴望，以及对未来的美好憧憬。留守儿童是当今社会特殊的群体，由于处在相对贫困的地区，他们的父母为了生计背井离乡外出谋生，留下幼小的他们在家和爷爷奶奶生活,小小年纪难以得到父母的亲情关爱，过早的开始适应自理生活，当城里的孩子依偎在父母身边享受无尽关怀时，他们只能期待每天晚.上父母打来的电话。没有经历过电脑操作的多媒体教学，老师写在黑板上的每个字都认认真真抄录在粗糙的笔记本里。尽管学习的条件十分艰苦，但这是他们走向未来的希望。我们改变不了孩子们的出身，但我们可以为孩子们做些什么。对于这些处在学龄阶段的孩子而言，一个舒适的学习环境,一套崭新的课桌椅，就意味着幸福的生活，会激发他们更强烈的学习成长希望。让孩子们开心，也让外出务工的父母放心，让全社会都来关爱留守儿童，让同在蓝天下的孩子们赢在同一起跑线。

××省妇女儿童发展其金会为切实改善贫困地区留守儿童的学习生活环境，发起了“关爱留守儿童助力爱心课桌椅”的公益助学计划，曾号召全社会爱心企业和个人为“爱心课桌椅”捐献爱心。作为中国专业领导品牌，××企业积极响应××省妇联的大爱号召，认捐“××中学”共计××套课桌椅，并且在各连锁门店同步发起“ 温暖微行动，爱与美同行一起为爱心课桌椅加油”的希望助学行动，用美丽的善行去感召每位顾客加入到这场“ 爱心助学”的公益活动中来。为推动爱心公益活动的广泛开展，推出义售活动，一方面作为超值爱心回馈给广大顾客，另一方面每件商品销售20元无偿捐献用于购置“爱心课桌椅”，每位义购的顾客将可获得由××省妇女儿童发展基金会颁发的“爱心证书”以作纪念。

“助力爱心课桌椅”公益活动发起以来，得到了省妇联领导的大力支持，众多媒体也相继官传报道，社会____。义购活动也得到了___， 截止目前已有2000多位顾客义购,在公证处的监督公证下每一分善款都将用于购置“爱心课桌椅”。

题目：“关爱留守儿童，XX企业助力爱心课桌椅”公益行动

图 7-1　Prompt 万用公式设计标题

本次运行的结果题目为："关爱留守儿童，×× 企业助力爱心桌椅"公益行动。通过运行结果可以看到，得到的题目主题突出、主体显眼，提取了新闻稿的关键信息和主旨思想。由于新闻稿题目撰写的要求是准确、生动、新颖，能够准确地概括消息内容，帮助理解报道事实，因此可以使用**添加描述词**、**做强调**等方法进一步地优化 Prompt。使用"请为上面的新闻稿提炼一个能够准确地概括消息内容、帮助理解报道事实，并且准确、生动、新颖的题目。"这个 Prompt 来实现，结果如图 7-2 所示。

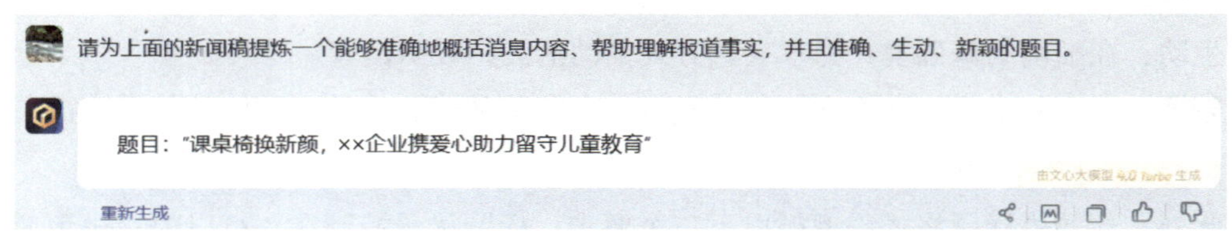


图 7-2　Prompt 加强调

也可以使用 **APE 框架**进行实现，即行动、目的、期望。

**行动：**提炼一个题目。

**目的：**准确概括消息内容、帮助理解报道事实。

**期望：**准确、生动、新颖。

使用"请为上面的新闻稿提炼一个题目，目的是准确概括消息内容、帮助理解报道事实，期望题目准确、生动、新颖。"这个 Prompt 来实现，结果如图 7-3 所示。

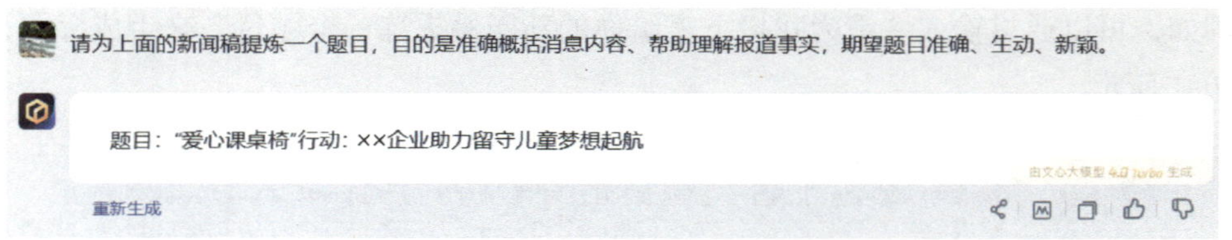


图 7-3　Prompt 应用 APE 框架设计标题

### 2. 信息抽取

新闻稿的导语是指一篇消息的第一自然段或第一句话。它是用简明生动的文字，写出消息中最主要、最新鲜的事实，要求能够鲜明地提示消息的主要思想，使读者对新闻内容先有一个总的概念。导语要求有两个：一是要抓住事情的核心，二是要吸引读者看下去。

导语写作中的思维过程，通常以作者的自问自答开始。

（1）什么事情是已经发生的事件中最重要的？

（2）什么人参加进去了？谁干的或谁讲的？

（3）是用直接性导语，还是用延缓性导语？

（4）有没有什么吸引人的词汇或生动形象的短语要写进导语中？

（5）主题是什么？什么样的动词能最有效地吸引读者？

新闻导语的写法，通常有以下几种。

（1）叙述式，这是最常见的方式。用摘录或综合的方法，把消息中最新最主要、最有吸引力的事实，高度概括地加以叙述。例如：12 月 22 日，作为 2003 中国会展经济论坛主要的两场主题研讨活动之一的专家论坛，在人民大会堂新闻发布厅举行。300 名来自全国主要会展城市、会展举办单位、会展服务企业以及研究机构的代表，在这里倾听 8 位业内资深专家的演讲，并与他们进行深入交流。——（摘自《经济日报》2003 年 12 月 24 日《推动会展企业和城市发展战略准确定位》）

（2）描写式，对消息的主要事实或某一有意义的侧面做简洁朴素而又有特色的描写，给读者以鲜明的印象，以酿成气氛。例如：棕黄色颇具古典意味的橡木酒桶，灰白的欧式风情的酒堡，浅绿的充满梦幻色彩的葡萄园——这是河北省昌黎县耿庄村农民耿学刚新建的耿氏酒堡产品标签上的图案。——（摘自《经济日报》2003 年 12 月 23 日《酒类行规为一农民改写》）

（3）评论式，对报道的事实进行简洁、精辟的评论，以揭示事物的性质和作用，引起读者重视。例如：2003 年即将过去，人们在盘点欧盟一年的收成时，有喜悦，但更多的却是惆怅。喜的是欧盟东扩取得了决定性进展，愁的是欧元区的经济一直不见起色。——（摘自《经济日报》2003 年 12 月 16 日《欧盟一分喜悦难掩惆怅几许》）

（4）结论式，把结论写在开头，提示报道某一事物的意义或目的又或结论，开门见山，反映事实的意义。例如：辞旧迎新之际，随着勉（县）宁（强）高速公路提前通车，陕西省成为西北第一、西部第二个突破高速公路通车里程 1 000 公里的省份。——（摘自《经济日报》2003 年 12 月 23 日《陕西千里高速铺坦途》）

（5）提问式，先揭露矛盾，鲜明地、尖锐地提出问题，再做简要的回答，引起读者的注意和思考。例如：经济大省如何实现经济发展与社会事业的全面进步？广东认真学习贯彻中央经济工作会议精神，明确提出切实做到六个“更加注重”，努力实现全省经济持续快速协调健康发展和社会全面进步。——（摘自《经济日报》2003 年 12 月 24 日《广东六个“更加注重”促进经济社会全面发展》）

（6）引语式，引用与新闻有关的诗句、格言等，以增强导语的生动性。例如：“一条大河波浪宽，风吹稻花香两岸。”“从草原来到天安门广场，高举金杯把赞歌唱。”一首首曾伴随和影响几代人成长的经典歌曲，今晚在北京音乐厅再度响起，依旧深深地打动了全场观众的心。——（摘自《人民日报》1999 年 10 月 7 日）

拟写导语时应注意的几点要求。

（1）不能与标题重复。导语与标题的作用有些接近，但标题是概括全文的精神实质，而导语是标题的扩展，要用事实说话。

（2）为后文留下余地。导语固然是全文的精华，但也不能把话说尽；导语可以包含背

景材料，但尽可能简略，留待下文去交代。好的导语能使新闻主体部分很自然地展开，为后面的行文提供方便。

（3）各要素的组合原则。新闻中的五个要素——何时、何地、何人、何事、何因或为什么，简称五个“W”。后面再加上一个“H”，即怎样、如何，可理解为结果的意思。五“W”及“H”，每项都有可能进入导语，关键是看哪一项更具有新闻价值。

（4）要用事实，忌空泛。新闻要言之有物，导语更应有具体的事实。初学写作者，尤其要注意避免用空洞的语言、抽象的概念和流行的口号写作新闻的导语，要用新鲜的事实来说话。

（5）语言要简洁。新闻本身即要求语言简洁，新闻导语更要逐字逐句推敲，做到字字珠玑，一字不可移易。然而很多记者在会议的现场会做长篇的笔记，如果能够通过输入文本，对段落或者文章进行简化总结，去除一些过于细节的信息，不但能方便快速理解某一段文字，还有助于提取长篇笔记的要点，方便快速整理并删减笔记，形成新闻导语。

首先按照 Prompt 万用公式，使用“请为我接下来给你的新闻稿进行简化总结并提炼一个新闻导语。（此处添加新闻稿文本）”这个 Prompt 来实现，结果如图 7-4 所示。

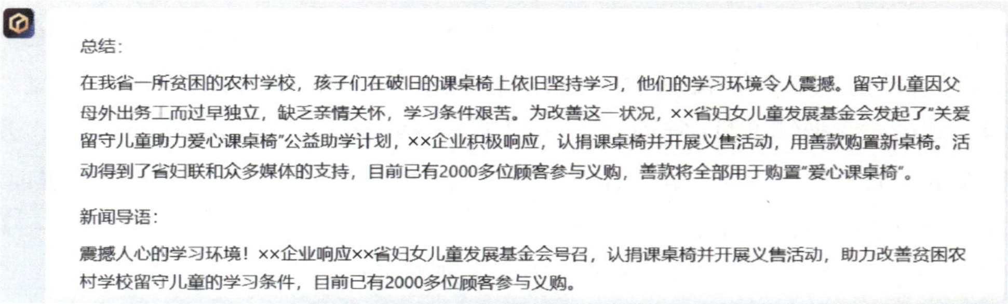

总结：

在我省一所贫困的农村学校，孩子们在破旧的课桌椅上依旧坚持学习，他们的学习环境令人震撼。留守儿童因父母外出务工而过早独立，缺乏亲情关怀，学习条件艰苦。为改善这一状况，××省妇女儿童发展基金会发起了"关爱留守儿童助力爱心课桌椅"公益助学计划，××企业积极响应，认捐课桌椅并开展义售活动，用善款购置新桌椅。活动得到了省妇联和众多媒体的支持，目前已有2000多位顾客参与义购，善款将全部用于购置"爱心课桌椅"。

新闻导语：

震撼人心的学习环境！××企业响应××省妇女儿童发展基金会号召，认捐课桌椅并开展义售活动，助力改善贫困农村学校留守儿童的学习条件，目前已有2000多位顾客参与义购。

图 7-4　Prompt 万用公式设计导语

由于新闻导语有许多种形式，例如叙述式、描写式、评论式等，并且新闻导语撰写的要求一是要抓住事情的核心，二是要吸引读者看下去。因此我们可以通过描述词、做强调的方法进一步地优化 Prompt，使用“请对上面的新闻稿进行简化总结并提炼一个新闻导语，要求以描写式的方式，重点是要抓住事情的核心、吸引读者看下去。”这个 Prompt 来实现，结果如图 7-5 所示。

通过输出结果可以看出，生成内容相对于没有优化的 Prompt 在语言方面有很大提升，更加能够抓住事情的核心，吸引读者继续看下去。

也可以使用 **CARE 框架**进行实现，即背景、行动、结果、示例。

**背景：**我们要优化一个新闻稿。

**行动：**请你帮助我们以描写式的方式，为上面的新闻稿提炼一个新闻导语。

**结果：**期望内容能够抓住事情的核心，吸引读者看下去。

我们可以通过描述词、做强调的方法进一步地优化 prompt，使用“请对上面的新闻稿进行简化总结并提炼一个新闻导语，要求以描写式的方式，重点是要抓住事情的核心、吸引读者看下去。” 这个 Prompt 来实现。

请对上面的新闻稿进行简化总结并提炼一个新闻导语，要求采用描写式的手法，着重描绘出令人动容的场景与温暖的行动，精准捕捉事件核心，以吸引读者继续深入了解。

总结：

走进我省一所偏远农村中学，眼前是斑驳破旧的课桌椅与孩子们纯真却坚韧的笑脸形成的鲜明对比，他们虽身处简陋环境，却怀揣着对知识的无限渴望。为点亮这些留守儿童的求学之路，××省妇女儿童发展基金会携手XX企业，共同发起“关爱留守儿童，助力爱心课桌椅”公益行动，以崭新课桌椅为桥梁，连接起社会的温暖与希望。一场温暖人心的义售活动正如火如荼进行，每一份购买都是对未来的投资，每一分善款都承载着改变命运的力量。

新闻导语：

在简陋教室中，破旧课桌椅上绽放着不屈的梦想。一场由××企业引领的“爱心课桌椅”公益行动，正汇聚社会暖流，为偏远农村的留守儿童送去希望之光。2000余份爱心已汇聚，更多故事等你来探寻。

由文心大模型 4.0 Turbo 生成

图 7-5　Prompt 优化设计导语

**示例：**类似描写式导语的示例有：棕黄色颇具古典意味的橡木酒桶，灰白的欧式风情的酒堡，浅绿的充满梦幻色彩的葡萄园——这是河北省昌黎县耿庄村农民耿学刚新建的耿氏酒堡产品标签上的图案。

使用“我们要优化一个新闻稿，请你帮助我们以描写式的方式，为上面的新闻稿提炼一个新闻导语。期望内容能够抓住事情的核心，吸引读者看下去。类似描写式导语的示例有：棕黄色颇具古典意味的橡木酒桶，灰白的欧式风情的酒堡，浅绿的充满梦幻色彩的葡萄园——这是河北省昌黎县耿庄村农民耿学刚新建的耿氏酒堡产品标签上的图案。……”这个 Prompt 来实现，结果如图 7-6 所示。

请你帮助我们以描写式的方式，为上面的的新闻稿提炼一个新闻导语。期望内容能够抓住事情的核心，吸引读者看下去。类似描写式导语的示例有："棕黄色颇具古典意味的橡木酒桶，灰白的欧式风情的酒堡，浅绿的充满梦幻色彩的葡萄园——这是河北省昌黎县耿庄村农民耿学刚新建的耿氏酒堡产品标签上的图案。……"

在××中学那略显斑驳的教室里，一张张老旧的木制课桌椅静静伫立，它们虽历经岁月洗礼，却依然承载着农村留守儿童对知识的无限向往与追求。然而，这一切即将迎来改变——由××省妇女儿童发展基金会精心策划的“关爱留守儿童助力爱心课桌椅”公益行动，犹如一束温暖的阳光，穿透了往日的阴霾。爱心企业XX率先垂范，慷慨解囊，社会各界也纷纷响应，共同编织着孩子们关于未来的美好梦想。这不仅是一场课桌椅的捐赠，更是一次心灵的慰藉，让爱与希望在每一个孩子心中生根发芽。

由文心大模型 4.0 Turbo 生成

图 7-6　Prompt 应用 CARE 框架设计导语

### 3. 完形填空

新闻稿的主体就是新闻稿中的主要部分，在主体中要有具体事实来回答，导语中概要列出的主要事实，在主体中要予以具体展开。通常我们在撰写新闻稿的时候，经常会遇到“词穷”的情况，某些位置用词拿不准，或者总觉得不合适以及由于时间原因，记者在采访现场的文字记录很可能是关键词或者部分内容的记录，并不是完整句子的记录，如何来高效地实现内容的补全呢？这里可以采用输入文本，并提供完形填空的语句，然后对段落或句子内容进行分析的方法。

我们使用“请为我接下来给你的新闻稿段落空缺部分进行填充。“‘助力爱心课桌椅’公益活动发起以来，得到了省妇联领导的大力支持，众多媒体也相继官传报道，社会______。义购活动也得到了______，截至目前已有 2 000 多位顾客义购，在公证处的监督公证下每一分善款都将用于购置‘爱心课桌椅’。”这个 Prompt 来实现，结果如图 7-7 所示。

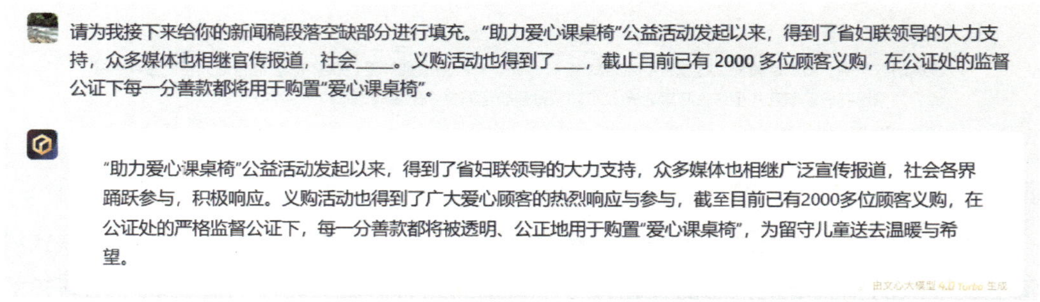

请为我接下来给你的新闻稿段落空缺部分进行填充。“助力爱心课桌椅”公益活动发起以来，得到了省妇联领导的大力支持，众多媒体也相继官传报道，社会____。义购活动也得到了___，截止目前已有 2000 多位顾客义购，在公证处的监督公证下每一分善款都将用于购置“爱心课桌椅”。

“助力爱心课桌椅”公益活动发起以来，得到了省妇联领导的大力支持，众多媒体也相继广泛宣传报道，社会各界踊跃参与，积极响应。义购活动也得到了广大爱心顾客的热烈响应与参与，截至目前已有2000多位顾客义购，在公证处的严格监督公证下，每一分善款都将被透明、公正地用于购置“爱心课桌椅”，为留守儿童送去温暖与希望。

由文心大模型 4.0 Turbo 生成

图 7-7　Prompt 万用公式完形填空

也可以使用 **SPAR 框架**进行实现，即场景、问题、行动、结果，还可以使用 SPAR 框架进行实现，即场景、问题、行动、结果。

**场景：**记者在采访现场时。

**问题：**由于时间原因记录的内容很可能是关键词或者部分内容，并不是完整句子。

**行动：**对上面段落空缺的部分进行填充。

**结果：**期望使新闻稿内容更加完整。

使用“记者在采访现场时，由于时间原因记录的内容很可能是关键词或者部分内容，并不是完整句子。因此我们要对上面段落空缺的部分进行填充，使新闻稿内容更加完整。”这个 Prompt 来实现，结果如图 7-8 所示。

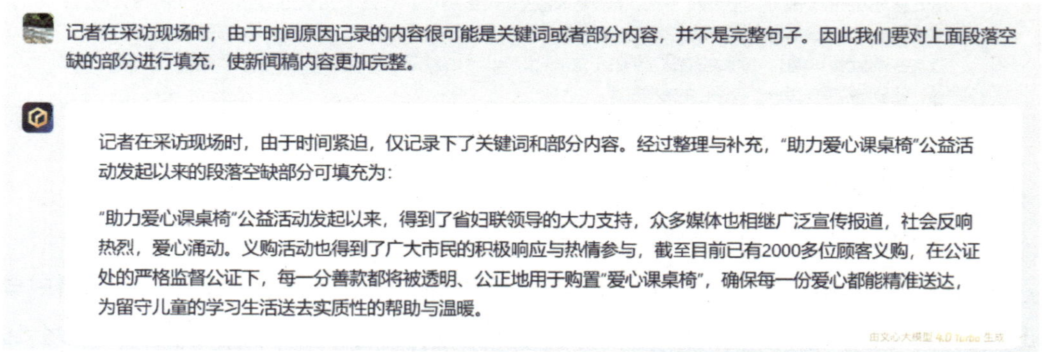

记者在采访现场时，由于时间原因记录的内容很可能是关键词或者部分内容，并不是完整句子。因此我们要对上面段落空缺的部分进行填充，使新闻稿内容更加完整。

记者在采访现场时，由于时间紧迫，仅记录下了关键词和部分内容。经过整理与补充，“助力爱心课桌椅”公益活动发起以来的段落空缺部分可填充为：

“助力爱心课桌椅”公益活动发起以来，得到了省妇联领导的大力支持，众多媒体也相继广泛宣传报道，社会反响热烈，爱心涌动。义购活动也得到了广大市民的积极响应与热情参与，截至目前已有2000多位顾客义购，在公证处的严格监督公证下，每一分善款都将被透明、公正地用于购置“爱心课桌椅”，确保每一份爱心都能精准送达，为留守儿童的学习生活送去实质性的帮助与温暖。

由文心大模型 4.0 Turbo 生成

图 7-8　Prompt 应用 SPAR 框架完形填空

### 4. 笔记整理

所谓新闻背景，是指新闻事实发生的历史脉络、周边环境和其他事物的内外联系等。背景是为了充实内容而存在，背景并不是新闻稿不可或缺的组成部分。既可以根据文章主题的需要分散在若干处点明，也可以集中在一处交代，如果确无必要也可不写。

在本案例中，有关背景的描述十分冗长，我们通过输入笔记内容来提取长篇笔记的要点，方便快速整理并删减笔记。根据 Prompt 万用公式，使用“请为我接下来给你的新闻稿段落进行简化：走进 ×× 中学这所地处我省较不发达的农村学校，面对孩子们朴素真诚的笑脸，你无法不心疼他们所处的学习环境，在见惯了城里学校配备完善的硬件条件（此处填写全部段落文本）。”这个 Prompt 来实现，结果如图 7-9 所示。

请为我接下来给你的新闻稿段落进行简化：走进 XX 中学这所地处我省较不发达的农村学校，面对孩子们朴素真诚的笑脸，你无法不心疼他们所处的学习环境，在见惯了城里学校配备完善的硬件条件,一套课桌椅，对于一个孩子意味着什么?走进XX中学这所地处我省较不发达的农村学校，面对孩子们朴素真诚的笑脸，你无法不心疼他们所处的学习环境，在见惯了城里学校配备完善的硬件条件，引入眼帘的一张张年深日久斑驳的木制课桌椅，现实的差距让记者的内心感到无比的震撼，就在这样的课桌椅上，这群农村的孩子们依旧充满着对知识的强烈渴望，以及对未来的美好憧憬。留守儿童是当今社会特殊的群体，由于处在相对贫困的地区，他们的父母为了生计背井离乡外出谋生，留下幼小的他们在家和爷爷奶奶生活,小小年纪难以得到父母的亲情关爱，过早的开始适应自理生活，当城里的孩子依偎在父母身边享受无尽关怀时，他们只能期待每天晚上父母打来的电话。没有经历过电脑操作的多媒体教学，老师写在黑板上的每个字都认认真真抄录在粗糙的笔记本里。尽管学习的条件十分艰苦，但这是他们走向未来的希望。我们改变不了孩子们的出身，但我们可以为孩子们做些什么。对于这些处在学龄阶段的孩子而言，一个舒适的学习环境,一套崭新的课桌椅，就意味着幸福的生活，会激发他们更强烈的学习成长希望。让孩子们开心，也让外出务工的父母放心，让全社会都来关爱留守儿童，让同在蓝天下的孩子们赢在同一起跑线。

走进XX中学，这所位于我省较不发达农村的学校，孩子们朴素真诚的笑脸背后，是简陋的学习环境。与城里学校完善的硬件相比，这里年久失修的木制课桌椅显得格外刺眼，却仍是孩子们追求知识的唯一依靠。留守儿童，这一特殊群体，在贫困中过早独立，缺失父母关爱。他们虽未体验过多媒体教学，却仍认真抄录老师的每个字，渴望知识，憧憬未来。我们虽不能改变他们的出身，却能为他们做些什么。一套崭新的课桌椅，不仅意味着舒适的学习环境，更是激发他们学习希望的起点。让全社会都来关爱留守儿童，让同在蓝天下的孩子们拥有同等的起跑线，是我们共同的责任。

由文心大模型 4.0 Turbo 生成

图 7-9　Prompt 万用公式整理新闻背景

运行结果显示，文心一言模型帮助我们对背景内容进行了简化，但语言不够简洁优美，不符合新闻稿稿件的标准。可以使用做强调的方法优化 Prompt，此处可以选择使用 **APE 框架**来实现，即行动、目的、期望。

**行动：**为新闻稿段落进行简化。

**目的：**对冗长的背景部分进行缩减。

**期望：**期望语言简洁优美且不丢失要点。

使用“请为上面的新闻稿段落进行简化，对冗长的背景部分进行缩减，期望语言简洁优美且不丢失要点。”这个 Prompt 来实现，结果如图 7-10 所示。

可以看到，经过做强调优化后的 Prompt 输出的内容更加简洁通顺，并且不丢失要点。

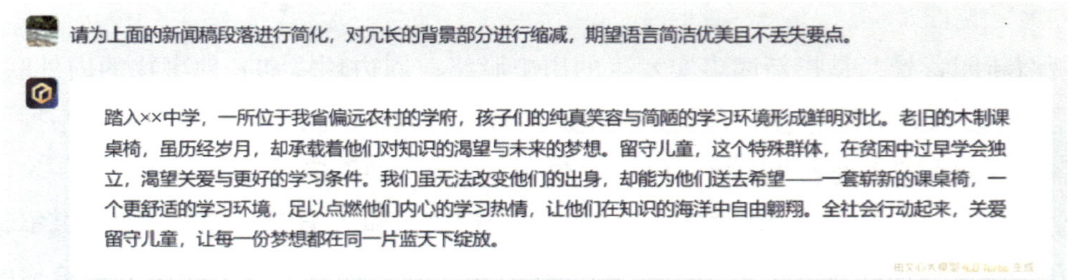

请为上面的新闻稿段落进行简化，对冗长的背景部分进行缩减，期望语言简洁优美且不丢失要点。

踏入××中学，一所位于我省偏远农村的学府，孩子们的纯真笑容与简陋的学习环境形成鲜明对比。老旧的木制课桌椅，虽历经岁月，却承载着他们对知识的渴望与未来的梦想。留守儿童，这个特殊群体，在贫困中过早学会独立，渴望关爱与更好的学习条件。我们虽无法改变他们的出身，却能为他们送去希望——一套崭新的课桌椅，一个更舒适的学习环境，足以点燃他们内心的学习热情，让他们在知识的海洋中自由翱翔。全社会行动起来，关爱留守儿童，让每一份梦想都在同一片蓝天下绽放。

由文心大模型4.0 Turbo 生成

图 7-10　Prompt 应用 APE 框架整理新闻背景

### 5. 语法修正

在新闻稿的写作中，尤其要注意语法和文字的正确，不能出现语法错误和错别字。可以通过输入文本，对语法错误和错别字自动修正。像原文中的这段话就存在着多处错别字和语法错误。

> 爱心铸就希望未来，作为有着强烈社会责任感的起业，×× 企业一直以来尽职着起业公民的社会责任，在每一次的社会需要时都踊跃伸出爱的元手，为国家为社会尽绵薄之力，同时 ×× 也号召更多的爱心人士加入到“爱心课桌椅”希望助学行队伍，集点滴之爱，捐绵薄之力，汇成温情脉脉的爱心洪流。

根据 Prompt 万用公式，使用“请为我接下来给你的新闻稿段落中存在语法错误和错别字的语句进行修改，并生成修改后的结果：爱心铸就希望未来，作为有着强烈社会责任感的起业，×× 企业一直以来尽职着起业公民的社会责任，在每一次的社会需要时都踊跃伸出爱的元手，为国家为社会尽绵薄之力，同时 ×× 也号召更多的爱心人士加入到‘爱心课桌椅’希望助学行队伍，集点滴之爱，捐绵薄之力，汇成温情脉脉的爱心洪流。”这个 Prompt 来实现，结果如图 7-11 所示。

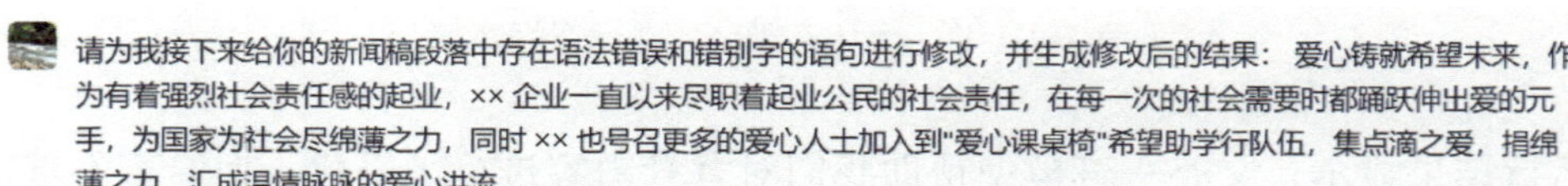


爱心铸就希望未来。作为具有强烈社会责任感的企业，××企业一直积极履行着企业公民的社会责任，在每一次社会需要时都踊跃伸出援手，为国家和社会尽绵薄之力。同时，××也号召更多的爱心人士加入到"爱心课桌椅"希望助学行动队伍中，集点滴之爱，聚绵薄之力，共同汇聚成温情脉脉的爱心洪流。

由文心大模型4.0 Turbo 生成

图 7-11　Prompt 万用公式修改文段

可以看到，文心一言帮我们修改了段落中的语法错误以及错别字。

为了在修改语句错误的同时，更好地润色新闻稿的结尾，可以使用戴高帽的方法来优化 Prompt，使用 RTF 框架来实现，即角色、任务、格式。

**角色：**作为一名优秀的新闻工作者。

**任务：**对新闻稿段落中存在语法错误和错别字的语句进行修改，并对文本进行润色。

**格式：**输出修改后的结果，要求语言优美、简洁明了、重点突出。

使用“作为一名优秀的新闻工作者，请对上面新闻稿段落中存在语法错误和错别字的语句进行修改，并对文本进行润色。输出修改后的结果，要求语言优美、简洁明了、重点突出。”这个 Prompt 来实现，结果如图 7-12 所示。

作为一名优秀的新闻工作者，请对上面新闻稿段落中存在语法错误和错别字的语句进行修改，并对文本进行润色。输出修改后的结果，要求语言优美、简洁明了、重点突出。

爱心铸就未来希望。作为深具社会责任感的企业，××企业始终积极践行企业公民的责任，每当社会有需要时，总是迅速伸出援手，为国家和社会贡献绵薄之力。与此同时，××企业也诚挚邀请更多爱心人士加入“爱心课桌椅”希望助学行动，汇聚每一份微小的爱心，凝聚每一份微薄的力量，共同编织成一股温暖而强大的爱心洪流。

图 7-12　Prompt 应用 RTF 框架修改文段

可以看到，通过优化后的 Prompt，文心一言能够输出更加符合我们要求的结果。

### 6. 全文总览

结合前面的各种框架和技巧，最后在文心一言的帮助下，生成了一篇新的新闻稿，如图 7-13 所示。

**新闻标题**：爱心课桌椅：为留守儿童撑起梦想的天空

**新闻导语**：破旧的课桌椅，渴望的眼神，农村学校的朴素与真诚——这是××中学孩子们学习生活的真实写照，也是“关爱留守儿童助力爱心课桌椅”公益活动的起点。

**新闻稿润色后**：

一套课桌椅，对于孩子而言，是通往知识世界的桥梁，是梦想起航的港湾。走进××中学，这所位于我省较不发达农村的学府，孩子们朴素真诚的笑脸背后，是简陋却充满渴望的学习环境。与城里学校完善的硬件相比，这里年久失修的木制课桌椅显得格外刺眼，但正是在这样的条件下，孩子们依然对知识充满强烈渴望，对未来满怀美好憧憬。

留守儿童，这个特殊群体，在贫困中过早学会独立，却缺失了父母的陪伴与关爱。他们渴望一个舒适的学习环境，一套崭新的课桌椅，这不仅是学习的工具，更是他们走向未来的希望。

为改善这一现状，××省妇女儿童发展基金会发起了“关爱留守儿童助力爱心课桌椅”公益助学计划，号召全社会爱心企业和个人为“爱心课桌椅”捐献爱心。作为中国专业领导品牌，××企业积极响应，认捐××中学共计××套课桌椅，并在各连锁门店同步发起“温暖微行动，爱与美同行——一起为爱心课桌椅加油”的助学行动，用善行感召每位顾客加入这场爱心助学的公益活动。

义售活动火热进行，每件商品销售额的20元将无偿捐献用于购置“爱心课桌椅”，每位义购的顾客还将获得由XX省妇女儿童发展基金会颁发的“爱心证书”以作纪念。自活动发起以来，得到了省妇联领导的大力支持，众多媒体也相继广泛报道，社会各界踊跃参与，积极响应。截至目前，已有2000多位顾客参与义购，每一分善款都将在公证处的监督下用于购置“爱心课桌椅”。

爱心铸就未来希望。作为具有强烈社会责任感的企业，××企业始终积极履行企业公民的责任，每当社会有需要时，总是迅速伸出援手，为国家和社会贡献绵薄之力。同时，××也诚挚邀请更多爱心人士加入“爱心课桌椅”希望助学行动，汇聚每一份微小的爱心，共同编织成一股温暖而强大的爱心洪流，为留守儿童撑起梦想的天空。

图 7-13　新闻稿全文

我们发现详细的 Prompt 在生成文案时起到了关键的作用，能够生成更加符合要求的文案。

## 7.2　学术文献优化——学术论文修订

### 7.2.1　项目基础知识

在当今社会，学术论文的撰写与优化不仅是科研工作者的必备技能，也是人们在学术场合中需要面临的重要任务。对于许多非科研出身的人来说，撰写一篇优秀的学术论文具有一定的难度，不仅需要对学术论文的基本结构、要素和规范有深入的了解，还需要具备良好的文字表达能力和科学研究素养。在生成式 AI 技术日新月异的现代社会，这项技术能否帮助人们高效地进行学术论文的撰写和优化呢？本项目将展示如何利用文心一言等大语言模型技术完成学术论文的生成、改写和润色。

在学术研究领域，学术论文的质量不仅取决于研究内容的深度和广度，还与论文的语言表达和组织结构密切相关。一篇优秀的学术论文需要具备清晰、准确、严谨的语言表达，以及完整、有序、逻辑严密的篇章结构。此外，对于一些特定领域的学术论文，还需要遵循一些特定的格式和规范，如摘要、引言、方法、结果、讨论、结论等。这些规范和要求对于非专业科研人员来说可能较为陌生，因此需要一定的指导和辅助。

在传统的学术论文撰写过程中，科研人员通常需要耗费大量的时间和精力进行文献调研、数据收集、实验设计、结果分析以及论文撰写等工作。而在这个过程中，如果能借助生成式 AI 等智能化工具进行辅助，可以大大提高工作效率和论文质量。

学术论文的写作是非常重要的，它是衡量一个人学术水平和科研能力的重要标志。在学术论文撰写中，选题与选材是头等重要的问题。一篇学术论文的价值关键并不只在写作的技巧，也要注意研究工作本身。在于你选择了什么课题，并在这个特定主题下选择了什么典型材料来表述研究成果。科学研究的实践证明，只有选择了有意义的课题，才有可能收到较好的研究成果，写出较有价值的学术论文。所以学术论文的选题和选材，是研究工作开展前具有重大意义的一步，是必不可少的准备工作。学术论文，就是用系统的、专门的知识来讨论或研究某种问题或研究成果的学理性文章，具有学术性、科学性、创造性、学理性等特点。

学术论文是进行学术研究的重要手段和工具。根据不同的分类标准，学术论文可以分为不同的类别。

（1）按研究的学科，可将学术论文分为自然科学论文和社会科学论文。每类又可按各自的门类分下去。如社会科学论文又可细分为文学、历史、哲学、教育、政治等学科论文。

（2）按研究的内容，可将学术论文分为理论研究论文和应用研究论文。理论研究，重点是对各学科的基本概念和基本原理的研究；应用研究，侧重于如何将各学科的知识转化为专业技术和生产技术，直接服务于社会。

（3）按写作目的，可将学术论文分为交流性论文和考核性论文。交流性论文，目的只在于专业工作者进行学术探讨，发表各家之言，以显示各门学科发展的新态势；考核性论文，目的在于检验学术水平，成为有关专业人员升迁晋级的重要依据。

在当今时代，从科研领域来看，写好学术论文具有以下三个作用。

（1）促进学术交流：学术论文的发表可以为作者提供一个平台，与同行进行学术交流，从而拓展学术视野、提升学术水平。此外，通过分享研究成果和经验，还可以促进学术界的发展和进步。

（2）增强研究影响力：学术论文的发表可以使作者的研究成果得到更广泛的传播和认可，从而增强其在学术界的影响力和地位。此外，发表在高质量的期刊或会议上，还可以为作者赢得更高的学术声誉和成就。

（3）推动知识积累和发展：学术论文的发表可以为学术界提供新的理论知识、研究方法和实践经验，从而推动特定领域的知识积累和发展。此外，通过引用前人的研究成果，还可以表达对前人学者们的尊重和感激之情，进一步促进学术界的和谐与进步。

综合上面的概念与内容，可总结学术论文是在学术范畴内进行的深入研究和探讨，·是对某一学科或领域的某一问题进行系统研究的、有一定学术价值的文章。学术论文通常由作者在一定的学术背景下，根据其掌握的知识、方法、实验和观察等手段，对研究问题进行深入分析和研究，并提出新的观点、方法和结论。

学术论文的基本架构如图 7-14 所示。

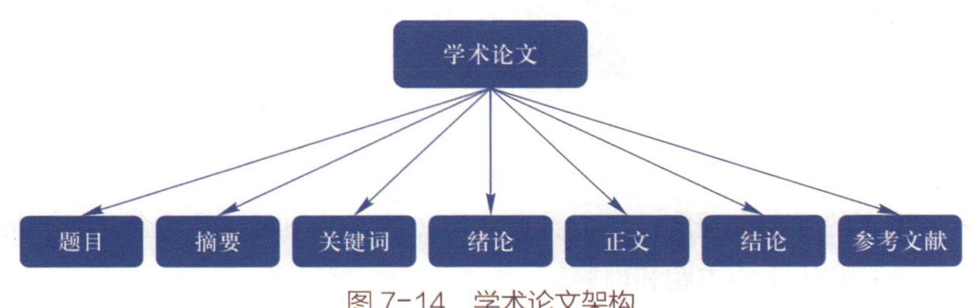


图 7-14　学术论文架构

学术论文通常包括以下组成部分。

（1）题目：概括论文主题和内容的简短标题，能够吸引读者的注意力。

（2）摘要：简要介绍论文的主要内容、研究方法和结论，使读者对论文内容有一个初步的了解。

（3）关键词：反映论文主题和关键内容的词汇或短语，用于帮助读者和搜索引擎更好地理解论文的主题和内容。

本项目以这篇论文为例，该论文的题目是**基于对比学习的测试时适应算法研究**，该题目既概括了文章的主旨也能吸引读者的阅读兴趣，如图 7-15 所示。如果作者将这篇文章题目中的“**基于对比学习的**”去除，很显然就和文章的主旨并不符合，所以在考虑简化题目时也要考虑是否违背了文章的主旨。

这篇文章的摘要介绍论文的主要内容、研究方法和结论。最后总结为“在 CIFAR-10 上进行训练，在 CIFAR-10-C 上进行测试，文章的测试时适应方法相对于未适应模型能够提升 23.49% 的准确率。”论文需要让读者对该论文内容有一个初步的了解。如果将上面这句话删除，不做总结，那么就很难让读者对这篇论文有一个全面、具体的认识。

**基于对比学习的测试时适应算法研究**

**摘要：**深度学习模型在大数据、大算力的时代背景下取得了进步，在各种任务上获得了巨大成功，然而已有深度学习算法遵循训练后固定模型进行测试的范式，当模型部署到新的领域时，性能会急剧下降，无法在测试的时候自适应地泛化到新的领域。因此文章研究测试时领域适应算法，将一个在源领域预训练的模型在测试时调整模型以至于能够有效地泛化到新的领域。针对该问题，提出基于对比学习的测试时适应算法，该方法利用对比学习的思想，在训练过程中学习模型的通用表征，在测试时通过对比学习损失更新模型参数，提升模型在新的测试领域上的效果。在源领域训练阶段，利用一个在线编码器和动量编码器分别抽取同一图像不同数据增强版本的图像特征，然后通过对比学习提升模型的表征能力，为增加对比学习中负样本的数量，利用队列机制来保存大量动量编码器抽取的负样本特征。在测试阶段，利用伪标签计算交叉熵损失函数和对比学习损失函数来更新模型参数，从而提升模型在新的领域上准确率。在 CIFAR-10 上进行训练，在 CIFAR-10-C 上进行测试，文章的测试时适应方法相对于未适应模型能够提升 23.49%的准确率。

**关键词：**深度学习；测试时适应；对比学习；领域差异；领域自适应

图 7-15　论文重要信息

关键词通常控制在 3 ~ 8 个，如果太多就显得文章冗余，降低了文章的可读性和简洁性，可能影响读者的兴趣和理解。可以看到该论文的关键词刚好是 5 个，能够帮助读者和搜索引擎更好地理解论文的主题和内容。

（4）绪论：绪论有时也会被声明为引言、序言、前言、序章等，其主要介绍研究问题的背景和意义，阐述前人的研究成果和存在的不足，提出自己的研究问题和目的，并介绍论文的组织结构和主要内容，如图 7-16 所示。

该文章的绪论部分介绍了研究问题的背景和意义。同时，该绪论也提出了研究内容与研究目的。如果不在绪论中介绍深度神经网络的基本原理、领域适应算法的应用场景，读者理解文章的主旨大意就相对比较困难了。

（5）正文：正文部分就不做过多的赘述了，正文部分必须包括研究方法、实验设计、数据采集和处理、研究结果等内容，用于展示研究问题的解决方案和实施过程，以及实验结果和分析。

**1 引 言**

深度神经网络在计算机视觉中的很多任务上得了巨大的成功, 如图像识别 [1], 目标检测[2], 语义分割 [3] 等等. 除了优秀的深度学习模型架构设计, 深度学习成功的背后主要得益于大量的图像数据以及人工的标注. 这些模型主要假设训练领域和测试领域的数据是独立同分布的, 即来自同一个数据分布. 然而, 在实际应用过程中, 这样的条件很难满足, 我们不可能提前把所有情况的数据采集完毕并进行人工标注, 这样的过程非常耗时耗力并且价格昂贵.

因此, 大量无监督领域适应算法 [4−6] 被提出来解决训练和测试领域分布不匹配的问题. 这些方法需要同时利用源领域和目标领域的数据进行模型的训练, 但在真实情况下, 由于大量数据存储、传输、隐私等等问题, 源域数据获取难度大. 而且这些方法无法在测试时自动调整模型参数以适应测试领域. 本文研究如何在模型测试时更新模型参数, 以达到在目标场景最佳的性能表现. 如表 1 所示, 相比于标准的监督学习和标准的领域自适应方法, 测试时适应方法可以在测试的时候根据输入图像, 及时调整模型参数, 提升模型性能.

图 7-16　论文绪论

（6）结论：结论是学术论文中归纳研究核心价值与创新性的关键部分，其作用在于凝练方法创新、验证成果有效性并阐明研究意义，如图 7-17 所示。以本文为例，结论部分明确提出基于对比学习的测试时适应算法，通过双编码器架构与队列机制，解决了模型在测试时跨领域泛化能力不足的难题。

**4 总 结**

针对深度学习模型在测试时无法自动适应到目标领域的问题, 我们提出基于对比学习的测试时适应算法, 该方法利用对比学习的思想, 在训练过程中学习模型的通用表征, 在测试时通过对比学习损失更新模型, 提升模型在新的测试领域上的效果. 在源领域训练阶段, 我们利用一个编码器和动量平均编码器分别抽取同一图像不同数据增强版本的图像特征, 然后通过对比学习提升模型的表征能力. 为增加对比学习中负样本的数量, 我们提出队列机制来保存大量的动量平均编码器抽取的负样本特征. 在测试阶段, 我们利用伪标签计算交叉熵损失函数和对比学习损失函数来更新模型参数, 从而提升模型在新的领域上准确率. 我们在 CIFAR-10 上进行训练, 在 CIFAR-10-C 上进行测试, 我们的测试时方法能够提升 23.49% 的准确率.

图 7-17　论文结论

（7）参考文献：列出所引用的参考文献，包括前人的研究成果、相关理论和实验数据等，以便读者了解该领域的研究背景和发展历程。

以上就是论文每个部分需要重点关注的内容。

学术论文通常需要经过严格的审稿和同行评议，以确保其质量和可靠性。学术论文的发表对于学术界和行业的发展具有重要意义，可以推动学术进步、促进知识传播、提高行业水平。

此外，学术论文的写作还需要具备以下几个特点。

（1）科学性：学术论文的科学性，要求作者在立论上不得带有个人好恶的偏见，不得主观臆造，必须切实地从客观实际出发，从中引出符合实际的结论。在论据上，应尽可能多地占有资料，以最充分的、确凿有力的论据作为立论的依据。在论证时，必须经过周密的思考，进行严谨的论证。例如，在一篇关于某种新药物研究的学术论文中，作者通过详细介绍他们的实验设计和方法，以及详细的分析和解释，展示了该药物的有效性和安全性。这篇论文的科学性体现在作者客观地提供了实验数据和严谨的论证，避免了主观偏见和主观臆断。

（2）创造性：科学研究是对新知识的探求。创造性是科学研究的生命。学术论文的创造性在于作者要有自己独到的见解，能提出新的观点、新的理论。这是因为科学的本性就是“革命的和非正统的”，“科学方法主要是发现新现象、制定新理论的一种手段，旧的科学理论就必然会不断被新理论推翻。”（斯蒂芬·梅森）因此，没有创造性，学术论文就没有科学价值。例如，在一篇关于某种新技术应用的学术论文中，作者提出了一种新的方法来应用该技术，这种方法比现有的方法更有效、更便捷。这篇论文的创造性体现在作者提出了新的观点和技术方案，为该领域的发展做出了贡献。

（3）理论性：学术论文在形式上是属于议论文的，但它与一般议论文不同，它必须是有自己的理论系统的，不能只是材料的罗列，应对大量的事实、材料进行分析、研究，使感性认识上升到理性认识。一般来说，学术论文具有论证色彩，或具有论辩色彩。论文的内容必须符合历史唯物主义和唯物辩证法，符合“实事求是”“有的放矢”“既分析又综合”的科学研究方法。例如，在一篇关于某种社会现象的学术论文中，作者通过对大量相关文献的梳理和分析，提出了一个理论框架来解释该现象的形成和发展。这篇论文的理论性体现在作者对文献的综合和分析能力，以及对理论框架的构建和应用。

（4）平易性：指的是要用通俗易懂的语言表述科学道理，不仅要做到文从字顺，而且要准确、鲜明、和谐、力求生动。例如，在一篇关于某种健康饮食建议的学术论文中，作者用通俗易懂的语言向读者解释了复杂的营养学知识，并给出了实用的饮食建议。这篇论文的平易性体现在作者用简洁明了的语言传递了科学信息，让读者容易理解。

（5）专业性：是区别不同类型论文的主要标志，也是论文分类的主要依据。例如，在一篇关于某种金融产品研究的学术论文中，作者详细介绍了该产品的特点、市场需求和竞争环境，为金融行业的专业人士提供了有价值的参考。这篇论文的专业性体现在作者对金

融市场的深入了解和专业的分析能力。

（6）实践性：是论文价值的具体体现。它还表现在内容上，旨在根据一定的岗位职责与目标要求培养能力。例如，在一篇关于某种教育方法的实践应用的学术论文中，作者详细介绍了该方法的具体实施过程，以及取得的成果。这篇论文的实践性体现在作者通过实践验证了该方法的有效性，为教育工作者提供了可操作的经验和参考。

因此，学术论文的撰写需要不断学习和提高，撰写者需要关注学科领域的最新研究成果、了解受众的需求和评价，不断改进自己的写作技巧和表达能力，具备全面的素质和技能。

### 7.2.2　项目设计

本项目通过下面这篇论文，研究如何通过文心一言高效地编写、优化学术论文，待优化的学术论文内容如下：

**标题：论现代新能源技术及其质量评估的方法与结论**

**摘要：**本文旨在探讨新能源技术的现状及其质量评估方法。我们将首先定义新能源，然后详细讨论不同类型的可再生能源技术及其质量评估标准，并通过对比分析来讨论现有新能源技术的问题和可能的改尽方法。

**关键词：**新能源、建设

**引言：**随着全球能源需求不断增加，传统的化石能源已经面临严重的问题，如资源枯竭和环境污染。因此，新能源技术逐渐成为人们关注的焦点。然而，新能源技术在应用过程中存在许多问题，如能源波动大、能源存储困难等，这些问题直接影响到能源的质量和利用效率。因此，对新能源技术进行质量评估显得尤为重要。

**正文：**一、新能源定义及类型新能源是指除了传统的化石能源以外的可再生能源。根据其来源，新能源可以分为以下几类：太阳能：利用太阳能的电能、热能或光能；风能：利用风力发电或机械能；水能：利用水的重力或动能发电；生物质能：利用有机废弃物、植物等生物质资源生产能源；地热能：利用地球内部的热能发电或供暖。二、新能源质量评估标准新能源质量评估是指对新能源技术所生产的能源进行评估。以下是几个重要的评估标准：能源稳定性：新能源系统能否在各种条件下稳定运行，提供可靠的能源供应？能源转换效率：新能源系统将自然资源转化为可用能源的效率如何？能源消耗量：新能源系统在运行过程中的能源消耗量是否符合预期？生命周期成本：考虑系统的安装、运行、维护等成本，新能源系统的总成本是否具有竞争力？环境影响：新能源系统的建设和运行过程中对环境的影响如何？包括对自然资源的利用、对生态系统的扰动以及产生的废弃物等。三、现有新能源技术的问题及改进方法尽管新能源技术在不断发展，但仍存在一些问题。首先，如上所述，能源稳定性是一个普遍的问题。尽管大多数新能源系统可以在理想条件下运行良好，但在极端环境条件下（例如强风、暴雪等），其性能可能会受到影响。其次，能源转换效率仍有待提高。目前大多数新能源系统的转换效率较低，这意味着在将自然资源转化为能源的过程中存在较大的浪费。此外，对于一些新能源技术（如风能和太阳能），由于其波动性较大，需要大量的储能设备来平衡能量供需之间的矛盾。最后，考虑到环境影响，一些新能源技术的生态足迹仍然较大，需要更多的技术和工程方法来减少对环境的破坏。为解决这些问题，我们需要从以下几个方面进行改进：投资研发：增加对新能源技术的研发投入，特别是在那些具有挑战性的领域（如高海拔地区的风能利用、大规模太阳能储能等）。技术创新：探索新的技术和设计理念，以提高新能源系统的稳定性和转换效率。例如，可以研究新型的材料和结构来提高风力发电机的性能，或者开发更高效的太阳能电池板。政策引导：通过政府政策引导和市场激励措施，鼓励新能源技术的发展和应用。例如，可以提供税收优惠或购买电力收购等政策，以促进新能源系统的投资和建设。环保意识：在建设和运行新能源系统时，应充分考虑其环境影响。除了减少对自然资源的破坏和生态系统的扰动外，还可以通过合理的规划和设计来使这些系统与周围环境相协调。例如，在城市中可以将太阳能设施与建筑结合在一起，以实现美观和功能的双重目标。

**结论：**总的来说，尽管现有的新能源技术还存在一些问题需要解决，但其在全球能源需求中的重要性正在日益显现。通过投资研发、技术创新、政策引导和环保意识的提高，我们可以期待在不久的将来看到更为稳定、高效和环保的绿色能源技术得到广泛应用。

本篇论文共 1 300 字左右，存在以下问题。① 题目不够精练：论文题目应该简明扼要地概括研究主题，但本篇论文题目过于冗长，缺乏精准性。② 信息过于冗余：论文应该注重信息的简洁和清晰，但本篇论文存在一些冗余信息，如重复阐述已知信息或引入过多无关紧要的细节。③ 在细节方面，本篇论文存在：参考文献缺失、信息缺失，部分段落缺乏关键信息，导致读者无法理解或验证研究结果。④ 错别字和语法错误，这些错误会影响论文的准确性和专业性，应该在提交前进行修正。

本项目将对不完美的学术论文做进一步的优化和讨论，利用文心一言对学术论文撰写的理解，提供修改建议、生成文章内容，评估以及推理学术论文的质量和水平。这个过程中还对学术论文可能出现的问题进行了解释与优化。

原始的学术论文在标题、摘要、关键词、绪论、正文、结论以及参考文献中都存在着诸多问题。使用 Prompt 对论文进行优化，理解和分析原始学术论文的大意，客观地对原

始论文进行修改，其中，包括内容和格式两部分。

此外，文心一言还可以用于评估和推理学术论文的质量和水平。

通过对学术论文的语言表达、结构、逻辑和论证进行深入分析和评估，文心一言可以判断其是否符合学术规范与要求，并为作者提供相应的评估及改进建议。这样的反馈机制有助于作者更全面地理解学术论文的写作标准，进而提升文章的整体质量。

在学术论文的优化过程中，文心一言可以在多个方面发挥作用：首先，在标题创作上，文心一言能够根据文章内容自动生成既吸引人又具有准确性的标题，从而提升文章的吸引力；其次，在摘要撰写方面，它可以提供自动摘要生成服务，协助作者迅速而精准地概括文章主旨和结论；再者，对于关键词的提取，文心一言也能通过对文章主题和内容的深度分析，自动提炼出关键信息和词汇，进而提高文章的搜索和利用率；此外，在正文撰写环节，它提供的逻辑分析、语法及拼写检查功能，都是作者改进文章质量的有力工具；最后，在结论和参考文献方面，文心一言也能自动生成总结性结论，并提供参考文献的自动引用及格式化服务，使论文更加完善和专业。

根据分析，本项目设计以下流程：题目生成、摘要提取、关键词提取、绪论生成、正文优化、结论生成和参考文献生成 7 个部分的内容，表 7–2 就是本次项目实践要完成的任务点和要达成的目标。

表 7–2　学术论文生成步骤及目标

| 主题 | 类别 | 目标 |
|---|---|---|
| 题目 | 文本生成 | 输入文本，提取最关键信息和主旨思想，生成题目 |
| 摘要 | 文本生成 | 对段落或者文章进行简化总结，去除一些过于细节的信息 |
| 关键词 | 信息抽取 | 输入文本，提取与文本相关的 3 ～ 8 个关键字 |
| 绪论 | 文本生成 | 输入文本内容，分析研究问题的背景和意义 |
| 正文 | 文本生成 | 对语法错误和错别字自动修正，消除文章冗余信息 |
| 结论 | 文本生成 | 总结论文意义和价值，提出未来研究方向和展望 |
| 参考文献 | 文本生成 | 列出所有与文章相关的参考文献，包括前人的研究成果、相关理论和实验数据等 |

### 7.2.3　项目实践

#### 1. 学术论文——题目生成

学术论文的标题应该准确地概括论文的主题和内容，同时吸引读者的注意力。学术论文标题的建议如表 7–3 所示。

表 7-3　学术论文标题建议

| | |
|---|---|
| 明确主题 | 标题应该明确论文的主题和研究方向，例如，“基于边缘检测改进算法的脐橙分拣系统设计与实现”，采用了“基于 ××× 算法的 ××× 系统设计”的叙述结构，使得题目的主题和研究方向更加明确 |
| 简短明了 | 标题应该简短明了，不要过多地描述，例如，“基于文化多样性的经济发展影响研究”，采用了“××× 文化对 ××× 经济的影响”的结构 |
| 突出亮点 | 标题应该突出论文的亮点和创新点，例如，“基于消费者行为的品牌营销策略研究”，采用了“基于 ××× 方法的 ××× 研究”的结构 |
| 吸引注意力 | 标题应该能够吸引读者的注意力，例如，中科院在 2023 年中推出了 Fast-SAM 的图像分割模型（SAM 是 Meta 发布的具有分割一切功能的模型），而中科院所发表的论文标题就叫作“Fast-SAM”，虽然他是论文的研究结果，但是标题中对原有的模型作出了对比，意思就是比原先的 SAM 模型更快，所以我们可以采用“××× 比 ×××”的结构，在题目中作对比，突出学术论文的研究成果，可以在很大程度上吸引读者注意力 |

此外，学术论文标题也应该遵循以下格式要求，运用各种手段，规范文本内容，这样看起来行文逻辑清晰，层次鲜明。

标题长度尽量控制在合适的长度内，一般不超过 20 个字符，在标题中避免使用特殊符号，例如“&”“#”“$”等，论文也需要遵循语言规范，尽量避免使用生僻词汇或语法错误。例如，一篇关于机器学习在数据分析中的应用的论文，可以采用以下标题：“机器学习在数据分析中的应用：基于 ××× 算法的 ××× 系统的设计与实现”。这个标题简短明了，突出了论文的主题和研究方向，同时也能够吸引读者的注意力。

这里也可以使用 APE 框架，即行动、目的、期望。

**行动：**提炼一个题目。

**目的：**为了准确概括主题。

**期望：**吸引读者兴趣。

使用“请为上面的论文摘要提炼一个能够准确概括主题、吸引读者兴趣的题目。”这个 Prompt 来实现，结果如图 7-18 所示。

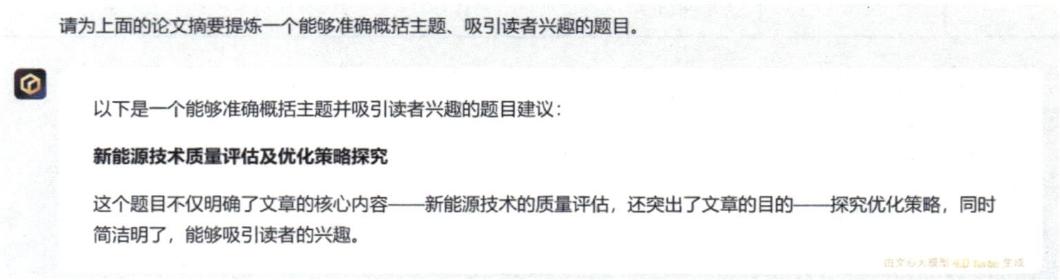

请为上面的论文摘要提炼一个能够准确概括主题、吸引读者兴趣的题目。

以下是一个能够准确概括主题并吸引读者兴趣的题目建议：

**新能源技术质量评估及优化策略探究**

这个题目不仅明确了文章的核心内容——新能源技术的质量评估，还突出了文章的目的——探究优化策略，同时简洁明了，能够吸引读者的兴趣。

图 7-18　Prompt 应用 APE 框架生成题目

可以看到生成的结果符合我们预设的要求，大家还可以尝试着加入其他的关键字作为约束条件。

2. 学术论文写作——摘要提取

摘要作为学术论文的重要组成部分，应该能够准确地概括论文的主要内容和研究成果。摘要应该简明扼要，不要过多地描述，应该突出论文的亮点和创新点，同时学术论文摘要也应该遵循一些常规的格式要求。

（1）长度控制：控制在合适的长度内，一般不超过 300 个字符。

（2）结构清晰：遵循清晰的逻辑结构，包括研究背景、研究目的、研究方法、研究结果等方面的描述。

（3）术语规范：遵循术语规范，尽量避免使用生僻术语或缩略语。

（4）语言规范：遵循语言规范，尽量避免使用被动语态或复杂的从句等。例如，一篇关于机器学习在数据分析中的应用的论文的摘要可以这样写：“本文研究了机器学习算法在数据分析中的应用，提出了一种基于 ×× 算法的 ××× 系统，通过实验验证了该算法在性能和效率方面的优势。实验结果表明，该算法相比传统算法，提高了 ××% 的效率。”这个摘要简明扼要地概括了论文的主要内容和研究成果，同时突出了论文的亮点和创新点。

在这里可以使用 SAGE 框架，即情况、行动、目标、期望来设计 Prompt。以“请为上面的学术论文正文提炼出一个摘要，概括研究背景、方法、主要发现和意义，以便读者能快速了解论文的核心内容。”这个 Prompt 对生成内容做出限制，结果如图 7–19 所示。

**情况：**学术论文的正文内容。

**行动：**提炼出一个摘要。

**目标：**概括研究背景、方法、主要发现和意义。

**期望：**读者能快速了解论文的核心内容。

优化之后的摘要明确提到了采用综合性的文献回顾与分析方法进行研究，这使得读者能够了解该研究是如何进行的，增加了摘要的完整性和可信度。主要发现突出：优化之后的摘要明确指出了新能源技术面临的挑战，如稳定性、转换效率、储能需求和环境影响，以及针对这些问题的改进策略。这使得摘要的主要发现更加突出，读者能够更快地了解该研究的核心内容。研究意义明确：优化之后的摘要明确指出了该研究的意义和价值，即为新能源技术的研究和发展提供了有益的参考，推动其更高效、环保地应用于实际，从而促进可持续能源转型。这使得读者能够更容易地了解该研究的重要性和应用价值。更具深度：优化之后的摘要深入探讨了新能源技术的问题及改进方法，相比之前的版本提供了更丰富的信息。更具指导意义：优化之后的摘要为新能源技术的研究和发展提供了有益的参考，具有更强的指导意义。

当使用大语言模型生成学术论文的摘要时，同样存在生成内容与实际情况不符的风险，也就是“幻觉问题”。以下是一个真实的例子。

标题：论现代新能源技术及其质量评估的方法与
文心大模型4.0 Turbo
摘要：本文旨在探讨新能源技术的现状及其质量 新能源，然后详细讨论不同类型的可再生能源技术及其质量评估标准，并通过对比分析来讨论现有新能源技术的问题和可能的改尽方法。
关键词：新能源、建设
引言：随着全球能源需求不断增加，传统的化石能源已经面临严重的问题，如资源枯竭和环境污染。因此，新能源技术逐渐成为人们关注的焦点。然而，新能源技术在应用过程中存在许多问题，如能源波动大、能源存储困难等，这些问题直接影响到能源的质量和利用效率。因此，对新能源技术进行质量评估显得尤为重要。
正文：一、新能源定义及类型新能源是指除了传统的化石能源以外的可再生能源。根据其来源，新能源可以分为以下几类：太阳能：利用太阳能的电能、热能或光能；风能：利用风力发电或机械能；水能：利用水的重力或动能发电；生物质能：利用有机废弃物、植物等生物质资源生产能源；地热能：利用地球内部的热能发电或供暖。二、新能源质量评估标准新能源质量评估是指对新能源技术所生产的能源进行评估。以下是几个重要的评估标准：能源稳定性：新能源系统能否在各种条件下稳定运行，提供可靠的能源供应?能源转换效率：新能源系统将自然资源转化为可用能源的效率如何?能源消耗量：新能源系统在运行过程中的能源消耗量是否符合预期?生命周期成本：考虑系统的安装、运行、维护等成本，新能源系统的总成本是否具有竞争力?环境影响：新能源系统的建设和运行过程中对环境的影响如何?包括对自然资源的利用、对生态系统的扰动以及产生的废弃物等。三、现有新能源技术的问题及改进方法尽管新能源技术在不断发展，但仍存在一些问题。首先，如上所述，能源稳定性是一个普遍的问题。尽管大多数新能源系统可以在理想条件下运行良好，但在极端环境条件下(例如强风、暴雪等),其性能可能会受到影响。其次，能源转换效率仍有待提高。目前大多数新能源系统的转换效率较低，这意味着在将自然资源转化为能源的过程中存在较大的浪费。此外，对于一些新能源技术(如风能和太阳能),由于其波动性较大，需要大量的储能设备来平衡能量供需之间的矛盾。最后，考虑到环境影响,一些新能源技术的生态足迹仍然较大，需要更多的技术和工程方法来减少对环境的破坏。为解决这些问题，我们需要从以下几个方面进行改进：投资研发：增加对新能源技术的研发投入，特别是在那些具有挑战性的领域(如高海拔地区的风能利用、大规模太阳能储能等)。技术创新：探索新的技术和设计理念，以提高新能源系统的稳定性和转换效率。例如，可以研究新型的材料和结构来提高风力发电机的性能，或者开发更高效的太阳能电池板。政策引导：通过政府政策引导和市场激励措施，鼓励新能源技术的发展和应用。例如，可以提供税收优惠或购买电力收购等政策，以促进新能源系统的投资和建设。环保意识：在建设和运行新能源系统时，应充分考虑其环境影响。除了减少对自然资源的破坏和生态系统的扰动外，还可以通过合理的规划和设计来使这些系统与周围环境相协调。例如，在城市中可以将太阳能设施与建筑结合在一起，以实现美观和功能的双重目标。
结论：总的来说，尽管现有的新能源技术还存在一些问题需要解决，但其在全球能源需求中的重要性正在日益显现。通过投资研发、技术创新、政策引导和环保意识的提高，我们可以期待在不久的将来看到更为稳定、高效和环保的绿色能源技术得到广泛应用。
请为上面的学术论文正文提炼出一个摘要，概括研究背景、方法、主要发现和意义，以便读者能快速了解论文的核心内容。

摘要：

本文探讨了新能源技术的现状及其质量评估方法。随着全球能源需求的增加和化石能源问题的凸显，新能源技术成为研究焦点。文章首先定义了新能源，并分类讨论了太阳能、风能、水能、生物质能和地热能等主要类型。随后，提出了新能源质量评估的标准，包括能源稳定性、能源转换效率、能源消耗量、生命周期成本和环境影响。通过分析现有新能源技术存在的问题，如能源稳定性不足、转换效率低、需要大量储能设备及环境影响大等，文章进一步提出了改进方法，包括增加研发投入、技术创新、政策引导和提高环保意识。研究指出，尽管新能源技术面临挑战，但其重要性日益显现，通过多方面的努力，未来有望实现更为稳定、高效和环保的绿色能源技术广泛应用。

图 7-19　Prompt 应用 SAGE 框架提取摘要

有一次，一个研究者使用大语言模型自动生成了一篇关于环境保护的学术论文摘要。该摘要提到了一种“革命性的生态恢复技术”，声称能够在短时间内快速恢复受损的生态系统。然而，在实际对该领域进行调研后，发现目前并没有这样的技术存在，也没有相关实验数据或理论支持。这导致该摘要所描述的内容与现实严重不符，存在明显的幻觉问题。

使用大语言模型生成学术论文摘要时，学习者同样需要对生成的内容进行仔细的校验

和核实。可以通过查阅相关文献、与领域专家交流、对比实验结果等方式来验证摘要的准确性和可行性。同时，也要保持审慎和客观的态度，避免过度依赖自动生成的内容。只有经过充分的验证和确认，才能确保生成的摘要能够为学术论文提供准确、可靠的概述。

3. 学术论文写作——关键词提取

论文关键词是学术论文中非常重要的组成部分，它们可以帮助读者更好地理解论文的主题和内容，也可以帮助搜索引擎和文献检索系统对论文进行准确的分类和索引。首先简单了解关键词的特点和语法规则。

关键词的特点首先是准确，它们应该准确地反映论文的主题和内容，概括论文的核心信息，避免使用过于普遍或泛泛的词汇。其次它们应该与论文的标题、摘要、正文等部分密切相关，能够体现论文的整体性和一致性。另外关键词需要突出论文的亮点和创新点，能够体现论文的独特性和价值，吸引读者的注意力。关键词还应该具有一定的多样性，包括同义词、近义词、相关词汇等，能够提高文献检索的准确性和全面性。关键词应该符合行业标准，避免使用不规范的词汇或语法错误，能够提高文献的可读性和可理解性。关键词一般简短明了，不要过于冗长，应该选择清晰的词汇，避免使用缩写或专业术语。

关键词也有格式要求，首先关键词应该按照一定的顺序进行排列，如按照相关性、重要性等指标进行排序。其次关键词之间应该使用逗号或分号进行分隔，避免使用空格或其他标点符号。另外关键词的数量应该控制在适当的范围内，一般 3 ～ 8 个，以避免影响文献检索的效率和准确性。

如果使用 Prompt 万用公式的方式进行验证，则会出现一些发散的结果，此处使用 TRACE 框架来实现，可以加强限制。TRACE 框架包括任务、请求、行动、语境和示例，非常适合用于对某个具体任务进行指导和优化。

**任务：**提炼学术论文正文的关键词。

**请求：**请再为上面的学术论文正文提炼 3 ～ 8 个关键词，以帮助读者和搜索引擎更好地理解论文的主题和内容。

**行动：**阅读学术论文正文，并识别出反映论文主题和关键内容的词汇或短语。

**语境：**学术论文正文，可能包含引言、文献综述、方法、结果和讨论等部分。

**示例：**例如，如果论文主题是关于气候变化的影响，那么关键词可能包括“气候变化”“影响”“温室气体排放”“海平面上升”等。

经过分析，此处就使用“请再为上面的学术论文提炼学术论文正文的 3 ～ 8 个关键词。这项任务的目标是帮助读者和搜索引擎更好地理解论文的主题和内容。请你阅读学术论文正文，识别并提炼出反映论文主题和关键内容的词汇或短语。论文正文可能包含引言、文献综述、方法、结果和讨论等部分，因此请确保你全面理解了论文内容。作为示例，如果论文主题是关于气候变化的影响，那么可能的关键词包括‘气候变化’‘影响’‘温室气体排放’‘海平面上升’等。请根据你的理解，提炼出最符合论文主题的关键词。”这个 Prompt 来实现，结果如图 7-20 所示。

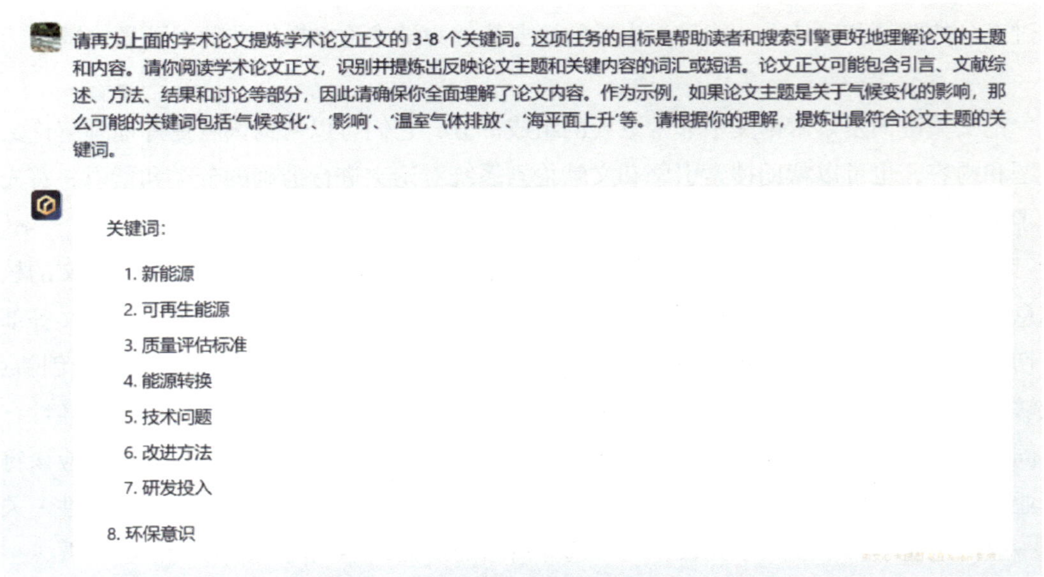

请再为上面的学术论文提炼学术论文正文的 3-8 个关键词。这项任务的目标是帮助读者和搜索引擎更好地理解论文的主题和内容。请你阅读学术论文正文，识别并提炼出反映论文主题和关键内容的词汇或短语。论文正文可能包含引言、文献综述、方法、结果和讨论等部分，因此请确保你全面理解了论文内容。作为示例，如果论文主题是关于气候变化的影响，那么可能的关键词包括'气候变化'、'影响'、'温室气体排放'、'海平面上升'等。请根据你的理解，提炼出最符合论文主题的关键词。

关键词：

1. 新能源
2. 可再生能源
3. 质量评估标准
4. 能源转换
5. 技术问题
6. 改进方法
7. 研发投入
8. 环保意识

图 7-20　Prompt 应用 TRACE 框架生成关键词

可以看到，使用框架后的效果还是不错的，添加明确的提示词，对模型结果的输出大有益处。生成的关键词更具概括性、重点突出、层次性明确、更具指导意义、强调可持续性等。可以理解为，在 Prompt 中提供更多的信息给文心一言，文心一言则能够更加准确、规范地给出本文的关键词。

### 4. 学术论文写作——绪论生成

论文绪论是学术论文的重要组成部分，它是引导读者进入论文主题和分析的入口点，也是展示作者对研究领域和问题的理解和认识的重要环节。

这里使用 SAGE 框架进行绪论生成。SAGE 框架包括情况、行动、目标和期望，适用于对某个情境或任务进行描述和指导。

**情况：**你正在为学术论文撰写绪论，需要介绍研究问题的背景和意义，阐述前人的研究成果和存在的不足，提出自己的研究问题和目的，并介绍论文的组织结构和主要内容。

**行动：**请生成学术论文的绪论部分。

**目标：**清晰地阐述研究问题的背景和意义，总结前人的研究成果和存在的不足，明确地提出自己的研究问题和目的，并概述论文的组织结构和主要内容。

**期望：**我期望你撰写的绪论应该具备逻辑性、连贯性和准确性，能够引导读者进入你的研究主题，并为后续的正文内容打下基础。

使用“请为我上面给你的学术论文正文生成绪论。在这个绪论中，你需要清晰地阐述研究问题的背景和意义，总结前人的研究成果和存在的不足，明确地提出自己的研究问题

和目的，并概述论文的组织结构和主要内容。我们期望你撰写的绪论应该具备逻辑性、连贯性和准确性，能够引导读者进入你的研究主题，并为后续的正文内容打下基础。请确保你的绪论内容与研究主题紧密相关，并为后续的章节提供一个明确的指引。”为 Prompt 来实现，结果如图 7-21 所示。

文心大模型4.0 Turbo

绪论

随着全球经济的快速发展和人口的不断增长，能源需求持续攀升，而传统的化石能源如煤、石油和天然气等不仅面临资源枯竭的危机，其燃烧产生的温室气体和其他污染物也对环境造成了严重的破坏。因此，寻找和开发清洁、可持续的新能源技术成为当今世界的迫切需求。新能源技术，以其可再生、环保和低碳的特性，逐渐成为研究者和政策制定者关注的焦点。

在新能源技术领域，太阳能、风能、水能、生物质能和地热能等可再生能源技术得到了广泛的研究和应用。这些技术不仅有助于缓解能源危机，减少环境污染，还对于推动经济可持续发展具有重要意义。然而，尽管新能源技术取得了显著的进展，但在实际应用过程中仍面临诸多挑战和问题。例如，能源稳定性不足、能源转换效率低、能源消耗量大以及环境影响等，这些问题严重制约了新能源技术的进一步推广和应用。

针对新能源技术存在的问题，国内外学者进行了大量的研究，并提出了多种解决方法和改进技术。然而，在新能源技术的质量评估方面，仍缺乏统一的标准和体系。如何科学、全面地评估新能源技术的质量，成为当前研究的一个重要课题。

本研究旨在探讨新能源技术的现状及其质量评估方法，通过对不同类型的新能源技术进行深入分析，提出一套科学、可行的质量评估标准。同时，本研究还将对现有新能源技术存在的问题进行深入剖析，并结合实际案例提出具体的改进方法和建议。通过本研究，我们期望能够为新能源技术的研发和应用提供有力的理论支持和实践指导，推动新能源技术的持续发展和创新。

本研究将首先定义新能源及其类型，为后续的研究提供清晰的概念框架。接着，我们将详细讨论新能源质量评估的标准和方法，包括能源稳定性、能源转换效率、能源消耗量、生命周期成本和环境影响等方面。在此基础上，我们将对现有新能源技术存在的问题进行深入分析，并探讨可能的改进方法和途径。最后，我们将总结本研究的主要发现和结论，并提出对未来新能源技术发展的展望和建议。

本论文的组织结构如下：第一章为绪论，主要介绍研究背景、意义、目的以及论文的组织结构和主要内容；第二章为新能源定义及类型，对新能源进行界定和分类；第三章为新能源质量评估标准，详细阐述新能源质量评估的各个方面；第四章为现有新能源技术的问题及改进方法，对现有新能源技术进行深入剖析并提出改进建议；第五章为结论与展望，总结本研究的主要发现和结论，并对未来新能源技术的发展进行展望。

图 7-21　Prompt 应用 SAGE 框架生成绪论

可以看出，文心语言模型生成的绪论研究问题和目标明确：优化之后的绪论明确提出了具体的研究问题和目标，即探讨新能源的类型、特点以及发展应用问题，这有助于读者快速了解该研究的核心内容和价值。组织结构清晰：优化之后的绪论按照提出问题、分析问题、解决问题的逻辑顺序进行组织，各部分内容之间逻辑联系紧密，这有助于读者更好地理解和把握内容。深入分析新能源问题：优化之后的绪论对新能源在发展过程中面临的问题进行了深入的分析和讨论，并提出了具体的改进措施和发展建议，这有助于读者更好地了解这些问题的本质和重要性。强调理论与实践相结合：优化之后的绪论强调了新能源技术的实际应用和产业化进程，提出了具体的解决方案和发展建议，这有助于推动新能源技术的实际应用和产业化进程。凸显研究价值：在优化后的绪论中，强调了本研究在理论价值和实践意义方面的重要性，这有助于读者更好地认识本研究的重要性和价值。

5. 学术论文写作——正文优化

学术论文的正文是论文的核心部分，它是展示作者研究成果和学术价值的重要环节。

首先，我们来看看文心一言对单个句子的优化效果。待优化文本为："本文旨在探讨新能源技术的现状及其质量评估方法。我们将首先定义新能源，然后详细讨论不同类型的可再生能源技术及其质量评估标准，并通过对比分析来讨论现有新能源技术的问题和可能的改尽方法。"这个句子中有个明显的错别字，那就是改"尽"，应该是改"进"。文心一言具有文本纠错的能力。

由于学术论文相对来说比较长，不好对比，可以使用 SAGE 框架来进行优化。SAGE 框架包括情况、行动、目标和期望，适用于描述和指导特定情境下的任务。

**情况：**为我接下来给你的学术论文正文部分进行优化。

**行动：**要求对新能源技术的现状进行详细的分析，并讨论不同类型的可再生能源技术及其质量评估标准。

**目标：**你的目标是探讨现有新能源技术的问题，并提出可能的改进方法。

**期望：**我期望你的讨论具有深度和广度，能够全面覆盖新能源技术的现状和质量评估方法，同时提供具体的改进建议。

Prompt 直接设置为"现在你要为我接下来给你的学术论文正文部分进行优化。要求对新能源技术的现状进行详细的分析，并讨论不同类型的可再生能源技术及其质量评估标准。我期望你探讨现有新能源技术的问题，并提出具有深度和广度，能够全面覆盖新能源技术的现状和质量评估方法，同时提供具体的改进建议。请按照以下要求进行撰写：详细分析新能源技术的现状，包括不同类型的可再生能源技术及其发展趋势。讨论新能源技术的质量评估标准和方法，包括其可靠性、效率、环境影响等方面。对比分析现有新能源技术的问题和可能的改进方法，提出具体的改进建议。确保你的讨论逻辑清晰、层次分明，遵循学术论文的规范结构，如引言、相关工作、方法、实验、结果和讨论等部分。"

根据 Prompt 生成的优化后正文如下。

**论现代新能源技术及其质量评估的方法与结论**

**摘要：**本文深入探讨了新能源技术的现状，详细分析了不同类型的可再生能源技术及其发展趋势，同时，对新能源技术的质量评估标准和方法进行了全面讨论，包括可靠性、效率、环境影响等关键方面。通过对比分析，本文揭示了现有新能源技术存在的主要问题，并提出了具有针对性的改进建议，旨在为推动新能源技术的持续发展和优化提供理论支撑。

**关键词：**新能源、可再生能源、质量评估、技术改进

**一、引言**

随着全球能源需求的持续增长和环境保护意识的日益增强，传统化石能源的局限性愈发凸显，新能源技术因此成为研究热点。然而，新能源技术在应用过程中面临的能源波动、存储困难等问题，对其质量和利用效率构成了严峻挑战。因此，建立科学的新能源技术质量评估体系，对于促进新能源技术的健康发展至关重要。

**二、新能源定义及类型分析**

新能源，泛指除传统化石能源以外的可再生能源，主要包括太阳能、风能、水能、生物质能和地热能等。

1. **太阳能：**利用太阳能转化为电能、热能或光能，技术成熟且应用广泛，但受地理位置和天气条件限制。

2. **风能：**通过风力发电机将风能转化为电能，具有资源丰富、分布广泛的特点，但稳定性较差。

3. **水能：**利用水流的重力或动能发电，包括水电和潮汐能等，技术相对成熟，但受地理位置限制。

4. **生物质能：**利用有机废弃物、植物等生物质资源生产能源，具有可再生和环保的优点，但技术成本和转化效率仍需提升。

5. **地热能：**利用地球内部的热能发电或供暖，稳定可靠，但资源分布不均且开发成本较高。

**三、新能源质量评估标准与方法**

新能源质量评估是确保新能源技术有效应用的关键环节，主要包括以下几个维度：

1. **能源稳定性：**评估新能源系统在不同环境条件下的稳定运行能力，确保能源供应的可靠性。

2. **能源转换效率：**衡量新能源系统将自然资源转化为可用能源的效率，是评价技术优劣的重要指标。

3. **能源消耗量：**分析新能源系统在整个生命周期内的能源消耗情况，评估其经济性和可持续性。

4. **生命周期成本：**综合考虑新能源系统的安装、运行、维护等成本，评估其整体经济竞争力。

5. **环境影响：**评估新能源技术的建设和运行对自然环境的影响，包括资源消耗、生态扰动和废弃物处理等。

**四、现有新能源技术的问题及改进建议**

（一）问题分析

1. **能源稳定性不足：**部分新能源技术（如风能、太阳能）受自然条件影响大，能源输出波动明显。

2. **转换效率偏低：** 当前新能源技术的转换效率普遍不高，导致能源浪费和成本增加。

3. **储能技术滞后：** 新能源的波动性要求高效的储能技术来平衡供需，但现有储能技术成本高昂且效率有限。

4. **环境影响不容忽视：** 部分新能源技术的开发和运行对自然环境造成了一定程度的破坏。

（二）改进建议

1. **加大研发投入，提升技术稳定性：** 针对能源稳定性问题，应增加研发投入，开发适应性强、稳定性高的新能源技术。例如，研发智能控制系统，根据环境条件自动调整新能源设备的运行状态。

2. **技术创新，提高转换效率：** 通过技术创新，如采用新型材料、优化设备结构等方式，提升新能源技术的转换效率。同时，加强跨学科合作，探索新的能源转换机制。

3. **发展高效储能技术：** 加大对储能技术的研发力度，降低储能成本，提高储能效率。推动储能技术与新能源技术的深度融合，实现能源的高效利用。

4. **强化环保意识，推动绿色发展：** 在新能源技术的开发和运行过程中，应充分考虑环境保护因素。采用环保材料，优化工艺流程，减少对环境的影响。同时，加强环保监管，确保新能源技术的绿色可持续发展。

**五、结论与展望**

综上所述，新能源技术作为未来能源发展的主流趋势，具有广阔的应用前景和巨大的发展潜力。然而，现有新能源技术仍存在诸多问题需要解决。通过加大研发投入、推动技术创新、发展高效储能技术和强化环保意识等措施，我们可以有效提升新能源技术的质量和利用效率，为全球能源转型和可持续发展做出积极贡献。展望未来，随着科技的不断进步和政策的持续支持，新能源技术必将迎来更加广阔的发展空间和更加美好的应用前景。

可以看到，文心一言对学术论文正文的部分优化还是不错的，能够明确问题，突出研究亮点和创新点、组织结构清晰。

6. 学术论文写作——结论生成

学术论文的结论是论文的重要组成部分，它是对整个研究的总结和评价，也是对研究结果的展示和呈现，作为学术论文的结论，需要总结研究的主要结论和贡献，指出研究的意义和价值，提出未来研究方向和展望。因此，可以选择 ROSES 框架进行 Prompt 设计。ROSES 框架包括角色、目标、场景、预期解决方案和步骤，适用于学术论文这类结构化

文档的写作。

**角色：**作为新能源技术领域的专家 / 研究人员。

**目标：**对新能源技术进行了深入研究和评估。

**场景：**撰写学术论文时，你需要总结你的研究的主要结论和贡献。

**预期解决方案（expected solutions）：**指出新能源技术发展的意义和价值，以及存在的问题和挑战。同时，请提出未来研究方向和展望。

**步骤：**包括可能的改进方法和措施（步骤）。请按照这些步骤生成论文的结论部分。

所以，接下来我们设计的 Prompt 为“作为新能源技术领域的专家 / 研究人员，你已经对太阳能光伏发电、风力发电和水力发电等新能源技术进行了深入研究和评估。请总结你的研究的主要结论和贡献，指出新能源技术发展的意义和价值，以及存在的问题和挑战。同时，请提出未来研究方向和展望，包括可能的改进方法和措施。请按照这些步骤再根据上面我提供给你的学术论文生成论文的结论部分。”，结果如图 7-22 和图 7-23 所示。

作为新能源技术领域的专家/研究人员，你已经对太阳能光伏发电、风力发电和水力发电等新能源技术进行了深入研究和评估。请总结你的研究的主要结论和贡献，指出新能源技术发展的意义和价值，以及存在的问题和挑战。同时，请提出未来研究方向和展望，包括可能的改进方法和措施。请按照这些步骤再根据上面我提供给你的学术论文生成论文的结论部分。

**六、结论与展望**

本文深入探讨了太阳能光伏发电、风力发电和水力发电等新能源技术的现状、质量评估标准及其发展趋势，通过详细的分析与对比，得出了一系列具有理论和实践意义的研究结论。

**（一）主要结论与贡献**

1. **技术现状与发展趋势**：本研究揭示了太阳能光伏发电、风力发电和水力发电在技术成熟度、应用范围和市场潜力方面的显著差异。太阳能光伏发电和风力发电凭借其资源广泛、分布灵活的特点，在全球范围内得到了迅速推广；而水力发电，尤其是大型水电项目，虽技术成熟但受地理条件限制较大。同时，本研究预测了未来新能源技术将向更高效、更智能、更集成的方向发展。
2. **质量评估标准**：本文建立了一套全面的新能源技术质量评估体系，包括能源稳定性、转换效率、生命周期成本和环境影响等关键指标。这一体系不仅为新能源技术的优选提供了科学依据，也为后续的技术研发和改进指明了方向。
3. **技术挑战与问题**：研究指出，尽管新能源技术取得了显著进展，但仍面临能源波动大、转换效率不高、储能技术滞后以及环境影响等挑战。这些问题限制了新能源技术的进一步推广和应用，也是未来研究需要重点攻克的方向。
4. **改进建议与措施**：针对上述问题，本文提出了一系列具体的改进建议，包括加大研发投入以提升技术稳定性、推动技术创新以提高转换效率、发展高效储能技术以平衡能源供需、以及强化环保意识以实现绿色发展。

**（二）新能源技术发展的意义与价值**

新能源技术的发展对于推动全球能源转型、实现可持续发展具有重要意义。它不仅有助于缓解传统化石能源枯竭和环境污染问题，还能促进经济增长、创造就业机会，并提升国家能源安全。同时，新能源技术的广泛应用将促进能源结构的优化和升级，为构建清洁、低碳、安全、高效的能源体系奠定坚实基础。

图 7-22　Prompt 应用 ROSES 框架生成结论（一）

**（三）存在的问题与挑战**

尽管新能源技术展现出巨大的发展潜力和应用价值，但其在实际应用过程中仍面临诸多挑战。技术层面的不稳定性和低效率问题限制了新能源的广泛应用；经济层面的高成本和市场机制不完善影响了新能源的竞争力；而环境层面的资源消耗和生态扰动则对新能源的可持续发展构成了威胁。

**（四）未来研究方向与展望**

展望未来，新能源技术的研究应聚焦以下几个方向：

1. **技术创新与集成**：继续推动新能源技术的创新，探索新的能源转换机制和材料，提升技术稳定性和转换效率。同时，加强新能源技术的集成应用，实现多能互补和智能调度。
2. **储能技术突破**：加大对储能技术的研发力度，降低储能成本，提高储能效率和安全性。推动储能技术与新能源技术的深度融合，构建稳定可靠的能源供应系统。
3. **经济性与市场机制**：深入研究新能源技术的经济性，探索降低成本的有效途径。同时，完善市场机制，通过政策引导和市场激励措施，促进新能源技术的广泛应用和商业化发展。
4. **环境影响与可持续发展**：加强新能源技术环境影响评估，推动绿色发展和循环经济建设。研发环保型新能源技术，减少对自然资源的消耗和生态系统的扰动，实现新能源技术的可持续发展。

综上所述，新能源技术的发展对于推动全球能源转型和实现可持续发展具有重要意义。面对存在的问题和挑战，我们需要继续加强研究、推动技术创新、完善市场机制并注重环境保护，以期在未来的能源领域中发挥更加积极的作用。

由文心大模型4.0 Turbo生成

图 7-23　Prompt 应用 ROSES 框架生成结论（二）

根据文心一言的输出结果可以看到，结论明确、问题分析深入、提出具体建议、强调研究、展望未来发展。但是，虽然大语言模型可以为学术论文的结论部分提供便利，但学习者在使用这些模型时应该保持谨慎，并对生成的结论进行仔细的校验和审查，以避免产生幻觉问题。

### 7. 学术论文写作——参考文献生成

参考文献是学术论文中非常重要的一部分，它记录了作者在研究中引用的各种资料、数据、观点和成果等。TRACE 框架包括任务、请求、行动、语境、示例 5 个部分，适用于需要明确任务和操作的情况。在这个场景下，我们的任务是根据学术论文正文生成参考文献，请求是列出相关的参考文献，行动是选择和列出参考文献，语境是学术论文的研究领域和背景，示例可以参考其他类似论文的参考文献。

**任务：**列出与本文研究相关的参考文献。

**请求：**选择和列出最符合本文研究的参考文献。

**行动：**根据提供的学术论文正文，选择相关的参考文献并列出。

**语境：**学术论文的研究领域和背景，包括该领域的研究现状、前人研究成果、相关理论和实验数据等。

**示例：**可以参考其他类似论文的参考文献，以便更好地选择和列出与本文研究相关的参考文献。

这里使用“在阅读我稍后提供给你的文章后，请列出与本文研究相关的参考文献。这些参考文献应该包括前人的研究成果、相关理论和实验数据等，以便读者了解该领域的研究背景和发展历程。你可以参考其他类似论文的参考文献，选择和列出最符合本文研究的参考文献。”这个 Prompt 来实现论文参考文献生成，结果如图 7-24 所示。

文心大模型4.0 Turbo

参考文献：

1. **International Energy Agency (IEA).** (2021). *Renewable Energy Statistics 2021*. Paris: IEA Publications.
   - 此报告提供了全球可再生能源的最新统计数据和发展趋势，为本文提供了宏观背景。
2. **Smith, R. W., & Kessler, D.** (2019). *Evaluating the Performance and Reliability of Renewable Energy Technologies*. Journal of Renewable and Sustainable Energy, 11(4), 043501.
   - 本文对可再生能源技术的性能和可靠性进行了综合评估，为本文的质量评估框架提供了理论基础。
3. **Liu, Y., & Wang, Y.** (2018). *Energy Efficiency and Environmental Impact of Solar Photovoltaic Technology: A Review*. Renewable and Sustainable Energy Reviews, 81, 229-246.
   - 综述了太阳能光伏技术的能源效率和环境影响，为本文关于太阳能技术的分析提供了数据支持。
4. **Jacobson, M. Z., & Delucchi, M. A.** (2011). *Providing All Global Energy with Wind, Water, and Solar Power, Part I: Technologies, Energy Resources, Quantities and Areas of Infrastructure, and Materials*. Energy Policy, 39(3), 1154-1169.
   - 探讨了全球能源供应完全依赖风能、水能和太阳能的可行性，为本文关于新能源技术潜力的讨论提供了依据。
5. **Creutzig, F., Agoston, P., Goldschmidt, J., Luderer, G., Nemet, G., & Overland, I.** (2017). *The Underestimated Potential of Solar Energy to Mitigate Climate Change*. Nature Energy, 2(9), 17140.
   - 分析了太阳能技术在减缓气候变化方面的潜力，为本文关于新能源技术环境效益的论述提供了科学依据。
6. **Dunn, B., Kamath, H., & Tarascon, J.-M.** (2011). *Electrical Energy Storage for the Grid: A Battery of Choices*. Science, 334(6058), 928-935.
   - 综述了电网储能技术的现状和发展趋势，为本文关于储能技术的讨论提供了背景信息。
7. **International Renewable Energy Agency (IRENA).** (2018). *Innovation Landscape for Renewable Energy Technologies*. Abu Dhabi: IRENA.
   - 报告概述了可再生能源技术的创新现状和未来趋势，为本文关于技术创新和改进建议的提出提供了参考。
8. **Barbose, G. L., Darghouth, N. R., & O'Shaughnessy, E. S.** (2018). *Tracking the Sun VIII: The Installed Price of Solar in the U.S. Continues to Fall*. Berkeley: Lawrence Berkeley National Laboratory.
   - 分析了美国太阳能安装成本的变化趋势，为本文关于新能源技术经济性的讨论提供了数据支撑。
9. **Lombardi, G., & Finnveden, G.** (2017). *Environmental Impact of Renewable Energy Technologies: A Review*. Renewable and Sustainable Energy Reviews, 79, 569-586.
   - 综述了可再生能源技术的环境影响，为本文关于新能源技术环境评估标准的制定提供了依据。

图 7-24　Prompt 应用 TRACE 框架搜集参考文献

根据文心一言的输出，我们可以明显看到，这些参考文献的相关性都是非常高的。参考文献生成是大模型幻觉出现频率比较多的一类，比如“王五，赵六 . 机器学习在推荐系统中的研究与应用［M］. 北京：人民邮电出版社，2019.”中的王五和赵六都是大模型凭空编撰的作者。所以在使用的时候需要作者去确认相关信息的真实性和准确性。

虽然大语言模型可以为学术论文的撰写提供便利，但学习者在使用这些模型时应该保持谨慎，并对生成的内容进行仔细的校验和审查，以确保其准确性和可信度。同时，学习者也应该了解学术规范和引用标准，避免因格式错误而影响论文的质量。

## 7.3 就业能力提升——求职简历优化

### 7.3.1 项目基础知识

简历（resume），顾名思义就是对个人学历、经历、特长、爱好及其他有关情况所作的简明扼要的书面介绍，如图 7-25 所示。简历是有针对性的自我介绍的一种规范化、逻辑化的书面表达。对应聘者来说，简历是求职的“敲门砖”。简历是一种个人推销的工具，它向未来的雇主展示自己的能力和资质，以证明自己能够胜任该职位并为公司带来价值。一份好的简历可以吸引招聘者的注意，从而获得面试的机会。在面试时，求职者可以带上自己的简历，以便为主持面试者提供更详细的信息，同时也为自己提供介绍自己的思路和基本素材。在面试结束后，简历也可以供对方存入计算机或归档备查。

图 7-25　简历撰写

写一份好的简历是非常重要的，它可以帮助求职者展示自己的优势和能力，同时也可以提高自己的竞争力。在写简历时，求职者应该注重每一个细节，包括格式、排版、文字表达等，以确保自己的简历能够达到最佳的推销效果。同时，求职者也应该根据不同的职位和公司进行针对性的修改，以更好地符合招聘需求。最后，求职者应该将简历与求职信一起发送，以便更好地展示自己的能力和诚意。

一份简历一般可以分为以下 4 个部分。

第一部分个人基本情况，应列出自己的姓名、性别、年龄、籍贯、政治面貌、学校、系别及专业，婚姻状况、健康状况、身高、爱好与兴趣、家庭住址、电话号码等。有些求职者可能对自己的个人信息感到不安，担心自己的某些信息可能会对求职产生负面影响。例如，年龄可能会被认为是“太大”或“太小”，或者婚姻状况可能会被认为是对工作的不利因素。

第二部分学历情况。应写明曾在某某学校、某某专业或学科学习，以及起止期间，并列出所学主要课程及学习成绩，在学校和班级所担任的职务，在校期间所获得的各种奖励和荣誉。在列出学历信息时，有些求职者可能没有注明学历的起止时间，这可能会导致招

聘者对求职者的年龄和经验产生误解。当然也有求职者可能会列出过多的课程和成绩，这可能会使简历变得过于繁杂，并且可能会使招聘者对求职者的实际能力产生疑虑。

第三部分工作资历情况。若有工作经验，最好详细列明，首先列出最近的资料，后详述曾经的工作单位、日期、职位、工作性质。有些求职者可能会在简历中夸大自己的工作经验和职责，这可能会导致在面试中被问及一些难以回答的问题，或者在背景调查中被揭穿。还有的求职者在这方面描述的不清晰，很难让面试官确定求职者的职业能力。

第四部分为求职意向。即求职目标或个人期望的工作职位，表明你通过求职希望得到什么样的工种、职位，以及你的奋斗目标，可以和个人特长等合写在一起。一些求职者可能会在简历中过于笼统地描述他们的求职目标，例如“希望找到一份与我的专业相关的职位”。这可能会使招聘者难以了解求职者的具体期望和目标。

### 7.3.2　项目设计

简历优化是一项关键的任务，对于许多求职者来说，创建一个具有吸引力且专业的简历是获得理想工作的关键步骤。在当今竞争激烈的职场环境中，如何使自己的简历脱颖而出，如何有效地向招聘者展示自己的能力和技能，已成为许多求职者关注的重点。好的简历可以更好地展示求职者的实力和技能，提高他们在招聘过程中的竞争力，而简历优化又需要个性化的建议和支持，下面是一份合格的教育学应届生的简历。

个人基本情况

李明　男　23 岁　湖北黄冈　政治面貌：共青团员

身高：175 cm　体重：65 kg　婚姻状况：未婚

爱好：阅读、写作、游泳

联系电话：12312313132　电子邮箱 liming@example.com

自我介绍：

在大学期间，我专注于教育学理论的学习，掌握了教育心理学、教育方法学和教育技术学等方面的知识。此外，我还积累了丰富的实践经验，曾在多所学校和教育机构担任志愿者，参与教学设计、课程开发和教育评估等工作。

我相信，教育是一项需要不断创新和进步的事业。因此，我不仅注重自身知识的积累，还具备较强的学习能力和创新精神。我善于发现和解决问题，能够迅速适应新环境和新挑战。本人性格开朗，亲和力强，善于沟通，具备快速适应环境的能力。在实习期间积累了丰富的教育工作经验，期望在教育学领域发挥自己的价值。我将以饱满的热情和认真的态度对待工作，为团队贡献自己的力量。

学历情况

2019.09–2023.06 北京师范大学教育学专业，本科

担任职务：学生会会长、心理委员

主修课程：教育心理学、教育学原理、教育社会学、教育统计学等

奖励和荣誉：互联网＋全国金奖、外研社英语竞赛全国二等奖

学术成果：《关于教育学发展的现状与趋势研究》，发表于《教育科学》，2022 年

工作资历情况

2022.07−2022.09 某培训机构课程顾问实习生，协助制定学习计划，为学员提供专业的教育咨询服务，组织并协助课外活动，与学员及家长保持良好的沟通。实习期间成功转化 5 名潜在客户为付费学员，获得优秀实习生荣誉技能与证书，熟练掌握 Microsoft Office 办公软件，拥有教师资格证，具备从事教师工作的基本素质，通过 CET−6 英语水平考试，具备良好的英语沟通能力。

求职意向

我希望得到一份教育学相关岗位的工作，特别擅长课程顾问、教育咨询等方面的工作。我熟练掌握 Microsoft Office 办公软件，拥有教师资格证，具备从事教师工作的基本素质，同时通过 CET−6 英语水平考试，具备良好的英语沟通能力。

期望薪资：5 000 ～ 6 000 元 / 月

到岗时间：随时

工作城市：北京

通过对案例简历的分析，总结出一份合格的简历需要做到以下几个方面。

1. 针对性强

企业对不同岗位的职业技能与素质需求各不一样。因此，建议在写作时最好能先确定求职方向，然后根据招聘企业的特点及职位要求进行量身定制，从而制作出一份具有针对性较强的简历，忌一份简历“行走江湖”。

在合格简历的自我介绍部分明确指出作者在大学期间专注于教育学理论的学习，掌握了教育心理学、教育方法学和教育技术学等方面的知识，并积累了丰富的实践经验。这些内容都针对教育学领域的求职要求，体现了作者对教育学专业的熟悉和热爱。

2. 言简意赅

一个岗位可能会收到数十封甚至上百封简历，导致 HR 查看简历的时间相当有限。因此，建议求职者的简历要简单而又有力度，大多数岗位简历的篇幅最好不超过两页，尽量写成一页。比如，在我们的例子中，整个简历简洁明了，没有冗长的句子和多余的信息。作者在自我介绍、教育背景、担任职务、主修课程、奖励和荣誉、学术成果、工作资历、技能与证书以及求职意向等重要信息上做到了言简意赅，例如，教育背景部分只列举了作者的学历和主修课程，没有涉及其他无关信息。这些内容让招聘者能够快速了解作者的情况，符合言简意赅的要求。

3. 突出重点

一是目标要突出，应聘何岗位，如果简历中没有明确的目标岗位，则有可能直接被淘汰；二是突出与目标岗位相关的个人优势，包括职业技能与素质及经历，尽量量化工作成果，用数字和案例说话。在我们的例子中，简历中重点内容突出，如在自我介绍部分突出了作者的实践经验和创新能力，主修课程部分突出了作者对教育学理论的学习，奖励和荣誉部分突出了作者在学术竞赛中的优秀表现，学术成果部分突出了作者的研究能力，工作资历部分突出了作者的专业技能和沟通能力。

4. 格式方便阅读

网上有很多简历模板，只能起到参考作用，毕竟每个人的情况各不一样，那些模板未必适合你。因此，建议求职者应该慎用网上提供的简历模板及简历封面，而是应该根据自身的情况进行合理设计。在正常情况下，一份简历只要包含：个人基本情况、学历情况、工作资历情况、求职意向四大部分即可，个人也可视具体情况添加。

5. 逻辑清晰

要注意语言表达技巧、描述要严密，上下内容的衔接要合理，教育及工作经历可采用倒叙的表达方式，重点部分可放在简历最前面。合格的简历条理分明，自我介绍、教育背景、担任职务、主修课程、奖励和荣誉、学术成果、工作资历、技能与证书以及求职意向等部分按照逻辑顺序排列，例如工作资历部分按照时间顺序列出了作者在不同机构担任的职务和所负责的工作内容。这些内容组织得有条理，符合逻辑清晰的要求。

本项目提供的求职者的基本信息如下。

```
个人基本情况
李明 电话：123123123123 邮箱：liming@example.com 男 23 岁 北京 中共党员
曾在百度担任深度学习算法工程师。擅长图像识别算法
曾出版过《基于深度学习的图像识别算法研究》
性格开朗，喜欢运动
学历情况
2019.09—2023.06 清华大学 本科 人工智能
学术成果：《基于深度学习的图像识别算法研究》
工作资历情况
2023.07—present 百度网讯科技有限公司 算法工程师
负责深度学习算法研发
求职意向
算法工程师
```

通过调用文心一言大语言模型，使用适当的 Prompt 可以辅助进行简历优化，输出一

篇好的简历。

根据简历的构成和合格案例的总结，本项目给出以下任务点和目标，如表 7-4 所示。

表 7-4　求职简历辅助优化任务及目标

| 主题 | 类别 | 目的 |
| --- | --- | --- |
| 个人基本情况 | 文本优化 | 根据输入的求职简历中的个人基本情况部分，按模板要求进行优化 |
| 学历情况 | 文本优化 | 根据输入的求职简历中的学历情况部分，按模板要求进行优化 |
| 工作资历情况 | 文本优化 | 根据输入的求职简历中的工作资历情况部分，按模板要求进行优化 |
| 求职意向 | 文本优化 | 根据输入的求职简历中的求职意向部分，按模板要求进行优化 |

### 7.3.3　项目实践

#### 1. 个人基本情况

在简历的自我介绍部分，个人基本情况的作用是让招聘者快速了解你的基本信息，并为你提供更合适的职业机会。同时，通过其他信息的展示，可以更好地突出你的优势和特点，提高你的求职竞争力。

个人基本情况可以展示你的个人特征和优势，例如你的性格特点、工作风格、职业素养等，这些信息可以让招聘者更好地了解你的个人特点和优势，从而为你提供更合适的职业机会。还可以建立起你和招聘者之间的初步沟通基础。如果你的个人信息和招聘要求相符，招聘者可能会主动联系你，进一步了解你的求职意向、工作经历、技能特长等信息。另外，还可以帮助招聘者筛选简历，快速排除不符合要求的应聘者。例如，如果你的性别、年龄、学历等信息与招聘要求不符，那么招聘者可能会直接将你的简历淘汰。

个人基本情况包括以下几个方面。

（1）基本信息。这部分包括姓名、年龄、性别、籍贯、学历、专业等基本信息，这些信息是个人背景的基本描述，有助于建立起对个人的初步了解。

（2）个人特点。这部分包括兴趣爱好、性格特点、优势劣势等，是个人不同于他人的个性化特点的展示。通过这部分的描述，可以更好地了解个人的性格特点、处事方式以及可能的优劣势，有助于在工作和生活中更好地理解和应对个体差异。

（3）个人目标。这部分包括价值观、职业追求等个人目标，是个人在职业发展中的期望和追求。通过了解个人的价值观和职业追求，可以更好地理解个人在职业发展中的目标和动机，有助于在职业选择和职业发展中提供更符合个人需求和目标的建议和指导。

一篇好的个人基本情况就跟我们上面的例子一样，清晰明了，重点突出，一开始就表达了自己在教育学领域具有优势，也比较着重自我介绍且没有冗余。然而，我们待优化的

个人简历个人基本情况是“李明 电话：123123123123 邮箱：liming@example.com 男 23 岁 北京 中共党员 曾在百度担任深度学习算法工程师。擅长图像识别算法 曾出版过《基于深度学习的图像识别算法研究》性格开朗，喜欢运动”。个人基本情况描述不充分，也没有进行自我介绍，没有适当地突出自己的个性特点、兴趣爱好、个人成就等。

在这个情况下，可以使用 APE 框架（行动、目的、期望）来优化简历中的个人基本情况部分。这个框架可以帮助我们明确需要采取的行动、行动的目的以及期望的结果。

**行动：**在优化简历中的个人基本情况部分时，需要重点突出自己在专业课程中的优秀成绩或者重要的项目经验。同时，适当强调自己的个性特点、兴趣爱好和个人成就。

**目的：**可以帮助招聘者更好地了解你的专业能力和个人特质，从而对你产生更深刻的印象。突出你的优秀成绩和项目经验可以展示你的专业能力和经验，而强调个性特点、兴趣爱好和个人成就则可以让招聘者更全面地了解你的个人品质和潜力。

**期望：**通过优化简历中的个人基本情况部分，你的简历将更加有吸引力，能够突出你的个人特点和优势，增加你获得面试机会的可能性。记住，在突出自己的个性特点和兴趣爱好时，选择与所申请职位相关的内容，以展示你对行业的热情和适应能力。

所以，我们使用的 Prompt 为“你的任务是根据我接下来给你提供的目的和期望帮我优化我待会儿提供给你的简历中的个人基本情况部分。在优化简历中的个人基本情况部分时，你需要重点突出自己在专业课程中的优秀成绩或者重要的项目经验。同时，适当强调自己的个性特点、兴趣爱好和个人成就。目的：可以帮助招聘者更好地了解你的专业能力和个人特质，从而对你产生更深刻的印象。突出你的优秀成绩和项目经验可以展示你的专业能力和经验，而强调个性特点、兴趣爱好和个人成就则可以让招聘者更全面地了解你的个人品质和潜力。期望：通过优化简历中的个人基本情况部分，你的简历将更加有吸引力，能够突出你的个人特点和优势，增加你获得面试机会的可能性。记住，在突出自己的个性特点和兴趣爱好时，选择与所申请职位相关的内容，以展示你对行业的热情和适应能力。”，结果如图 7-26 所示。

根据文心一言的输出可以看到，经过大模型的优化后，更加地突出了重点，成功对案例里的个人基本情况部分进行了优化。

2. 学历情况

学历情况的作用是向招聘者展示你的学历背景、知识和技能水平，增加求职竞争力，并展示你的学习和自我提升能力。通过合理地展示学历情况，可以更好地吸引招聘者的注意，提高求职成功率。

教育背景，包括学历、就读的学校、主修专业等信息，这些信息可以让招聘者了解求职者的知识结构和学术能力，作为评估是否有资格参加面试和工作的参考依据。在现代社会，学历往往被认为是衡量一个人能力的重要标准之一。拥有较高的学历可以增加求职竞争力，提高你在人才市场上的竞争力。因此，在简历中展示学历情况可以让求职者在应聘

**优化后的个人基本情况**：

**李明**

- **联系方式**：电话 - 123123123123 | 邮箱 - liming@example.com
- **年龄与地点**：23岁，居住于北京
- **政治面貌**：中共党员

**专业背景与成就**：

- **深度学习算法工程师**（前百度员工），专注于图像识别领域，拥有扎实的理论基础与实践经验。
- **学术贡献**：出版专著《基于深度学习的图像识别算法研究》，展现了在深度学习及图像识别领域的深入研究与独到见解。
- **项目亮点**：在百度期间，主导并参与多个图像识别项目，成功提升算法准确率至行业领先水平，有效优化了产品用户体验。

**个性特点与兴趣爱好**：

- **性格开朗**，具备良好的团队协作精神与沟通能力，擅长在多元环境中高效工作。
- **热爱运动**，尤其是篮球与长跑，这不仅塑造了我坚韧不拔的意志力，也培养了我在高压环境下保持冷静与专注的能力，与图像识别领域中所需的耐心与细致不谋而合。

**个人特质总结**：

作为一名兼具技术实力与团队精神的深度学习专家，我不仅拥有在图像识别领域的显著成就，还具备持续学习与创新的精神。我的性格开朗，热爱挑战，相信能够通过我的专业技能与积极态度，为贵公司带来新的活力与技术创新。

图 7-26　Prompt 应用 APE 框架优化个人情况

过程中更具优势。通过展示学历期间的学习成果和荣誉，可以向招聘者展示求职者的学习能力和自我提升能力。这有助于证明求职者具备不断学习和进步的潜力，对于职位晋升和职业发展具有积极的影响。

展示学历情况时一般要做到：① 准确详细，学历信息的起止时间、学校名称、专业名称等都应该是准确详细的，避免使用不准确或者模糊的信息。② 重点突出，在列出所学主要课程时，可以重点突出与所申请职位相关的或者优秀的课程或成绩。③ 担任的职务，在学校和班级所担任的职务可以突出展示自己的组织和领导能力。④ 奖励和荣誉，各种奖励和荣誉可以展示自己的学术和能力水平，以及自己的努力付出。

待优化项目中的学历情况描述不完整，没有包括自己的所修课程、没有写出自己曾经获得的奖励和荣誉、没有提到自己曾经在学校的任职情况。因此建议与 Prompt 相结合，用 CARE 框架（背景、行动、结果、示例）来达到目的。

**背景：**在简历中，学历情况是一个重要的部分，它向招聘者展示了你的教育背景和相关经历。为了更好地展示自己的学历情况，我们需要遵循一些关键要求。你的任务是帮我优化我接下来提供给你的简历中的学历情况部分。

**行动：**① 准确详细地列出你的学历信息，包括起止时间、学校名称、专业名称等，避免使用不准确或模糊的信息。② 在列出所学主要课程时，重点突出与所申请职位相关的或者优秀的课程或成绩。③ 突出展示你在学校和班级所担任的职务，这可以体现你的组织和领导能力。④ 列出你获得的各种奖励和荣誉，这可以展示你的学术和能力水平，以及自己的努力付出。

**结果：**通过遵循这些要求，你的简历将更具吸引力，能够突出你的教育背景和相关经历，提高你获得面试机会的可能性。

例如，你可以在简历中这样描述你的学历情况："2015—2019 年就读于北京大学计算机科学专业。在此期间，我获得了多次奖学金和优秀学生称号。我担任了班级学习委员，并组织了多次学术活动。在所学课程中，我尤其擅长算法设计和人工智能，这两门课程都取得了优秀的成绩。"

所以这里使用"在简历中，学历情况是一个重要的部分，它向招聘者展示了你的教育背景和相关经历。为了更好地展示自己的学历情况，我们需要遵循一些关键要求。你的任务是根据以下要求帮我优化我接下来提供给你的简历中的学历情况部分。要求：① 准确详细地列出你的学历信息，包括起止时间、学校名称、专业名称等，避免使用不准确或模糊的信息。② 在列出所学主要课程时，重点突出与所申请职位相关的或者优秀的课程或成绩。③ 突出展示你在学校和班级所担任的职务，这可以体现你的组织和领导能力。④ 列出你获得的各种奖励和荣誉，这可以展示你的学术和能力水平，以及自己的努力付出。通过遵循这些要求，你的简历将更具吸引力，能够突出你的教育背景和相关经历，提高你获得面试机会的可能性。例如，你可以在简历中这样描述你的学历情况：'2019.9—2023.6 北京师范大学教育学专业；本科担任职务：学生会会长、心理委员；主修课程：教育心理学、教育学原理、教育社会学、教育统计学等；奖励和荣誉：互联网 + 全国金奖、外研社英语竞赛全国二等奖；学术成果：《关于教育学发展的现状与趋势研究》，发表于《教育科学》，2022 年'"作为 Prompt，结果如图 7-27 和图 7-28 所示。

在简历中，学历情况是一个重要的部分，它向招聘者展示了你的教育背景和相关经历。为了更好地展示自己的学历情况，我们需要遵循一些关键要求。你的任务是根据以下要求帮我优化我接下来提供你的简历中的学历情况部分。要求：1.准确详细地列出你的学历信息，包括起止期间、学校名称、专业名称等。避免使用不准确或模糊的信息。2.在列出所学主要课程时，重点突出与所申请职位相关的或者优秀的课程或成绩。3.突出展示你在学校和班级所担任的职务，这可以体现你的组织和领导能力。4.列出你获得的各种奖励和荣誉，这可以展示你的学术和能力水平，以及自己的努力付出。 通过遵循这些要求，你的简历将更具吸引力，能够突出你的教育背景和相关经历，提高你获得面试机会的可能性。例如，你可以在简历中这样描述你的学历情况："2019.09 - 2023.06 北京师范大学 教育学专业，本科 担任职务：学生会会长、心理委员 主修课程： 教育心理学、 教育学原理 、 教育社会学 、 教育统计学等 奖励和荣誉：互联网+全国 金奖、外研社英语竞赛全国二等奖 学术成果： 《关于教育学发展的现状与趋势研究》，发表于《教育科学》杂志，2022 年"

待优化的学历情况如下：2019.09 - 2023.06 清华大学 本科 人工智能
学术成果： 《基于深度学习的图像识别算法研究》

图 7-27　Prompt 应用 CARE 框架优化学历情况（一）

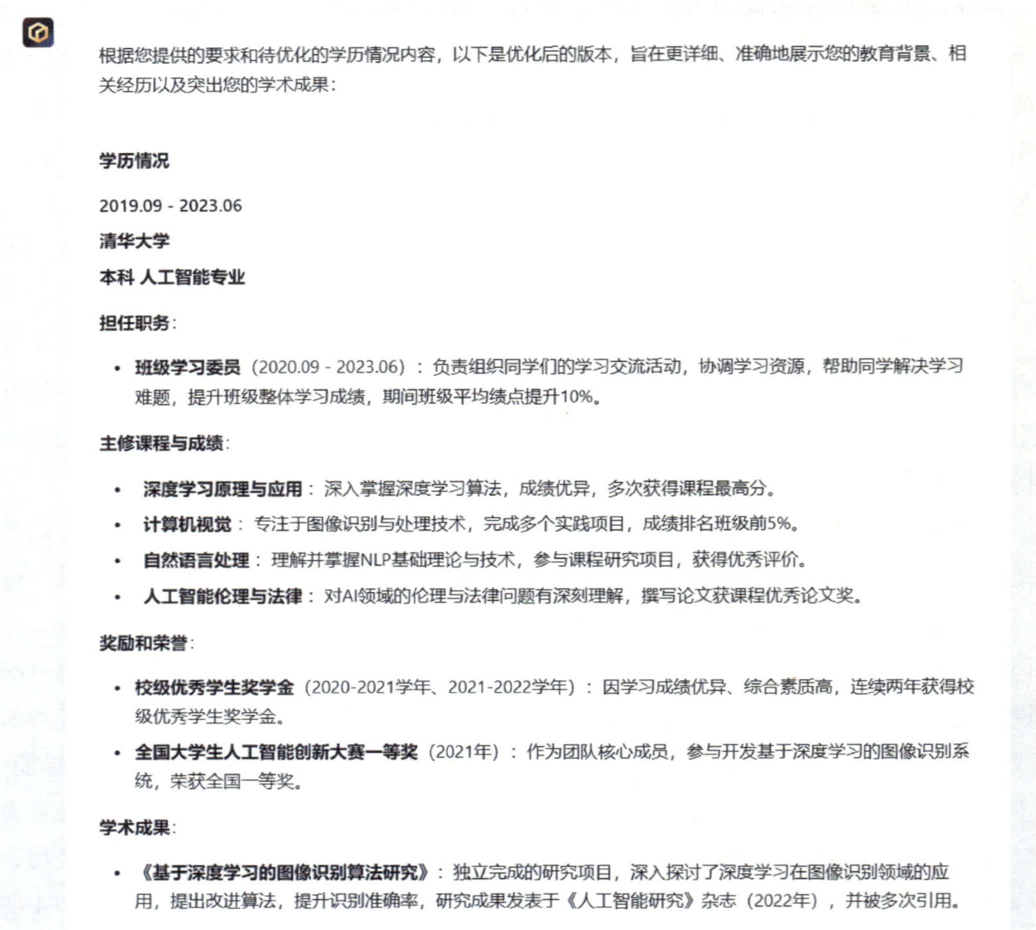

根据您提供的要求和待优化的学历情况内容，以下是优化后的版本，旨在更详细、准确地展示您的教育背景、相关经历以及突出您的学术成果：

**学历情况**

2019.09 - 2023.06

**清华大学**

**本科 人工智能专业**

**担任职务**：

- **班级学习委员**（2020.09 - 2023.06）：负责组织同学们的学习交流活动，协调学习资源，帮助同学解决学习难题，提升班级整体学习成绩，期间班级平均绩点提升10%。

**主修课程与成绩**：

- **深度学习原理与应用**：深入掌握深度学习算法，成绩优异，多次获得课程最高分。
- **计算机视觉**：专注于图像识别与处理技术，完成多个实践项目，成绩排名班级前5%。
- **自然语言处理**：理解并掌握NLP基础理论与技术，参与课程研究项目，获得优秀评价。
- **人工智能伦理与法律**：对AI领域的伦理与法律问题有深刻理解，撰写论文获课程优秀论文奖。

**奖励和荣誉**：

- **校级优秀学生奖学金**（2020-2021学年、2021-2022学年）：因学习成绩优异、综合素质高，连续两年获得校级优秀学生奖学金。
- **全国大学生人工智能创新大赛一等奖**（2021年）：作为团队核心成员，参与开发基于深度学习的图像识别系统，荣获全国一等奖。

**学术成果**：

- **《基于深度学习的图像识别算法研究》**：独立完成的研究项目，深入探讨了深度学习在图像识别领域的应用，提出改进算法，提升识别准确率，研究成果发表于《人工智能研究》杂志（2022年），并被多次引用。

图 7-28　Prompt 应用 CARE 框架优化学历情况（二）

这样的描述不仅准确列出了学历信息，还详细说明了在班级担任的职务、在主修课程中的优异表现、所获得的荣誉以及最重要的学术成果。这样的简历更加全面且具体地展示了求职者的教育背景、组织能力、学术水平以及努力付出，有助于提升简历的吸引力和竞争力，增加求职者获得面试机会的可能性。

### 3. 工作资历情况

工作资历情况的作用是向招聘者展示求职者的实际工作经验、工作能力和成就，增加求职竞争力，并帮助招聘者预测求职者在未来工作中的表现。通过合理地描述工作资历情况，求职者可以更好地吸引招聘者的关注，提高求职成功率。

工作资历情况可以展示求职者的实际工作经验，包括求职者曾在哪些公司担任过何种职位、工作时间、工作内容等信息。这些信息可以让招聘者了解求职者的实际工作经验和技能应用能力，作为评估求职者是否有能力胜任所应聘职位的参考依据。

工作资历情况还可以体现求职者的工作能力和成就。通过描述求职者在以往工作中的

表现和成果，可以向招聘者证明求职者具备与应聘职位相关的工作能力和经验，有助于增加对招聘者的吸引力。

通过了解求职者在以往工作中的表现和成果，招聘者可以预测求职者在未来工作中的表现。这有助于招聘者做出更加准确的招聘决策，判断求职者是否适合应聘的职位。

那么在撰写工作资历的时候就应该在列出所担任的职位和工作性质，可以重点突出与所申请职位相关的或者优秀的工作经历。并且尽可能使用量化的数据来展示自己的工作成果，例如完成某个项目的时间、实现的销售额、管理的团队规模等。

待优化的简历只写了曾经的工作单位、时间和负责的主要内容这部分，不够完整，我们需要设计 Prompt 让文心一言对其进行优化。在这个情况下，可以使用 CARE 框架（背景、行动、结果、示例）来优化工作资历情况。这个框架可以帮助我们明确上下文语境，提出具体的行动要求，并给出预期的结果和示例。

**背景：**在简历中，工作资历情况是一个关键部分，它向招聘者展示了你的职业经历和能力。为了更好地展示自己的工作资历，我们需要遵循一些关键要求。

**行动：**要求：重点突出：在列出所担任的职位和工作性质时，务必重点突出与所申请职位相关的或者优秀的工作经历。这可以帮助招聘者快速了解你的相关经验和能力。量化成果：尽可能使用量化的数据来展示自己的工作成果。例如，你可以提供完成某个项目的时间、实现的销售额、管理的团队规模等具体数据。这些数据可以更有力地证明你的工作表现和成就。你需要根据上述优化建议帮我优化我待会儿提供给你的简历中的工作资历情况。

**结果：**通过遵循这些要求，你的简历将更具说服力，能够突出你的相关工作经验和能力，提高你获得面试机会的可能性。

例如，你可以在简历中这样描述你的工作资历情况："在过去三年中，我在 ×× 公司担任销售经理职位。在此期间，我成功带领销售团队实现了年均 20% 的销售增长，管理的团队规模从 5 人扩大到了 20 人。我负责的最大项目是在 6 个月内完成了 100 万美元的销售目标。"

我们使用"在简历中，工作资历情况是一个关键部分，它向招聘者展示了你的职业经历和能力。为了更好地展示自己的工作资历，我们需要遵循一些关键要求。要求：重点突出：在列出所担任的职位和工作性质时，务必重点突出与所申请职位相关的或者优秀的工作经历。这可以帮助招聘者快速了解你的相关经验和能力。量化成果：尽可能使用量化的数据来展示自己的工作成果。例如，你可以提供完成某个项目的时间、实现的销售额、管理的团队规模等具体数据。这些数据可以更有力地证明你的工作表现和成就。你需要根据上述优化建议帮我优化我待会儿提供给你的简历中的工作资历情况。通过遵循这些要求，你的简历将更具说服力，能够突出你的相关工作经验和能力，提高你获得面试机会的可能性。例如，你可以在简历中这样描述你的工作资历情况："在过去三年中，我在 ×× 公司担任销售经理职位。在此期间，我成功带领销售团队实现了年均 20% 的销售增长，管理的团队规模从 5 人扩大到了 20 人。我负责的最大项目是在 6 个月内完成了 100 万美元的销售目标。”作为 Prompt，结果如图 7-29 所示。

根据您提供的优化建议和待优化的工作资历情况，以下是优化后的版本，旨在更突出地展示您的相关工作经验、能力和具体成果：

**工作资历情况**

2023.07 - **至今**

**百度网讯科技有限公司**

**算法工程师**

**工作重点与成果**：

- **深度学习算法研发**：专注于自然语言处理（NLP）领域的深度学习算法研发，主导并成功完成了3个关键项目，显著提升了产品性能。
    - **项目一**：负责开发基于BERT模型的文本分类算法，通过优化模型结构和训练策略，将分类准确率从85%提升至92%，提升了产品用户体验。
    - **项目二**：主导情感分析算法的研发，利用注意力机制改进LSTM模型，使情感分析准确率提高了10个百分点，助力公司更精准地理解用户需求。
    - **项目三**：参与智能问答系统构建，负责问答匹配算法的研发，实现系统响应速度提升30%，同时保持问答准确率在95%以上。

**团队贡献与领导力**：

- 作为算法团队的核心成员，积极参与团队建设和项目管理，协助指导新入职工程师快速融入团队，提升团队整体研发效率。
- 在团队内部组织定期的技术分享会，促进知识交流与技能提升，团队整体技术水平得到显著提高。

**量化成果**：

- 在任职期间，参与研发的算法模型已应用于百度多款产品线，累计服务用户超过5000万，为公司带来显著的经济效益。
- 通过算法优化，助力公司产品在行业内竞争力提升，用户满意度评分平均提高20%。
- 个人负责的算法项目在内部评估中多次获得优秀评价，为公司赢得行业内外多项荣誉。

图 7-29　Prompt 应用 CARE 框架优化工作资历

这样的描述不仅突出了求职者作为算法工程师的专业技能和具体工作成果，还通过量化的数据展示了求职者的工作表现和对公司产品的贡献，同时体现了求职者的团队精神和领导力。这样的简历更加具有说服力，能够有力地证明求职者的相关工作经验和能力，提高求职者获得面试机会的可能性。

### 4. 求职意向

求职意向的作用是明确你的职业方向和目标，突出个人优势和特长，体现你的职业素养和价值观，以及为面试提供参考和方向。通过清晰地表达求职意向，你可以更好地吸引招聘者的关注，提高求职成功率。

求职意向可以突出你的个人优势和特长。通过结合你的工作经验、技能和兴趣，你可

以将自己与不同的招聘要求相匹配，强调你的独特性和优势，从而吸引招聘者的注意。

求职意向可以体现你的职业素养和价值观。通过表达你对职业的认同和追求，可以向招聘者展示你的职业态度和职业操守，反映你的职场成熟度和稳定性，有助于提升你在招聘者心中的形象。

求职意向可以为面试提供参考和方向。在面试过程中，你可以根据求职意向来展开讨论，强调你的优势和特长与职位的匹配度，让招聘者更好地了解你的职业目标和动机，有助于提高面试效果。

撰写求职意向时可以结合自己的个人特长和技能来展示自己的优势。例如，如果你有与职位相关的高度专业技能，可以强调这些技能，并展示你在相关领域的经验和实践。在表达自己的求职目标时，需要强调自己能够为公司或者组织带来什么样的价值，以及你的职业目标是什么。这可以让雇主了解你的工作态度和职业规划，也可以让你更好地了解自己。在表达自己的求职目标时，可以使用量化的目标来展示自己的能力和成就。例如，你可以列出自己在相关领域的具体工作经验、实现的销售业绩、管理的团队规模等。

原案例中的求职意向部分，没有表明通过求职希望得到什么样的工种、职位，以及奋斗目标，可以结合工作资历情况写在一起。

可以根据简历模板和案例中需要解决的问题，将求职意向的撰写建议融入 Prompt 中，可以使用 SAGE 框架（情况、行动、目标、期望）来进行求职意向部分的优化。这个框架可以帮助我们明确当前的情况，提出具体的行动，设定明确的目标，并给出预期的期望。

**情况：**在简历中，求职意向部分是你向潜在雇主展示自己职业目标和价值主张的关键机会。为了更好地表达自己的求职意向，我们需要遵循一些关键要求。

**行动：**你需要根据下面的优化建议帮我优化我待会儿提供给你的简历中的求职意向。优化建议：突出个人特长：在表达自己的求职目标时，结合你的个人特长和技能来展示优势。例如，如果你拥有与职位相关的高度专业技能，强调这些技能并展示在相关领域的经验和实践。强调价值和目标：明确表达你能为公司或组织带来的价值，并阐述你的职业目标。这有助于雇主了解你的工作态度和职业规划，同时也有助于你更深入地了解自己。使用量化目标：在描述求职目标时，尽量使用量化的指标来展示自己的能力和成就。例如，列出在相关领域的具体工作经验、实现的销售业绩、管理的团队规模等。

**目标：**通过遵循这些建议，你的求职意向将更加清晰、有说服力，并能更好地展示你的职业潜力和价值。这将提高你获得理想职位的可能性。

**期望：**我期望你在简历的求职意向部分中，能够明确地表达自己的职业目标、所能带来的价值以及相关的个人特长和技能。同时，通过使用量化的指标来展示自己的能力和成就，你将能够给雇主留下深刻的印象。

所以在这里，我们设计的 Prompt 为“在简历中，求职意向部分是你向潜在雇主展示自己职业目标和价值主张的关键机会。为了更好地表达自己的求职意向，我们需要遵循一些关键要求。你需要根据下面的优化建议帮我优化我待会儿提供给你的简历中的工作资历情况。优化建议：突出个人特长：在表达自己的求职目标时，结合你的个人特长和技能来展示优势。例如，如果你拥有与职位相关的高度专业技能，强调这些技能并展示在相关领域的经验和实践。强调价值和目标：明确表达你能为公司或组织带来的价值，并阐述你的职业目标。这有助于雇主了解你的工作态度和职业规划，同时也有助于你更深入地了解自己。使用量化目标：在描述求职目标时，尽量使用量化的指标来展示自己的能力和成就。例如，列出在相关领域的具体工作经验、实现的销售业绩、管理的团队规模等。通过遵循这些建议，你的求职意向将更加清晰、有说服力，并能更好地展示你的职业潜力和价值。这将提高你获得理想职位的可能性。我期望你在简历的求职意向部分中，能够明确地表达自己的职业目标、所能带来的价值以及相关的个人特长和技能。同时，通过使用量化的指标来展示自己的能力和成就，你将能够给雇主留下深刻的印象。"，结果如图 7-30 所示。

根据您提供的优化建议和待优化的求职意向情况，以下是针对简历中求职意向部分的优化版本。这个版本更明确地表达了职业目标、所能带来的价值，以及相关的个人特长和技能，并尝试使用量化的指标来展示能力和成就：

**求职意向**

**期望职位**：高级算法工程师 / 算法团队负责人

**职业目标**：

寻求在一家具有创新精神和行业领先地位的公司中，担任高级算法工程师或算法团队负责人的角色。我致力于利用我的深度学习和自然语言处理（NLP）专长，为公司研发高效、精准的算法模型，推动产品在智能化、个性化方面的不断创新，助力公司实现业务增长和技术领先。

**所能带来的价值**：

- **技术驱动创新**：凭借在深度学习领域的深厚功底，我能够带领团队攻克技术难题，研发出具有行业竞争力的算法产品，提升公司的技术壁垒和市场占有率。
- **业绩提升**：在过去的工作中，我负责的算法项目平均提升了产品性能10%以上，助力公司实现了显著的经济效益。我相信在新的岗位上，我能继续为公司带来类似的业绩增长。
- **团队建设与人才培养**：作为团队的核心成员，我擅长激发团队成员的潜能，促进知识交流与技能提升。我计划在新的团队中继续发挥这一优势，为公司培养更多优秀的算法人才。

**个人特长与技能**：

- **深度学习算法**：精通深度学习框架（如TensorFlow、PyTorch）和算法（如CNN、RNN、Transformer等），有丰富的模型训练和优化经验。
- **自然语言处理**：在NLP领域有深入研究，熟悉文本分类、情感分析、问答系统等核心任务，能够针对具体业务场景设计高效的算法解决方案。
- **量化成就**：
  - 在百度网讯科技有限公司担任算法工程师期间，主导并成功完成了3个关键项目，平均提升产品性能10%。
  - 负责的算法模型已应用于百度多款产品线，累计服务用户超过5000万，为公司带来显著的经济效益。
  - 个人负责的算法项目在内部评估中多次获得优秀评价，为公司赢得行业内外多项荣誉。

图 7-30　Prompt 应用 SAGE 框架优化求职意向

这样在求职意向部分不仅明确了职业目标，还详细阐述了所能带来的价值和个人特长，同时使用了量化的指标来展示能力和成就。这样的表述更加清晰、有说服力，能够给雇主留下深刻的印象，提高获得理想职位的可能性。

本项目详细介绍了个人简历中个人基本情况、学历情况、工作资历情况和求职意向四个部分的内容，并强调了它们的重要性以及撰写时的注意事项。同时，我们还提出了通过 Prompt 的优化和生成来提高简历的质量和简历核心竞争力的具体方法。

## 7.4　职场能力辅助——会议纪要写作

### 7.4.1　项目基础知识

会议纪要是记录会议过程和结果的重要文档，它不仅是会议参与者的参考资料，也是会议决策和执行的依据，因此，写好会议纪要是每个职场人士都应该掌握的基本技能，然而，对于很多没有接受过专业培训的人来说，如何写出简洁明了、符合格式规范的会议纪要并不容易，需要花费大量的时间和精力，在人工智能技术日益发达的今天，有没有一种方法可以帮助我们快速地生成或优化会议纪要呢？本项目中将展示使用文心一言大语言模型完成会议纪要的生成和改进，在此之前先一起了解一下会议纪要写作的基本要点。

会议记录和会议纪要是两个不同的文种。会议记录是完成纪要写作的原始材料之一，无固定格式，仅作为凭证或资料保存，以备查考，不具备文件的功能，不能向上级报送或向下级分发。会议记录的重点是“记录”，它的目的是做存档和笔记，是为了让未参会人员知道会议上都讨论了些什么，让其能够通过“会议记录”知道整个会议的过程，所以其重点是详细且逻辑清楚的记录笔记。

会议纪要则是用于记载和传达会议情况和议定事项的，有固定的格式，可作为文件发给下级，令其贯彻执行，有的还在报刊上发表。会议纪要的特点是呼应目的，以便于下面的行动。会议纪要经过上级机关审批，就可以作为正式文件印发，对工作有指导作用。会议纪要一般根据会议类型分类，在机关工作中，工作性会议、专题研究会、座谈会和日常工作会议都应形成各自的会议纪要。

在当今时代，从组织或企业的角度来看，写好会议纪要具有以下三个优点。

（1）**提高会议效率和质量**，会议纪要可以帮助会议参与者更清楚地了解会议目的、内容和结论，避免重复讨论和误解。

（2）**促进会议决策和行动的落实**，会议纪要可以让会议参与者明确自己的责任和任务，以及相关的时间节点和标准，推动后续工作的开展。

（3）**提供会议记录和反馈的依据**，通过会议纪要，会议组织者和主持人可以及时汇报会议情况，收集反馈意见，评估会议效果，改进会议方法。

会议纪要包含会议主题、时间、地点、参与人员、议题、结论、行动计划等要素，写

作时要认真写好这几个方面内容。首先要弄清会议的目的和结果，接下来就是怎么写这些内容，这就涉及如何安排会议纪要的内容结构。会议纪要结构比较固定简单，大多都是“总分总式”，即先概括会议的基本情况和主要结论，再分别详述各个议题的讨论和决策，最后再总结会议的意义和后续行动。会议纪要的具体结构表现为：标题、基本信息、主体部分、分项叙述、总结，并在文中穿插背景资料。此外，会议纪要的写作还具备以下几个特点。

（1）**会议时效性：**会议纪要需要及时反映会议的效果，但有时候会议的过程或者结果可能并不完美，撰写者需要在有限信息的基础上尽可能客观地记录会议纪要。

（2）**确定重点的信息：**在撰写会议纪要时，需要筛选出重点的信息进行强调，避免过多细节的信息影响读者的阅读体验，同时还要保证会议纪要的内容全面、准确。

（3）**清晰、简明的语言表达：**会议纪要的语言需要清晰、简明，避免使用模糊的语言和表达方式，这需要撰写者具备优秀的语言组织能力和表达能力。

（4）**符合会议纪要写作规范：**会议纪要需要符合会议纪要写作的规范，包括结构、格式、语言等方面，这需要撰写者熟练掌握会议纪要写作的规范和技巧。

因此，会议纪要写作需要不断学习和提高，撰写者需要关注工作动态、了解领导需求，不断改进自己的记录技巧和总结能力，具备全面的素质和技能。人的任何能力不是一蹴而就的，如何在短期内高效地掌握会议纪要写作的技巧并写出高质量的会议纪要呢？

### 7.4.2 项目设计

通过调用文心一言大语言模型，使用适当的Prompt可以辅助我们进行会议纪要的写作和优化，帮助我们更加高效地完成此项工作。本项目中将使用文心一言来高效地撰写、优化会议纪要，待优化的会议记录内容对话如下。

**时间：**×× 年 × 月 × 日

**地点：**×× 会议室

**张总：**大家好，今天我们要讨论自动驾驶业务，这是我们的重要战略和核心竞争力。请大家积极发言，提出意见和建议，一起找出最优方案。先请王工程师介绍我们在自动驾驶算法的研究和同行业的对比。

**王工程师：**我们在自动驾驶算法有以下进展：我们用深度学习和强化学习，结合多传感器融合，实现了环境感知和理解。我们开发了基于规则和优化的路径规划和控制系统，能生成安全、高效、舒适的行驶策略。我们构建了基于云计算和大数据的平台，能收集和分析车辆数据，提供远程监控和升级，以及模拟测试和验证。我们还与高校和科研机构合作，引入了端到端的神经网络模型，以及基于注意力机制和图神经网络的多智能体协同方法。我们在自动驾驶算法处于中上游水平，但还有差距。主要

有以下挑战：我们缺乏多样和高质量的数据集，尤其是复杂和极端情况的数据，影响了算法的泛化和鲁棒性。我们没有完整和统一的系统架构，各模块之间有不兼容和冗余的问题，影响了系统的效率和稳定性。我们没有达到国际领先水平的算法性能指标，例如准确率、响应速度、功耗等，影响了系统的可靠性和用户体验。

**张总：**谢谢王工程师。陈设计师，请介绍公司汽车产品推广与营销未来重心是中国南部还是北部？

**陈设计师：**这个问题要考虑多个因素，我从以下几个角度介绍：一是市场规模和潜力。南北部都是重要市场，都有大量人口和经济，以及高汽车消费水平和需求。但南部市场规模和潜力更大，原因有：南部城市多且密，交通拥堵和停车难，自动驾驶汽车能带来更大便利和价值。南部气候温和，雨雪少，自动驾驶汽车能在更多情况下运行，也降低了维护成本和风险。南部用户开放创新，对新技术和新产品有好奇心和接受度，自动驾驶汽车能更容易获得认可和信任。二是市场竞争和风险。南北部都是竞争市场，都有众多竞争对手和挑战。但北部市场竞争和风险更大，原因有：北部有传统汽车强省和城市，也有很多汽车品牌和厂商，我们公司汽车产品面临更激烈竞争压力。北部用户保守稳定，对新技术和新产品有审慎性和抵触感，自动驾驶汽车需要更多时间和精力说服和吸引用户。所以，我认为公司汽车产品推广与营销未来重心是中国南部。

**张总：**谢谢陈设计师。李经理，请介绍公司汽车产品与其他厂商的优劣势。

**李经理：**我们公司汽车产品有以下优势：我们有强研发团队，提供高水平的自动驾驶功能和服务，给用户安全、便捷、舒适的驾乘体验。我们汽车产品电动化、智能化、网联化，符合汽车发展趋势和用户需求，实现高能效、低排放、多互动、广连接。我们汽车产品个性化和差异化，提供多种车型和配置，支持用户定制外观、内饰、功能等，满足个性化需求和喜好。我们公司汽车产品有以下劣势：我们汽车产品最大劣势是价格高，生产成本高，对价格敏感用户是障碍。我们汽车产品还面临市场竞争和政策监管的压力，需要与其他厂商竞争，尤其是有品牌影响力和忠实用户的厂商。因此，我们需要调整和改进以下方面：一是降低价格，提高性价比。二是加强竞争力，提高品牌影响力。三是适应监管要求，保证合规性。

**张总：**请介绍公司是否需要在研发上加大投资，扩大研发规模，招收更多研究人员？

**李经理：**这个问题要根据公司战略目标和市场情况决定。我认为我们需要在研发上加大投资，扩大研发规模，招收更多研究人员，原因有：一是保持公司在自动驾驶领域的领先和优势。自动驾驶是快速发展和变化的领域，需要技术创新和突破，适应市场变化和用户需求。如果研发投入不足或停滞不前，会被其他厂商超越或取代，失去核心竞争力和市场份额。二是拓展公司在其他相关领域的业务和机会。自动驾驶是涉及多个领域和行业的综合系统，例如云计算、大数据、物联网、人工智能等。如果研发投入更多，扩大研发规模，招收更多研究人员，就能有更多技术资源和人才储备，开发和提供更多相关服务和解决方案，增加收入和利润。三是提高公司在社会和行业中的影响力和声誉。自动驾驶是具有广泛关注和重要意义的领域，能为社会带来便利和价值，也能为行业带来创新和发展。如果研发投入更多，扩大研发规模，招收更多研究人员，就能展示公司的技术实力和社会责任，赢得支持和合作。

当然，这也需要合理规划和管理研发，确保投入有回报，避免浪费或损失。

**张总：**谢谢李经理。在会议结束前，我要对各部门近期的工作认可和鼓励。我们公司在自动驾驶领域有成绩和进步，这是各部门努力和协作的结果。当然，我们不能因为有成绩和进步就满足和停滞，我们还有问题和挑战要解决和克服。自动驾驶是充满机遇和风险的领域，需要我们学习和创新，适应市场变化和用户需求。我希望各部门按照会议内容和结论，制定行动计划，并执行和落实。我希望各部门沟通和协作，形成凝聚力和战斗力的团队。我相信，在我们努力下，我们公司在自动驾驶领域能取得更大成就和突破。

本篇会议记录共 1 900 字，文章记录了 ×× 公司围绕自动驾驶主题展开会议的所有对话内容。可以看到，在整体上存在**核心主旨不够精练、结构不清晰、信息过于冗余**等问题。接下来在项目实践中根据会议纪要的结构从表 7-5 所示的几个主题来高效地提炼这篇会议记录，从而实现会议纪要更加快速地产出。

表 7-5　会议纪要主题及目标

| 主题 | 类别 | 目标 |
| --- | --- | --- |
| 会议纪要—主题 | 主题生成 | 根据文章，提取最关键信息和主旨思想，生成主题 |
| 会议纪要—基本信息 | 信息抽取 | 抽取文章中的基本信息，包括时间、地点、参会人员等 |
| 会议纪要—主体部分 | 文章提炼 | 提炼文章中探讨的所有核心问题 |
| 会议纪要—分项叙述 | 内容搜索 | 对问题分项搜索，找出每个人的观点、建议、结论等 |
| 会议纪要—总结 | 会议总结 | 对会议进行总结，包括结论、决策内容、下一步计划等 |

### 7.4.3　项目实践

#### 1. 导入案例

将已经准备好的案例的 Word 文档导入进文心一言。在 Prompt 对话框中选择“文件”，然后在弹出的对话框中进行选择，如图 7-31 ～图 7-33 所示。

图 7-31　文心一言导入文件（一）

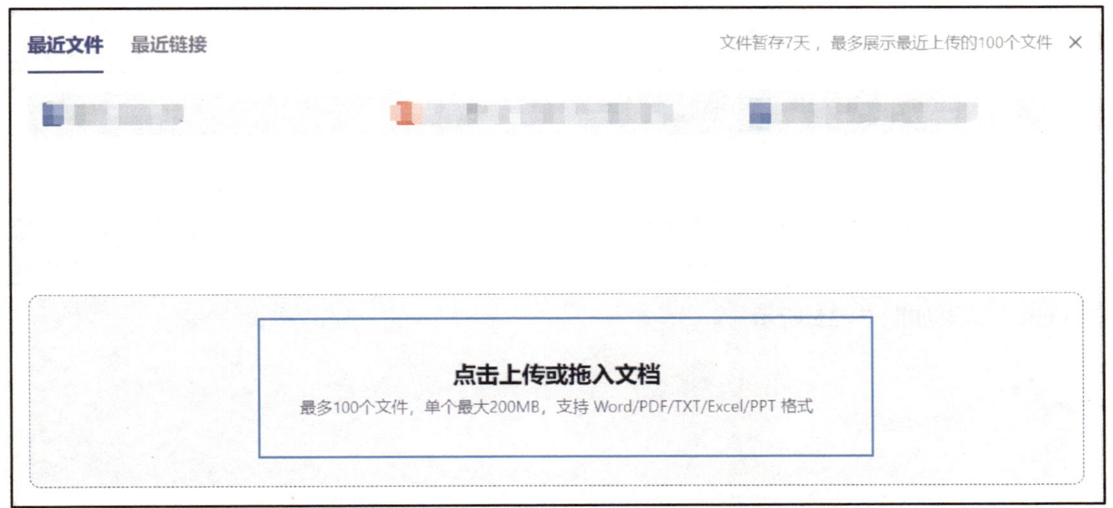


图 7-32　文心一言导入文件（二）

图 7-33　文心一言导入文件（三）

2. 主题生成

本项目使用文心一言实现，通过文心一言网站调用文心一言大语言模型。

（1）利用 Prompt 万用公式，使用“请根据上传的会议内容提炼一个主题”这个 Prompt 来实现会议主题的提取，结果如图 7-34 所示。

Prompt = 任务【必选】+ 生成主体【必选】+ 细节【可选】+ 形式【可选】

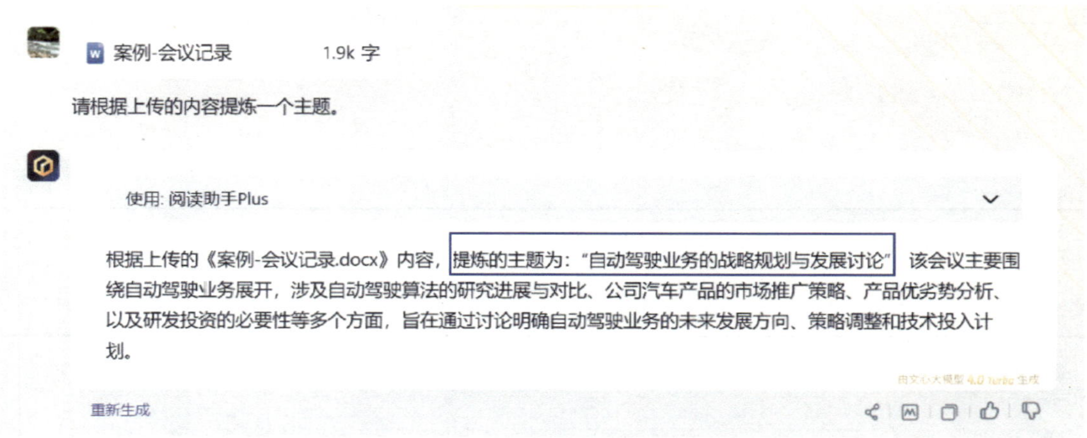


图 7-34　Prompt 万用公式提炼主题

（2）会议主题的撰写要求是必须清晰、简洁地反映会议的主旨、目的、结果和意义，能够帮助读者快速了解会议的重点。因此可以使用定基础、做强调等方法进一步优化 Prompt，结果如图 7-35 所示。

请根据上传的会议内容提炼一个能够清晰、简洁地反应会议的主旨、目的、结果和意义的主题。

阅读助手Plus：生成内容

**自动驾驶业务战略研讨会**

*主旨*：本次会议主要围绕公司自动驾驶业务的战略规划和当前进展进行深入讨论。

*目的*：通过各部门的汇报和交流，明确自动驾驶业务的核心竞争力、市场推广方向、优劣势分析，以及未来在研发上的投资策略，以期在自动驾驶领域取得更大的成就和突破。

*结果*：会议中，王工程师介绍了自动驾驶算法的研究进展和面临的挑战；陈设计师分析了公司汽车产品推广与营销的未来重心应放在中国南部；李经理阐述了公司汽车产品的优劣势，并提出了在研发上加大投资的建议。张总对各部门的工作给予了认可和鼓励，并强调了学习和创新、适应市场变化和用户需求的重要性。

*意义*：本次会议为公司自动驾驶业务的未来发展指明了方向，各部门将按照会议内容和结论制定行动计划并执行落实，有助于公司在自动驾驶领域保持领先和优势，拓展相关业务和机会，提高在社会和行业中的影响力和声誉。

由文心 4.0 Turbo 生成

图 7-35　Prompt 万用公式加强调提炼主题

（3）利用 APE 框架来优化主题生成。APE 框架就是代表行动、目的和期望，结果如图 7-36 所示。

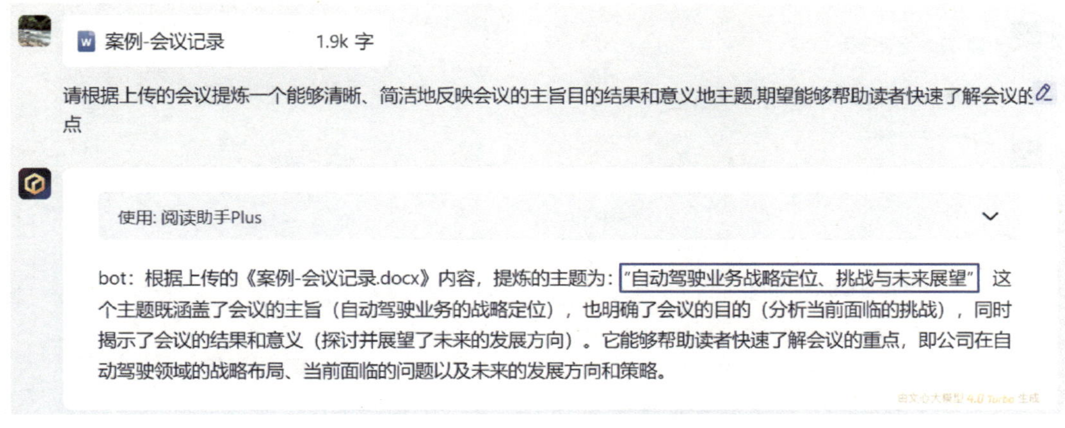


图 7-36　Prompt 应用 APE 框架提炼主题

## 3. 信息抽取

利用 Prompt 万用公式完成信息抽取，结果如图 7-37 所示。

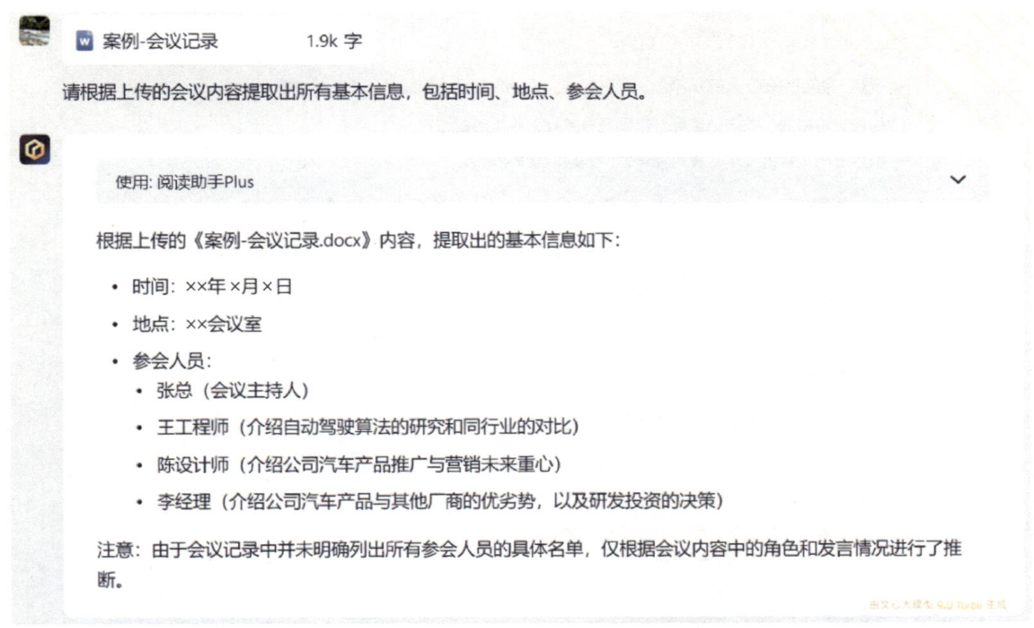


图 7-37　Prompt 万用公式信息提取

## 4. 文章提炼

（1）利用 Prompt 万用公式完成文章提炼，使用“请根据上传的会议内容主体部分进行总结提炼。”这个 Prompt 来实现，结果如图 7-38 所示。

**任务：**进行总结提炼。

**生成主体：**会议内容主体部分。

案例-会议记录 1.9k 字

请根据上传的会议内容对主体部分进行总结提炼。

使用: 阅读助手Plus

根据上传的《案例-会议记录.docx》内容，对主体部分进行总结提炼如下：

1. **自动驾驶算法研究进展**：
   - 进展：结合深度学习、强化学习及多传感器融合，实现环境感知与理解。
   - 系统构建：开发基于规则和优化的路径规划与控制系统，构建云计算与大数据平台。
   - 合作与创新：与高校及科研机构合作，引入神经网络模型及多智能体协同方法。
   - 挑战：缺乏高质量数据集、系统架构不统一、算法性能指标待提升。
2. **市场推广策略讨论**：
   - 市场规模与潜力：南部市场规模更大，交通拥堵、气候适宜、用户开放创新。
   - 市场竞争与风险：北部市场竞争激烈，用户保守，推广难度较高。
   - 决策：推荐未来推广重心放在中国南部。
3. **产品优劣势分析**：
   - 优势：强研发团队、高水平自动驾驶功能、电动化智能化网联化、个性化差异化。
   - 劣势：价格高、生产成本高、市场竞争激烈、政策监管压力。
   - 改进方向：降低成本、提高竞争力、适应监管要求。
4. **研发投资决策**：
   - 必要性：保持领域领先、拓展相关业务、提升行业影响力。
   - 投资方向：加大投资、扩大研发规模、招收更多研究人员。
   - 管理措施：合理规划与管理，确保投入有效回报。
5. **会议总结与展望**：
   - 成绩与努力：认可各部门在自动驾驶领域的成绩与努力。
   - 挑战与机遇：强调自动驾驶领域的机遇与挑战，鼓励持续创新与学习。
   - 行动计划：要求各部门根据会议内容制定并执行行动计划，加强沟通与协作。
   - 信心与展望：表达对公司在自动驾驶领域取得更大成就的坚定信心。

这些总结提炼点全面覆盖了会议的核心内容，从算法研究、市场推广、产品分析到研发决策，再到会议的总结与展望，为读者提供了清晰的会议概览。

图 7-38　Prompt 万用公式提炼文章

（2）使用 RTF 框架优化文章提炼结果。首先按照讨论问题顺序排列，这个 Prompt 如此表达："作为一个资深的职场人士，我想让你帮我们对上传的会议内容的主体部分进行总结和提炼，按照会议议程的顺序，依次记录每个问题的讨论情况和决定结果。"结果如图 7-39 和图 7-40 所示。

案例-会议记录　1.9k 字

作为一个资深的职场人士，我想让你帮我们对上传的会议内容的主体部分进行总结和提炼，按照会议议程的顺序，依次记录每个问题的讨论情况和决定结果。

使用：阅读助手Plus

作为一个资深职场人士，我对上传的《案例-会议记录.docx》会议内容进行了深入阅读和总结，按照会议议程的顺序，依次记录了每个问题的讨论情况和决定结果。以下是总结提炼的内容：

**1. 自动驾驶算法的研究和同行业的对比**

**讨论情况：**

- 王工程师详细介绍了公司在自动驾驶算法方面的研究进展，包括使用深度学习和强化学习结合多传感器融合实现环境感知和理解，开发了基于规则和优化的路径规划和控制系统，构建了基于云计算和大数据的平台，并与高校和科研机构合作引入了新技术。
- 指出公司在自动驾驶算法领域处于中上游水平，但面临缺乏高质量数据集、系统架构不统一、算法性能指标待提升等挑战。

**决定结果：**

- 会议认识到公司在自动驾驶算法方面的成就和挑战，需要进一步努力提升算法性能，解决数据集和系统架构等问题。

**2. 公司汽车产品推广与营销未来重心是中国南部还是北部**

**讨论情况：**

- 陈设计师从市场规模和潜力、市场竞争和风险两个角度分析了南部和北部的市场情况，认为南部市场规模更大、潜力更高，同时市场竞争相对较小，用户对新技术的接受度也更高。

**决定结果：**

- 决定公司汽车产品推广与营销的未来重心将放在中国南部。

图 7-39　Prompt 应用 RTF 框架按问题提炼文章（一）

**3. 公司汽车产品与其他厂商的优劣势**

**讨论情况：**

- 李经理介绍了公司汽车产品的优势，包括强研发团队、高水平自动驾驶功能、电动化智能化网联化、个性化差异化等。
- 同时指出了价格高、生产成本高、市场竞争激烈、政策监管压力等劣势。

**决定结果：**

- 决定需要降低成本、提高性价比、加强竞争力、提高品牌影响力，并适应监管要求，以保证合规性。

**4. 公司是否需要在研发上加大投资，扩大研发规模，招收更多研究人员**

**讨论情况：**

- 李经理阐述了加大研发投资的必要性，包括保持公司在自动驾驶领域的领先和优势、拓展相关业务机会、提高公司在社会和行业中的影响力和声誉等。
- 同时强调了合理规划和管理研发的重要性，以确保投入有效回报。

**决定结果：**

- 决定在研发上加大投资，扩大研发规模，招收更多研究人员，以推动公司在自动驾驶领域的持续发展。

**5. 会议总结与展望**

**讨论情况：**

- 张总对各部门近期的工作表示认可和鼓励，强调了自动驾驶领域充满机遇和风险的特点。
- 呼吁各部门按照会议内容和结论制定行动计划并执行落实，加强沟通和协作。

**决定结果：**

- 各部门将按照会议内容和结论制定并执行行动计划，加强团队协作，共同推动公司在自动驾驶领域的成就和突破。

图 7-40　Prompt 应用 RTF 框架按问题提炼文章（二）

（3）使用 RTF 框架优化文章提炼结果。按照内容分类归纳，这个 Prompt 如此表达：“作为一个资深的职场人士，我想让你帮我们对上传的会议内容的主体部分进行总结和提炼，要求按照会议内容的性质和主题，将相关的问题归纳到一起，形成一个分类。”结果如图 7−41 和图 7−42 所示。

作为一个资深的职场人士，我想让你帮我们对上传的会议内容的主体部分进行总结和提炼，要求按照会议内容的性质和主题，将相关的问题归纳到一起，形成一个分类。

使用: 阅读助手Plus

作为一个资深的职场人士，我对上传的《案例-会议记录.docx》进行了详细阅读和总结，并按照会议内容的性质和主题，将相关问题进行了归纳和分类。以下是分类后的总结提炼：

## 一、自动驾驶技术研发与提升

**内容概述**：

- **算法研究与进展**：王工程师介绍了公司在自动驾驶算法方面的研究成果，包括环境感知与理解、路径规划与控制系统、云计算与大数据平台的建设，以及与高校和科研机构的合作情况。
- **行业对比与挑战**：分析了公司在自动驾驶算法领域的相对位置，指出缺乏高质量数据集、系统架构不统一、算法性能指标待提升等挑战。

**决定与措施**：

- 加大技术创新力度，提升算法性能。
- 加强与高校和科研机构的合作，获取更多技术支持。
- 着手解决数据集缺乏和系统架构不统一的问题。

## 二、市场推广与营销策略

**内容概述**：

- **市场重心选择**：陈设计师分析了中国南部和北部的市场规模、潜力、竞争与风险，建议将推广与营销重心放在南部市场。
- **用户接受度分析**：讨论了南部用户对新技术的接受度和市场需求，以及北部市场的保守态度和竞争压力。

**决定与措施**：

- 确定将中国南部作为未来汽车产品推广与营销的主要重心。
- 针对南部市场特点，制定更具针对性的营销策略。

图 7−41　Prompt 应用 RTF 框架按分类提炼文章（一）

## 三、产品竞争力分析与改进

文心大模型4.0 Turbo

**内容概述：**

- **产品优势总结：** 李经理概述了公司汽车产品的优势，包括强研发团队、自动驾驶功能、电动化智能化网联化、个性化差异化等。
- **劣势与挑战：** 指出了价格高、生产成本高、市场竞争激烈、政策监管压力等劣势和挑战。

**决定与措施：**

- 降低生产成本，提高产品性价比。
- 加强市场竞争力，提升品牌影响力。
- 确保产品合规性，适应政策监管要求。

## 四、研发投资与人才战略

**内容概述：**

- **研发投资必要性：** 李经理阐述了加大研发投资的必要性，包括保持技术领先、拓展业务机会、提升行业影响力等方面。
- **人才招募与管理：** 讨论了扩大研发规模、招收更多研究人员的重要性，以及合理规划和管理研发资源的问题。

**决定与措施：**

- 决定在研发上加大投资，扩大研发规模。
- 积极招募优秀人才，增强研发团队实力。
- 加强研发资源的合理规划和管理，确保投入有效回报。

## 五、会议总结与未来展望

**内容概述：**

- **成绩与认可：** 张总对各部门近期的工作表示认可和鼓励。
- **挑战与机遇：** 强调了自动驾驶领域的机遇与挑战，呼吁各部门持续学习和创新。
- **团队协作与行动：** 要求各部门加强沟通与协作，制定并执行行动计划。

**决定与措施：**

- 各部门将制定详细的行动计划，并确保落实执行。
- 加强团队协作，形成凝聚力和战斗力，共同推动公司发展。

通过以上分类和总结，可以更清晰地了解会议的主要内容和决定结果，为后续的工作提供明确的指导和方向。

图 7-42　Prompt 应用 RTF 框架按分类提炼文章（二）

（4）使用 RTF 框架优化文章提炼结果。按照过去、现在、未来三个层次分析，这个 Prompt 如此表达："作为一个资深的职场人士，我想让你帮我们对上传的会议内容的主体部分进行总结和提炼，要求按照会议内容的时间维度，分别从过去、现在、未来三个角度进行分析。"结果如图 7-43 所示。

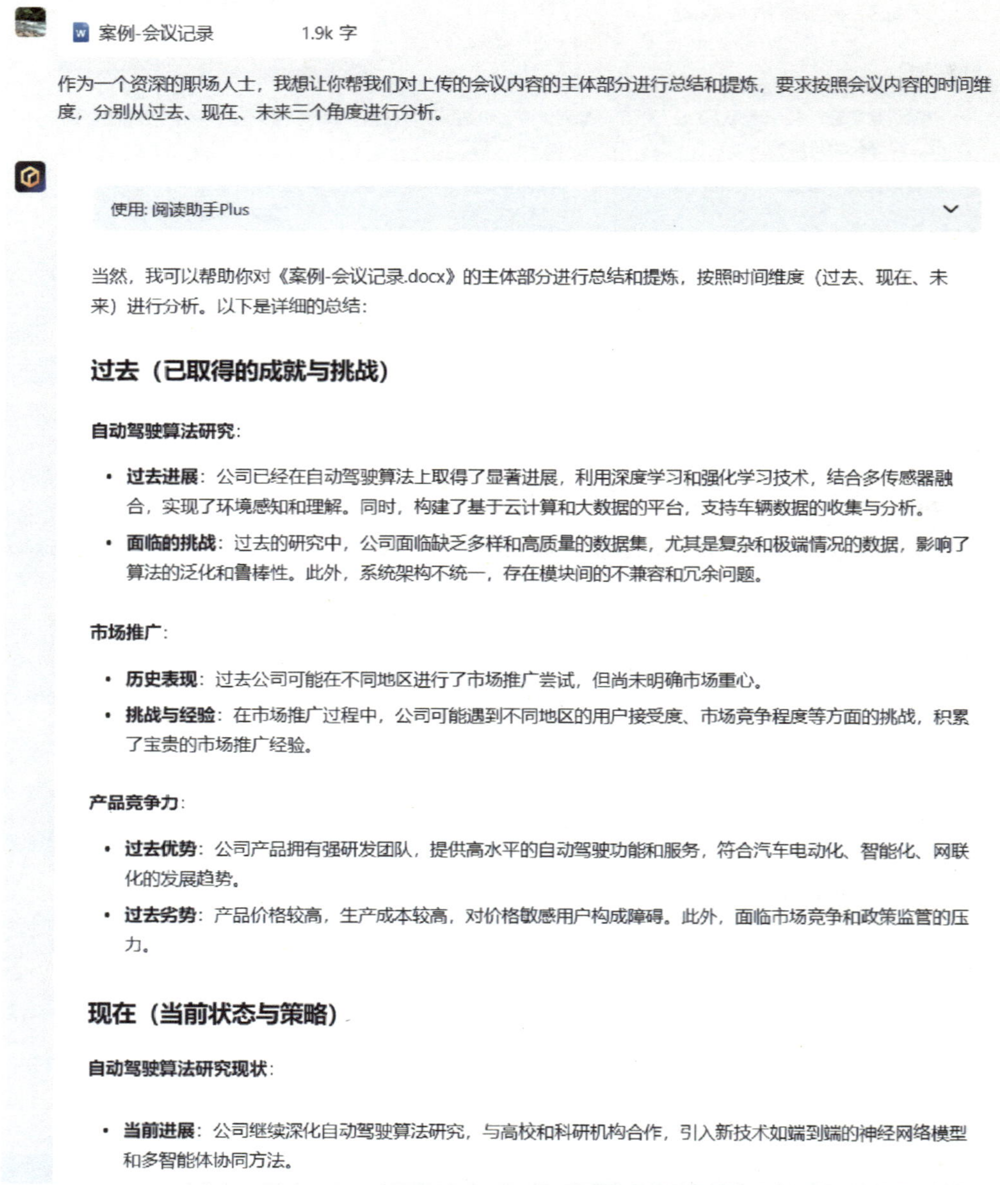

案例-会议记录 1.9k 字

作为一个资深的职场人士，我想让你帮我们对上传的会议内容的主体部分进行总结和提炼，要求按照会议内容的时间维度，分别从过去、现在、未来三个角度进行分析。

使用: 阅读助手Plus

当然，我可以帮助你对《案例-会议记录.docx》的主体部分进行总结和提炼，按照时间维度（过去、现在、未来）进行分析。以下是详细的总结：

### 过去（已取得的成就与挑战）

**自动驾驶算法研究**：

- **过去进展**：公司已经在自动驾驶算法上取得了显著进展，利用深度学习和强化学习技术，结合多传感器融合，实现了环境感知和理解。同时，构建了基于云计算和大数据的平台，支持车辆数据的收集与分析。
- **面临的挑战**：过去的研究中，公司面临缺乏多样和高质量的数据集，尤其是复杂和极端情况的数据，影响了算法的泛化和鲁棒性。此外，系统架构不统一，存在模块间的不兼容和冗余问题。

**市场推广**：

- **历史表现**：过去公司可能在不同地区进行了市场推广尝试，但尚未明确市场重心。
- **挑战与经验**：在市场推广过程中，公司可能遇到不同地区的用户接受度、市场竞争程度等方面的挑战，积累了宝贵的市场推广经验。

**产品竞争力**：

- **过去优势**：公司产品拥有强研发团队，提供高水平的自动驾驶功能和服务，符合汽车电动化、智能化、网联化的发展趋势。
- **过去劣势**：产品价格较高，生产成本较高，对价格敏感用户构成障碍。此外，面临市场竞争和政策监管的压力。

### 现在（当前状态与策略）

**自动驾驶算法研究现状**：

- **当前进展**：公司继续深化自动驾驶算法研究，与高校和科研机构合作，引入新技术如端到端的神经网络模型和多智能体协同方法。

图 7-43　Prompt 应用 RTF 框架按层次提炼文章

在根据不同的方法生成的结果中，选择最适合本次会议纪要的内容。

#### 5. 搜索总结

会议中核心讨论的问题可以进一步进行总结，本次会议中有 4 个核心问题：① 自动驾驶算法的研究和同行业的对比；② 公司汽车产品推广与营销未来的中心；③ 公司汽车产品与其他厂商的优劣势；④ 自动驾驶领域需要加大投资。先用 Prompt 万用公式来分析第一个问题：自动驾驶算法的研究和同行业的对比，结果如图 7-44 所示。

案例-会议记录　　1.9k 字

请根据上传的会议内容中关于"自动驾驶算法的研究和同行业的对比"的部分进行总结提炼

使用: 阅读助手Plus

根据上传的《案例-会议记录.docx》中关于"自动驾驶算法的研究和同行业的对比"的部分，我进行了总结提炼，内容如下：

### 自动驾驶算法的研究和同行业的对比

**研究进展**：

- **技术融合**：公司采用深度学习和强化学习技术，结合多传感器融合，实现了环境感知和理解。这一技术组合为自动驾驶车辆提供了全面的环境认知能力。
- **系统构建**：开发了基于规则和优化的路径规划和控制系统，该系统能够生成安全、高效、舒适的行驶策略，确保车辆在不同情境下的稳定行驶。
- **云平台与大数据**：构建了基于云计算和大数据的平台，用于收集和分析车辆数据，支持远程监控和升级，以及模拟测试和验证。这一平台为公司提供了强大的数据处理和分析能力。
- **合作创新**：与高校和科研机构合作，引入了端到端的神经网络模型，以及基于注意力机制和图神经网络的多智能体协同方法，增强了算法的智能性和协同能力。

**行业对比**：

- **相对位置**：公司在自动驾驶算法领域处于中上游水平，表明在行业内具有一定的竞争力，但仍未达到行业顶尖水平。
- **差距与挑战**：
  - **数据集**：缺乏多样和高质量的数据集，尤其是复杂和极端情况的数据，限制了算法的泛化和鲁棒性。
  - **系统架构**：系统架构尚未完整和统一，各模块之间存在不兼容和冗余的问题，影响了系统的效率和稳定性。
  - **性能指标**：算法性能指标如准确率、响应速度、功耗等尚未达到国际领先水平，影响了系统的可靠性和用户体验。

**未来方向**：

图 7-44　Prompt 应用万用框架总结问题

为了更好地总结本问题，可以采用 SPAR 框架来实现，即场景、问题、行动、结果，这时候 Prompt 可以如此表达："在会议中，人们往往会对核心问题展开深入地讨论，导致会议记录篇幅过长，给会议纪要的总结带来难度，请你帮助我们对上传的会议内容中关于'自动驾驶算法的研究和同行业的对比'的部分进行总结提炼，期望能够更方便地理解和提取文字的重点，从而快速整理出会议纪要。"结果如图 7-45 所示。

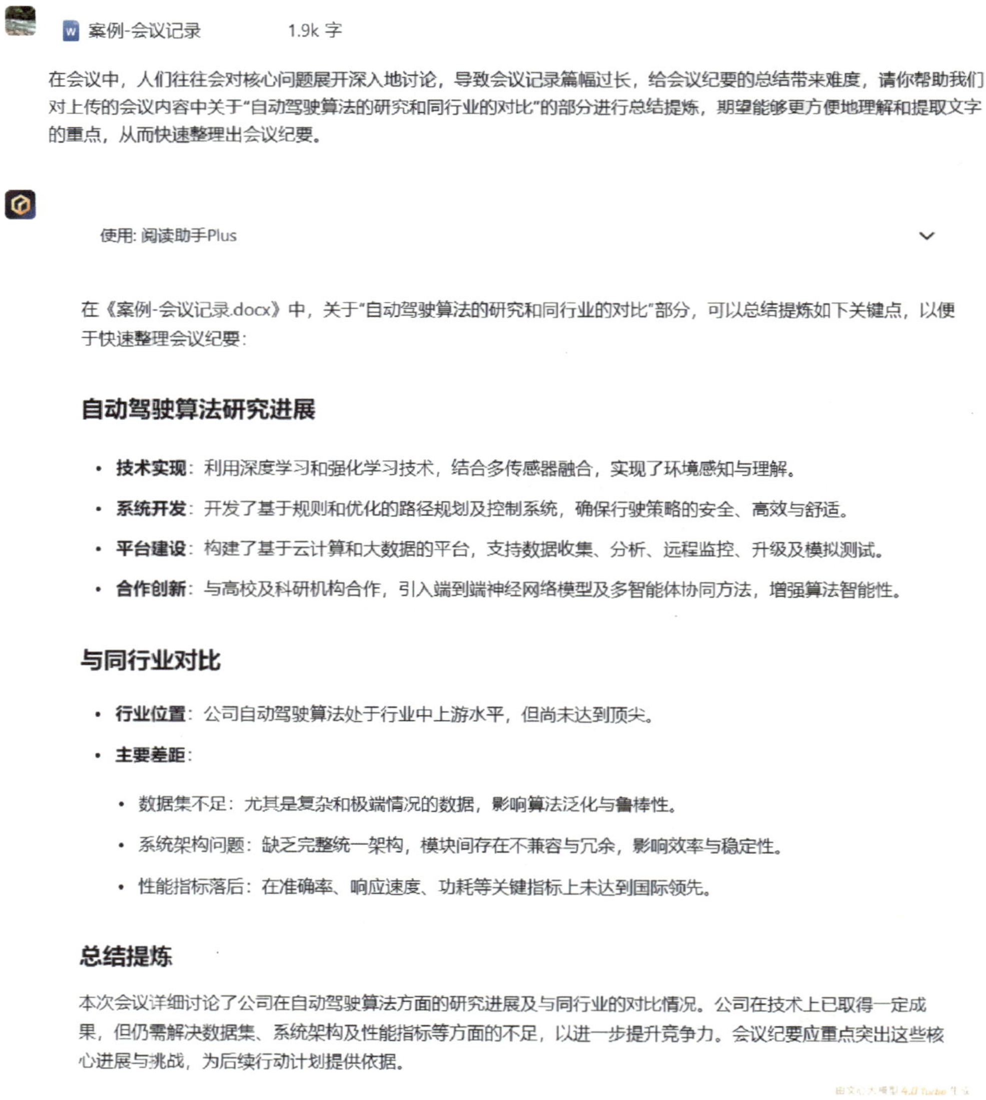

案例-会议记录 1.9k 字

在会议中，人们往往会对核心问题展开深入地讨论，导致会议记录篇幅过长，给会议纪要的总结带来难度，请你帮助我们对上传的会议内容中关于“自动驾驶算法的研究和同行业的对比”的部分进行总结提炼，期望能够更方便地理解和提取文字的重点，从而快速整理出会议纪要。

使用：阅读助手Plus

在《案例-会议记录.docx》中，关于“自动驾驶算法的研究和同行业的对比”部分，可以总结提炼如下关键点，以便于快速整理会议纪要：

**自动驾驶算法研究进展**

- **技术实现**：利用深度学习和强化学习技术，结合多传感器融合，实现了环境感知与理解。
- **系统开发**：开发了基于规则和优化的路径规划及控制系统，确保行驶策略的安全、高效与舒适。
- **平台建设**：构建了基于云计算和大数据的平台，支持数据收集、分析、远程监控、升级及模拟测试。
- **合作创新**：与高校及科研机构合作，引入端到端神经网络模型及多智能体协同方法，增强算法智能性。

**与同行业对比**

- **行业位置**：公司自动驾驶算法处于行业中上游水平，但尚未达到顶尖。
- **主要差距**：
  - 数据集不足：尤其是复杂和极端情况的数据，影响算法泛化与鲁棒性。
  - 系统架构问题：缺乏完整统一架构，模块间存在不兼容与冗余，影响效率与稳定性。
  - 性能指标落后：在准确率、响应速度、功耗等关键指标上未达到国际领先。

**总结提炼**

本次会议详细讨论了公司在自动驾驶算法方面的研究进展及与同行业的对比情况。公司在技术上已取得一定成果，但仍需解决数据集、系统架构及性能指标等方面的不足，以进一步提升竞争力。会议纪要应重点突出这些核心进展与挑战，为后续行动计划提供依据。

图 7-45 Prompt 应用 SPAR 框架总结问题

其他几个问题可以采用同样的方法进行实践。

6. 会议总结

（1）利用 Prompt 万用公式完成会议总结，使用“请根据上传的会议内容进行总结”这个 Prompt 来实现，结果如图 7-46 和图 7-47 所示。

（2）使用 APE 框架对 Prompt 进行优化，使得会议纪要更加准确、精练。这个 Prompt 如此表达：“请根据上传的会议内容，为会议纪要写一个总结，包括决策内容、执行责任、下一步计划等，总结目的时概括会议的主要内容和结果，强调会议的重点和中心，期望能够提醒参会人员对会议的贯彻落实和后续工作。”结果如图 7-48 和图 7-49 所示。

案例-会议记录　1.9k 字

请根据上传的会议内容进行总结

使用：阅读助手Plus

根据上传的《案例-会议记录.docx》内容，总结如下：

## 会议概况

- **时间**：××年×月×日
- **地点**：××会议室
- **主持人**：张总
- **参会人员**：王工程师、陈设计师、李经理等

## 会议主题

讨论自动驾驶业务的发展现状与未来策略，涵盖自动驾驶算法研究、市场推广重心、产品优劣势分析及研发投资规划。

## 主要讨论内容

### 1. 自动驾驶算法研究与同行业对比

- **进展**：公司采用深度学习和强化学习技术，结合多传感器融合，实现环境感知和理解。开发了基于规则和优化的路径规划和控制系统，构建了云计算和大数据平台，提供远程监控、升级及模拟测试。与高校和科研机构合作，引入新技术模型。
- **挑战**：缺乏高质量数据集，系统架构不统一，算法性能指标未达到国际领先。

图 7-46　Prompt 应用万用公式生成会议总结（一）

### 3. 公司汽车产品优劣势

- **优势**：强研发团队，提供高水平自动驾驶功能和服务；产品电动化、智能化、网联化；个性化和差异化，满足用户需求。
- **劣势**：价格高，生产成本高；面临市场竞争和政策监管压力。

### 4. 研发投资与人才战略

- **加大投资**：建议在研发上加大投资，扩大规模，招收更多研究人员，以保持技术领先，拓展业务机会，提高行业影响力和声誉。
- **规划管理**：需要合理规划和管理研发，确保投入有效回报。

## 会议结论与行动计划

- **认可成绩**：肯定公司在自动驾驶领域的成绩和进步，是各部门协作的结果。
- **制定计划**：要求各部门根据会议内容制定行动计划，并执行落实。
- **持续改进**：强调需不断学习和创新，适应市场变化和用户需求，解决现有问题和挑战。
- **团队协作**：鼓励各部门沟通和协作，形成凝聚力和战斗力的团队，共同推动公司在自动驾驶领域的突破和发展。

通过本次会议，公司明确了在自动驾驶算法研究、市场推广、产品竞争力及研发投资等方面的策略和方向，为未来的业务发展奠定了坚实基础。

图 7-47　Prompt 应用万用公式生成会议总结（二）

案例-会议记录 1.9k 字

请根据上传的会议内容，为会议纪要写一个总结，包括决策内容、执行责任、下一步计划等，总结目的时概括会议的主要内容和结果，强调会议的重点和中心，期望能够提醒参会人员对会议的贯彻落实和后续工作。

使用: 阅读助手Plus

**会议纪要总结**

**一、总结目的**

本次会议主要讨论了公司自动驾驶业务的发展现状与未来策略，包括自动驾驶算法的研究进展、汽车产品推广与营销重心、公司产品优劣势分析以及研发投资与人才战略等核心内容。会议明确了公司在自动驾驶领域的方向和目标，强调了各部门间的协作与沟通，以及面对挑战的创新与适应。本纪要旨在概括会议的主要内容和结果，提醒参会人员贯彻落实会议决策，推进后续工作。

**二、决策内容**

1. **自动驾驶算法研究与优化**：
   - 确认当前算法研究中存在的问题，如数据集不足、系统架构不统一及算法性能指标待提升。
   - 决策加强高质量数据集的收集，特别是复杂和极端情况的数据，以提升算法泛化和鲁棒性。
   - 优化并统一系统架构，解决模块间不兼容和冗余问题，提高系统效率与稳定性。
2. **汽车产品推广与营销**：
   - 确定未来汽车产品推广与营销的重心为中国南部市场，基于其市场规模、潜力及用户接受度等因素。
   - 要求市场部针对南部市场制定具体的推广计划和营销策略。
3. **产品优劣势分析与改进**：
   - 认识到产品价格高、生产成本高是当前的主要劣势，决定采取措施降低价格并提高性价比。
   - 加强品牌竞争力，提升品牌影响力，以应对市场竞争和政策监管压力。

图 7-48　Prompt 应用 APE 框架生成会议纪要（一）

**三、执行责任**

1. **自动驾驶算法团队**：
   - 负责优化算法，收集高质量数据集，改进系统架构，提升算法性能指标。
   - 定期向管理层汇报研究进展及成果。
2. **市场部门**：
   - 根据会议决策，制定并实施针对南部市场的推广和营销计划。
   - 定期评估营销效果，及时调整策略。
3. **产品研发团队**：
   - 分析并采取措施降低产品成本，提高性价比。
   - 加强品牌建设和市场推广，提升品牌影响力和用户忠诚度。
4. **高层管理与财务部门**：
   - 负责研发投资的预算审批和资金调配。
   - 监督研发项目的执行进度和效果评估。

**四、下一步计划**

1. **立即行动**：各部门根据会议决策，立即启动相关工作，确保决策迅速落地。
2. **定期汇报**：各执行部门需定期向管理层汇报工作进展，及时解决遇到的问题和困难。
3. **评估与调整**：管理层将根据执行情况定期评估各项决策的效果，并根据市场变化适时调整策略。

**五、结语**

本次会议为公司自动驾驶业务的发展指明了方向，明确了各部门的工作重点和责任。希望全体参会人员深入贯彻落实会议决策，加强沟通与协作，共同推动公司在自动驾驶领域的突破与发展。让我们携手并进，共创辉煌！

图 7-49　Prompt 应用 APE 框架生成会议纪要（二）

## 本章小结 >>>

大模型的应用已广泛渗透至各行各业，本章通过 4 个典型应用场景——媒体内容创作、学术文献优化、就业能力提升和职场能力辅助，深入探讨了大模型在实际工作中的具体应用。每个案例均结合提示词工程的基本技巧和九大框架方法，旨在帮助用户系统掌握大模型的实践能力。通过理论与实践的结合，本章不仅展示了大模型在提升工作效率和质量方面的潜力，也为用户提供了可操作的方法论，助力其在实际场景中灵活运用大模型技术，从而更好地应对复杂任务与挑战。

## 课后练习 7

**一、单选题**

1. 新闻稿件撰写的语言表达应该具备的特点是（　　）。

A. 复杂且冗长　　　　B. 准确和简洁

C. 技术性和专业性　　D. 夸张和夸大

2. 在使用文心一言辅助编写新闻稿件时，使用 Prompt 来引导新闻稿的写作规范的方法是（　　）。

A. 在 Prompt 中提供粗略的背景信息和上下文

B. 在 Prompt 中使用模糊的问题指导模型回答以获得更多生成内容

C. 在 Prompt 中给出生成内容要求并且给出新闻稿的写作要求

D. 在 Prompt 中连接段落和句子时可以使用口语化的语句

3. 学术论文是进行学术研究的重要手段和工具。根据不同的分类标准，学术论文可以分为不同的类别，不属于学术论文写作分类的基本类别的是（　　）。

A. 按研究的学科分类　　B. 按研究的内容分类

C. 按写作目的分类　　　D. 按作者背景分类

4. 下列选项中，关于文心一言大语言模型在学术论文编写与优化中的应用，说法错误的是（　　）。

A. 适当的 Prompt 可以辅助我们进行学术论文的写作和优化，帮助我们更加高效地创作学术论文

B. 文心一言能够深度理解学术论文写作需求，在论文撰写过程中提供多方面的智能支持：包括根据研究内容生成相关文本、对已有论文提出具体修改建议、评估论文的学术质量与逻辑严谨性，同时还能通过推理分析论文中可能存在的问题，并给出针对性的优化方案，从而全面提升学术论文的写作水平。

C. 文心一言还不可以用于评估和推理学术论文的质量和水平。因为文心一言并不能对学术论文的逻辑和论证进行分析和评估

D. 在未来的研究和实践中，我们可以进一步探索文心一言在学术论文撰写中的应用和创新。文心一言可以更加准确地理解和学习学术论文的语言表达和结构特点，提高生成文章的质量和水平

5. 撰写一份合格的简历在求职的过程中显得至关重要。关于求职简历的撰写，下列说法正确的是（　　）。

A. 企业对不同岗位的职业技能与素质需求各不一样。因此，在撰写简历前需先确定求职方向，然后根据招聘企业的特点及职位要求进行量身定制，从而制作出一份具有针对性较强的简历，忌一份简历“行走江湖”

B. 简历要尽量复杂，最好超过两页，甚至更多

C. 网上有很多简历模板，因为是通用模板，所以适用于每个人，我们可以拿来直接使用

D. 教育及工作经历不能采用倒叙的表达方式，重点部分应该放在简历最后面

6. 在撰写求职简历时，以下任务文心一言无法完成的是（　　）。

A. 学历背景生成　　B. 工作经历梳理与优化

C. 求职意向优化　　D. 个人基本信息优化

7. 以下关于会议纪要的描述，错误的是（　　）。

A. 会议纪要是记录会议过程和结果的重要文档

B. 会议纪要是会议参与者的参考资料，也是会议决策和执行的依据

C. 会议纪要包含会议主题、时间、地点、参与人员、议题、结论、行动计划等要素

D. 会议纪要应该使用第一人称来表达自己的观点和建议，以体现个人的参与度和责任感

8. 在使用文心一言大模型进行会议纪要的总结时，以下最合理的 Prompt 是（　　）。

A.“请为下面会议内容提炼一个主题。”

B.“请对会议主体内容进行总结提炼，要求按照内容分类归纳。”

C.“请从下面文字中总结关于‘自动驾驶算法的研究和同行业的对比’的内容。”

D.“请对本次会议内容进行总结，分点列出会议决策内容、执行责任和下一步计划。”

## 二、综合应用实践

**题目要求：**

根据下述资料利用大模型辅助，完成一篇短视频文案的创作。

**背景资料：**

随着社会经济、科技的不断进步，短视频已成为当今社会的一种文化现象。它的兴起不仅改变了人们的生活方式，还对社会、经济等方面产生了积极影响。

写一篇短视频文案，可以考虑以下几个步骤。

（1）确定文案所针对的行业：不同的行业有着不同的特点和目标受众，因此短视频文案的撰写也需要根据行业特点进行针对性的制定。

（2）确定文案类型：不同类型的短视频文案针对的目标受众和表达方式不同，确定文案类型可以让文案更好地符合短视频的内容和目的，进而更好地吸引观众的关注和提高短视频的传播效果。

（3）在所在行业搜索行业热点话题：在所在行业搜索行业热点话题能够帮助短视频作者抓住当前热点，获取行业信息和趋势，从而制作出有价值、有趣的短视频内容。

（4）搜索所在行业产品词、特色词、行业词等词汇：搜索所在行业的产品词、特色词、行业词等词汇是一种能够快速帮助短视频博主增长关注、获取用户依赖的有效方式。通过搜索行业相关的关键词，短视频博主可以了解行业内的热门话题和关注点，从而制作出有价值、有趣、有意义的短视频内容，吸引更多观众的关注和分享。

（5）提出问题：根据搜索到的热点话题、行业词、特色词等词汇以及当前公众关注的热点提问能够博取眼球、制造热点的有效方式。通过关注当前热门事件的热评，短视频博主可以了解观众的关注点和热点话题，进而提出相关的问题和讨论，吸引更多观众的关注和参与。在探讨问题的过程中，短视频博主可以结合自己的观点和经验，提出新颖、有趣、富有启发性的见解，从而制造热点，提高短视频的曝光度和传播效果。同时，这种方式也可以为观众带来新的思考和启示，提高观众的参与度。

（6）分析问题：在根据某个事件的热评提出问题之后，短视频博主需要进一步分析问题，深入挖掘事件的内在原因和影响，以及观众的需求和反馈。通过分析问题，可以帮助短视频博主更好地掌握行业趋势和前沿动态，及时调整自己的创作方向和内容形式，提升短视频的质量和影响力。

（7）解决问题：在分析问题之后，短视频博主需要提出解决问题的方案，为观众提供实用的建议和解决思路，从而真正实现短视频内容的价值和意义。解决问题的方案可以多样化，在此可以表达自己的见解，在针对某些具体问题时甚至可以宣传自己代言的产品等。

（8）综合上述的提出问题、分析问题、解决问题三个步骤生成的文案进行整合。短视频文案写作需要不断学习和提高，撰写者需要关注行业动态、了解受众需求，不断改进自己的写作技巧和表达能力，具备全面的素质和技能。

**参考案例：**

本项目旨在通过使用文心一言生成短视频带货文案，将大别山区的茶叶传递给更多的消费者，同时提升茶农的收益。首先确定了文案涉及的行业为茶叶销售行业，文案目的是带货，然后通过搜索、引入所在行业热点话题帮助文案吸引更多流量，通过搜索、引入所在行业的特色词、行业词等词汇为文案奠定观众基础，再结合搜索结果以及相关短视频的热评提出问题，分析问题，然后提出解决问题的方案——购买大别山区的茶叶，最后按照上述带货文案要求整合文章，让文心一言输出带货视频具体文案，生成结果如图 7-50 所示。

使用: 阅读助手Plus

**带货短视频文案**

**【开场】**

大家好，我是来自大别山的茶农小李。今天，我想带你们走进我们这片神奇的土地，感受每一片茶叶背后的故事和匠心。

**【亮点展示】**

1. **高山云雾，自然馈赠**

   大别山的高山茶园，云雾缭绕，这里的茶叶吸收了大自然的精华，口感鲜爽，回甘悠长。

2. **生态种植，健康保证**

   我们坚持生态种植，不使用化学肥料和农药，每一片茶叶都是纯天然的，让你喝得放心，喝得健康。

3. **手工制茶，匠心独运**

   从采摘到炒制，每一步都由经验丰富的茶农手工完成，保留了茶叶的原始风味和特色，每一口都是对传统的致敬。

4. **透明定价，性价比高**

   没有中间商赚差价，茶叶直接从茶园到你手中，价格实惠，品质卓越，让你享受到真正的性价比。

**【情感引导】**

当你品尝这杯茶时，不仅能感受到它的醇厚与甘甜，更能体会到我们茶农的辛勤与坚持。每一杯茶，都是我们对美好生活的向往和追求。

**【结尾号召】**

现在下单，还有限时优惠等着你！让我们一起支持大别山茶叶，让这份来自大自然的礼物，温暖你的每一个日常。快来选购吧，期待与你共享这份茶香四溢的美好时光！

图 7-50　带货短视频文案

# 第 8 章 大模型零代码开发实践

## 学习目标 >>>

1. 理解大模型时代人工智能项目实现流程。
2. 掌握提示词工程在智能体开发中的应用方法。
3. 掌握在百度文心智能体平台上创建智能体、部署智能体的方法。

## 8.1 代码优化

### 8.1.1 项目基础知识

代码与程序是 IT 领域从业者日常工作中不可或缺的工具。从学习编程到实际应用的过程中，我们常常会遇到各种挑战，例如难以理解的无注释代码、面对报错时的困惑、算法设计时的思路卡顿等。这些问题如同横亘在代码开发道路上的一座座大山，阻碍着我们的进展。然而，随着生成式 AI 技术的兴起，新的代码开发范式应运而生。大模型可以作为我们的智能助手，帮助我们跨越这些障碍，提升开发效率。

在本节中，我们将结合代码编写中的常见问题，探讨如何利用文心一言等大模型工具辅助解决这些问题。本节分为两大部分：第一部分回顾编程基础知识，为后续基于大模型的实践任务奠定理论基础；第二部分重点讲解如何运用文心一言解决编程中的实际问题。

代码是程序员使用开发工具编写的源文件，是一套以离散形式表示信息的明确规则体系。代码设计的原则是编写高质量代码的基石，包括唯一确定性、标准化、可扩充性、稳定性、易识别性、简洁性等。这些原则有助于提高代码的可读性、可维护性和可扩展性。源代码是程序员编写的原始文本文件，通常以文本格式存储，最终通过编译器转换为计算机可执行的二进制指令。因此，代码设计原则、源代码和编译器是构建高质量程序的三大关键要素。

程序由数据结构和算法组成，每个程序背后都隐藏着一个或多个算法。一个程序若能正确实现解决特定问题的算法，就能在处理该问题的实例时得到正确结果。此外，程序的动态特性应反映其所实现算法的特性，这才是合理的算法实现。由于程序是用具体编程语言描述的，语言的选择不仅影响算法描述的便捷性，还可能影响程序的运行效率。

代码可以视为程序的片段，可能仅包含一行或多行，用于完成特定任务。而程序则是代码的集合，能够完成更复杂的系统任务。代码必须嵌入到特定程序中，并通过解释或编译转换为计算机可执行的指令才能发挥作用，单独的代码片段并无实际意义。

程序的核心包括数据结构和算法两部分。数据结构按存储方式可分为顺序存储结构和链式存储结构。算法复杂度是评估算法效率的重要指标，包括时间复杂度和空间复杂度，分别描述算法运行所需的时间和内存资源与输入规模的关系。这些指标对算法的选择和优化具有重要指导意义。以下是一个简单的Python代码示例，用于计算斐波那契数列。

```
def fibonacci(n):
    if n<=1:
        return n
    else:
        return fibonacci(n-1)+fibonacci(n-2)
#测试代码
for i in range(10):
    print(fibonacci(i))
```

这段代码实现了一个名为fibonacci的函数，该函数通过递归方式计算斐波那契数列中第n个数的值。在函数中，如果n小于或等于1，则直接返回n；否则，将问题分解为两个子问题，分别计算第n−1个数和第n−2个数，并将它们相加。最终，通过循环测试代码，将前10个斐波那契数列的值打印出来。

这个例子清晰地展示了代码与程序之间的关系。代码是由程序员编写的文本文件，包含函数定义、变量声明和逻辑控制语句等；而程序则是计算机读取并执行的代码，包含数据结构、算法和逻辑控制等。在本例中，代码包括函数定义和循环测试部分，而程序则是计算机执行这些代码后生成的结果，即计算并输出斐波那契数列的值。

此外，这个例子还说明了算法复杂度的重要性。由于递归算法的时间复杂度为$O(2^n)$，在计算较大数值时可能会导致性能问题。因此，对于大规模数据集，需要使用更高效的数据结构和算法来优化程序性能。

在当今社会，计算机程序在许多领域都有广泛的应用，包括贸易、科学、金融、医疗等。

（1）贸易领域：计算机程序在电子交易平台中发挥重要作用，例如自动匹配买卖双方、执行交易以及分析市场数据以预测趋势，帮助企业做出更明智的决策。

（2）科学领域：科学家利用计算机程序模拟物理、化学、生物等自然现象，分析天文、地理和气候数据，为科学研究提供支持。

（3）金融领域：银行、保险公司等金融机构使用计算机程序处理交易、管理数据，并

自动化交易、清算和支付流程，减少人为错误和欺诈风险。

（4）医疗领域：计算机程序用于疾病诊断、治疗方案制定和病情监测，例如分析心电图和医学影像数据。此外，程序还支持药物研发和基因分析，如百度的生物计算大模型为医学研究提供了强大工具。

代码程序的优化已成为我们日常生活中不可或缺的一部分。对于许多程序员来说，编写高质量、高效能的代码程序是他们的重要任务。然而，在实际开发过程中，往往会遇到许多复杂的问题，如代码效率低下、内存泄漏等，这需要我们对代码进行优化和改进。

尤其在软件开发领域，代码程序的质量不仅取决于实现的功能，还与代码的效率、可读性和可维护性密切相关。一篇优秀的代码程序需要具备高效、稳定、易读和易维护的特点。此外，对于一些特定领域的代码程序，还需要遵循一些特定的规范和要求，如代码格式、注释等。这些规范和要求对于非专业程序员来说可能较为陌生，因此需要一定的指导和辅助。

随着大模型时代的到来，基于大模型的生成式 AI 是带来了一种新的程序开发范式，它通过使用深度学习和生成式模型技术来自动生成代码和程序。它可以自动完成一些烦琐的任务，例如代码编写和测试，从而使程序员可以更多地关注于创新和设计。

文心一言是百度基于飞桨深度学习平台所研发的知识增强大语言模型，它可以进行程序报错检索、程序优化、代码分析、程序设计、代码转换等。通过使用文心一言，程序员可以更快速地找到程序中的错误，优化程序的性能，分析和改进代码，甚至自动生成程序代码。文心一言的出现大大提高了程序开发的效率和质量。

编写程序是将问题转化为计算机可以理解和执行的指令的过程，接下来我们结合案例来理解这个过程。

下面将介绍编写程序的一般过程。

**要求：**设计一个日历应用程序，能够显示每个月的日历，包括节假日和特殊日子。

**确定问题：**首先，需要明确要解决的问题是什么。这可以是一个实际的问题，如设计一个日历应用程序，或者是一个抽象的问题，如编写一个排序算法。

**分析问题：**在这一步中，需要对问题进行深入分析，并确定解决问题的方法。可以考虑使用什么算法或数据结构，以及如何将问题划分为更小的子问题。比如，分析日历应用程序的需求，确定需要使用的算法和数据结构，如日期计算、日历绘制、节日特殊日子。

**设计算法：**在这个阶段，需要设计一个算法来解决问题。算法是一系列的方法，用于指导计算机执行特定的任务。算法应该是清晰、简洁和高效的。比如设计一个算法来计算给定年份中的闰年，并在此基础上绘制日历。此外，还需要设计一个算法来标记节日和特殊日子。

**编写代码：**在这一步中，需要使用编程语言将算法转化为可执行的代码。根据选择的编程语言，可以使用不同的开发环境和工具来编写代码。比如使用 Python 编程语言编写日历应用程序，包括日期计算、日历绘制和节日特殊日子标记的代码。

**调试和测试：** 编写完代码后需要对代码进行调试和测试。调试是指查找并纠正代码中的错误，而测试是验证代码是否按照预期工作。可以使用不同的测试方法，如单元测试、集成测试和系统测试。

**优化和改进：** 一旦代码可以正确运行，还可以对代码进行优化和改进。这可以包括提高代码的性能、简化代码的结构或改进代码的可读性。比如，对日历应用程序进行优化，提高代码的性能、简化代码的结构或改进代码的可读性。

**文档编写：** 编写代码的同时，还需要编写文档来解释代码的功能和使用方法。文档可以包括代码注释、用户手册或技术文档等。比如编写代码注释、用户手册和技术文档，解释日历应用程序的功能、使用方法以及维护方法。

**部署和维护：** 最后一步是将代码部署到目标环境中，并进行维护。部署是指将代码安装到计算机或服务器上，使其可以运行。维护是指定期检查和修复代码中的错误，并根据需要更新代码。比如将日历应用程序部署到服务器上使其可以运行，并定期检查和修复代码中的错误，并根据需要进行更新和维护。

以上是编写日历应用程序的一般过程，其他问题也可以按照以上步骤进行解决。

编写程序的过程是一个迭代的过程，需要不断地调试、测试和优化，确保最终编写的程序符合需求，高质量且易于维护。通过良好的计划、分析和设计，可以编写出高质量和可维护的程序。

### 8.1.2　项目设计

前面已经介绍了代码与程序的基本概念与知识，也了解了使用代码解决一个问题的基本流程，接下来介绍在基本流程的各个环节中有哪些常见问题。

#### 1. 确定问题常见的问题和解决方法

**没有明确的问题：** 在开始编写程序之前，必须明确问题的定义和需求。可以与导师、同学或者客户进行交流，阅读相关的文献和参考资料，或者进行市场调研，以确定问题的具体定义和需求。

**问题定义不清晰：** 确定问题后，需要清晰地定义问题，包括输入、输出、条件和限制等。这可以帮助确定程序的目标和方向，并减少后续开发和修改的时间。

**缺乏需求分析：** 在确定问题后，需要进行需求分析，了解客户或用户的需求和期望。这可以帮助确定程序的功能和特性，并避免程序完成后进行大量的修改和返工。例如，如果需要编写一个学生成绩管理程序，可以通过表 8-1 所示的方式确定问题。

表 8-1　确定问题的方法

| 明确问题的定义 | 需要管理学生的成绩，包括输入、查询、修改和删除等功能 |
|---|---|
| 确定输入和输出 | 需要输入学生的姓名、学号、课程和成绩，可以查询学生的成绩单，可以修改学生的成绩和删除学生的记录 |

续表

| | |
|---|---|
| 确定限制和条件 | 学生成绩必须是不重复的，不能输入重复的学号和课程名称，程序需要有一定的数据安全性和保密性，只能让学生和老师访问自己的成绩记录 |

总之，确定问题是编写程序的第一步，需要清晰地定义问题、进行需求分析和确定限制和条件，以帮助确定程序的目标和方向，并减少后续开发和修改的时间。

### 2. 分析问题常见的问题和解决方法

分析问题包括确定问题的输入、输出、算法和数据结构等。我们常见的问题和解决方法如下。

**问题分解不完整：** 在分析问题时，需要将问题分解为更小的组成部分，以便于解决整个问题。如果问题分解不完整，就会导致程序的功能不完整或者存在漏洞。可以通过绘制流程图、状态图或思维导图等工具，帮助完整地分解问题。

**算法选择不恰当：** 在解决问题时，需要选择合适的算法来处理数据和进行计算。如果选择的算法不恰当，程序的效率就会降低，甚至出现错误结果。可以使用常见的算法，如排序、搜索、递归等，或者自行设计新的算法。

**数据结构选择不当：** 在处理数据时，需要选择合适的数据结构来存储和操作数据。如果数据结构选择不当，就会导致程序效率低下或者出现错误。可以选择常用的数据结构，如数组、链表、树等，或者使用自定义的数据结构。

**缺乏模块化设计：** 在编写程序时，需要将代码分解为多个模块，每个模块都有特定的功能。如果缺乏模块化设计，就会导致程序难以维护和扩展。可以使用函数、类、对象等模块化设计方法，将程序分解为更小的模块。

例如，如果要编写一个学生成绩管理程序，可以通过以下方式分析问题。

（1）将问题分解为更小的组成部分，如学生信息输入、学生信息查询、学生信息修改和学生信息删除等。

（2）选择合适的数据结构来存储学生信息，如使用数组或链表来存储学生信息，使用哈希表来存储学生成绩等。

（3）将程序进行模块化设计，将不同的功能模块化设计，如学生信息输入模块、学生信息查询模块、学生信息修改模块和学生信息删除模块等。

总之，在分析问题时需要完整地分解问题、选择合适的算法和数据结构、进行模块化设计等，以便于解决整个问题，并提高程序的可读性、可维护性和可扩展性。

### 3. 算法设计常见的问题和解决方法

**算法设计不够清晰：** 在设计算法时，需要将算法分解为多个步骤，每个步骤都需要清晰地定义。如果算法设计不够清晰，就会导致程序出现错误或难以实现。可以使用流程图、伪代码或自然语言等工具，帮助清晰地描述算法。

**算法存在漏洞：**在设计复杂的算法时，可能会出现一些漏洞或错误，导致程序无法正确运行。解决方法是进行仔细的测试和调试，尽可能找出所有潜在的问题，并进行修复。

**算法不满足需求：**有时候设计的算法无法满足实际需求，例如需要处理的数据量过大，超出了程序的处理能力。解决方法是重新设计算法，使其更加适合处理大规模的数据。

4. 代码编写常见的问题和解决方法

**语法错误：**在编写代码时，可能会出现语法错误，导致程序无法通过编译或运行。可以使用一些代码编辑器或 IDE 工具来帮助检查语法错误。

**逻辑错误：**在编写代码时，可能会出现逻辑错误，导致程序无法实现预期的功能。可以使用一些调试工具来帮助查找逻辑错误。

**缺乏规范：**在编写代码时，需要遵循一些编码规范和风格，以便于其他人阅读和维护代码。可以使用一些编码规范来规范代码风格，如命名规范、缩进规范、注释规范等。

**缺乏模块化设计：**在编写代码时，需要将代码分解为多个模块，每个模块都有特定的功能。可以使用函数、类、对象等模块化设计方法，将代码分解为更小的模块。

5. 调试和测试常见的问题和解决方法

**程序无法通过编译：**在编写代码时，可能会出现一些语法错误或类型错误，导致程序无法通过编译。可以使用编译器或 IDE 工具来帮助检查语法错误或类型错误。

**程序运行异常：**在程序运行时，可能会出现一些异常情况，导致程序崩溃或无法正常工作。可以使用调试工具来帮助查找和解决程序中的异常情况。

**测试用例不全面：**在编写测试用例时，可能会出现一些遗漏或重复，导致测试结果不准确。可以使用一些测试用例设计方法，如边界值测试、等价类测试等，来设计全面的测试用例。

在这个过程中，我们常用编译器或 IDE 工具来编译程序，以检查语法错误或类型错误。当我们遇到这类错误的时候，怎么去解决才是最重要的。根据报错信息，我们需要去寻找解决方法，需要不断地修改和调试代码，这是一个相对艰难的过程。

6. 优化和改进常见的问题和解决方法

**程序运行速度较慢：**如果程序在运行时出现性能问题，可以优化算法或使用更高效的数据结构，以提升程序的运行速度 .

**程序内存占用过大：**如果程序在运行时占用过多内存，可以通过优化代码或减少不必要的内存分配来减少内存占用。

**程序可扩展性不够：**如果程序的功能无法满足需求，可以扩展程序或重构代码，以增加程序的可扩展性。

**程序稳定性不够：**如果程序在运行时出现崩溃或异常情况，可以增加异常处理机制或使用更稳定的库或框架，以提高程序的稳定性。

比如，我们使用神经网络完成衣物图像分类的过程中，如果原算法不是最优算法，我

们需要具备优化意识，进行算法的优化和调试，比如更换卷积神经网络等。当然，在完成一个数字整除的项目中，我们也可以从其算法复杂度入手对其进行优化。

7. 文档编写常见的问题和解决方法

**文档内容不完整：**文档内容不完整会导致程序的使用和维护变得困难。需要详细记录程序的接口、数据结构、功能等信息。

**文档语言不清晰：**文档语言不清晰会影响程序的可理解性。需要使用简洁、明了的语言来描述程序。

**文档与程序不一致：**文档与程序不一致会导致程序的使用和维护变得困难。需要保持文档与程序的一致性，并在程序修改后及时更新文档。

文档编写最重要的就是理解代码的含义，所以首先我们要对代码作出解释。例如，我们在编写衣物图像分类的任务中，需要使用简洁、明了的语言来描述程序。保持文档与程序的一致性，并在程序修改后及时更新文档。当然，我们还需要对其超参数部分进行理解，以便达到更好地掌握程序的目的。

本项目将通过调用文心一言大语言模型，使用适当的 Prompt 辅助我们进行代码程序的编写与优化，帮助我们更加高效地创作程序。

首先，我们需要完成代码生成任务，根据给出的算法具体要求，让文心一言协助完成代码生成。

第二个部分就是进行算法优化，通过使用合适的 Prompt 让文心一言将当前的一个已知代码进行优化。

第三个部分就是程序的报错解释与指导修改，让文心一言对我们的报错进行解释，并给出修改意见。

第四个部分就是进行代码解释，我们试着使用不同的 Prompt 控制解释的详细程度。

第五部分就是进行程序设计。然后进行自动编写 Python 程序以及将 Python 代码转为 C/C++ 代码。

本项目的具体任务目标如表 8-2 所示。

表 8-2　代码程序优化主题及目标

| 主题 | 类别 | 目标 |
| --- | --- | --- |
| 代码—代码生成 | 代码生成 | 基于所给代码文件，生成 |
| 程序—算法优化 | 程序优化 | 根据输入的代码程序，优化算法 |
| 程序—报错解释与修改指导 | 报错解释 | 根据输入的代码程序，解释报错，并对其提出优化指导 |
| 代码—代码解释 | 代码分析 | 根据输入代码，不同程度地解释代码含义 |
| 代码 & 程序—根据要求完成程序设计 | 程序设计 | 利用文心一言生成功能，根据输入的要求自动生成代码编写程序，且在不同编程语言间切换 |

### 8.1.3 项目实践

结合代码和程序的基本知识点与技巧，理解对应实验任务的特点与要求，并运用文心一言设计合适的 Prompt，完成代码生成、算法优化、报错解释与修改指导、代码解释、根据要求用指定语言完成程序设计和代码转换等任务。

#### 1. 代码生成

二分查找算法（binary search）是一种在有序数组中查找特定元素的高效算法。它的核心思想是通过将数组一分为二，然后不断地在其中的一半中继续一分为二，直到找到目标元素或确定该元素不存在于数组中。这个过程类似于在字典中查找单词时，首先根据首字母定位到某一页，然后再在该页中进一步查找。作为初学者，写这个代码有一定的难度，但是可以借助文心一言来帮助生成对应的基础代码。

Prompt 万用公式 = 任务【必选】+ 生成主体【必选】+ 细节【可选】+ 形式【可选】

我们初步设计的 Prompt 为：“请帮我生成一个二分查找算法的基础代码”，此 Prompt 中任务是生成代码，主体是二分查找法，下面就是 Prompt 的运行结果，如图 8-1 所示。

```
def binary_search(arr, target):
    left, right = 0, len(arr) - 1

    while left <= right:
        mid = left + (right - left) // 2

        if arr[mid] == target:
            return mid                # 找到目标元素,返回索引
        elif arr[mid] < target:
            left = mid + 1            # 在右半部分继续查找
        else:
            right = mid - 1           # 在左半部分继续查找

    return -1                         # 目标元素不存在于数组中
```

使用万用公式可以完成基础代码的需求，使用进阶框架可以完成其他要求。本次采用 TRACE 框架，即任务、请求、行动、语境、示例。下面是对每个部分的分析。

**任务：**增加一个功能来记录查找过程中比较的次数。

**请求：**请根据下面的基础代码进行修改。

**行动：**修改代码，添加一个新的功能。

**语境：**方便用户了解算法的效率。

文心大模型4.0 Turbo

python　　复制代码

```python
def binary_search(arr, target):
    left, right = 0, len(arr) - 1

    while left <= right:
        mid = left + (right - left) // 2

        if arr[mid] == target:
            return mid
        elif arr[mid] < target:
            left = mid + 1
        else:
            right = mid - 1

    return -1

# 示例用法
arr = [1, 2, 3, 4, 5, 6, 7, 8, 9, 10]
target = 7
result = binary_search(arr, target)

if result != -1:
    print(f"元素在数组中的索引为: {result}")
else:
    print("数组中不存在该元素")
```

图 8-1　Prompt 万用公式生成基础代码

**示例：**无。

所以我们使用“请在下面的代码基础上进行修改，请帮我添加一个新的功能，增加一个功能来记录查找过程中比较的次数，以便用户可以了解算法的效率。”Prompt 来实现**算法效率计算**这个新功能的增加，运行结果如图 8-2 所示。

```python
def binary_search_with_count(arr, target):
    left, right = 0, len(arr) - 1
    count = 0

    while left <= right:
        count += 1
        mid = left + (right - left) // 2

        if arr[mid] == target:
            return mid, count
        elif arr[mid] < target:
            left = mid + 1
```

```
            else:
                right = mid - 1

        return -1, count

    # 示例用法
    arr = [1, 2, 3, 4, 5, 6, 7, 8, 9, 10]
    target = 7
    result, comparisons = binary_search_with_count(arr, target)

    if result != -1:
        print(f"元素在数组中的索引为: {result}")
    else:
        print("数组中不存在该元素")

print(f"比较次数: {comparisons}")
```

python　　复制代码

```python
def binary_search_with_count(arr, target):
    left, right = 0, len(arr) - 1
    count = 0

    while left <= right:
        count += 1
        mid = left + (right - left) // 2

        if arr[mid] == target:
            return mid, count
        elif arr[mid] < target:
            left = mid + 1
        else:
            right = mid - 1

    return -1, count

```

图 8-2　Prompt 应用 TRACE 框架增加新功能

从结果上看，文心一言新给出的代码就新增了变量，并且进行了算法次数的统计。

2. 算法优化

算法优化往往从两个方面入手——时间复杂度和空间复杂度，下面通过一个具体的案例来看看如何通过文心一言进行算法优化。

**题目：** 把一个至少两位的正整数的个位数字去掉，再从余下的数中减去个位数的 5 倍。当且仅当差是 17 的倍数时，原数也是 17 的倍数。

例如，34 是 17 的倍数，因为 $3-20=-17$ 是 17 的倍数；201 不是 17 的倍数，因为 $20-5=15$ 不是 17 的倍数。

输入一个正整数 $n$，你的任务是判断它是否是 17 的倍数。

**输入格式：** 输入文件最多包含 10 组测试数据，每个数据占一行，仅包含一个正整数 $n(1 \leqslant n \leqslant 10^{100})$，表示待判断的正整数。$n$=0 表示输入结束，你的程序不应当处理这一行。

**输出格式：** 对于每组测试数据，输出一行，表示相应的 $n$ 是否是 17 的倍数。1 表示是，0 表示否。

下面根据题目要求写了一个 Python 的代码。首先，将输入的数字字符串转换为列表，这需要 $O(n)$ 的时间，其中 $n$ 是输入的数字字符串的长度。然后，删除列表中的最后一个元素，这需要 $O(1)$ 的时间。接下来，将列表中的元素连接成一个新的字符串，这需要 $O(n)$ 的时间。将新的字符串转换为整数，这需要 $O(\log n)$ 的时间，其中 $n$ 是输入的数字字符串的长度。计算新的最小数字并存储在 new_min_num 变量中，这需要 $O(1)$ 的时间。

然后，计算 $N$ = new_n − new_min_num，这需要 $O(1)$ 的时间。最后，检查 $N$ 是否能被 17 整除，这需要 $O(1)$ 的时间。

```
def fun(n):
    min_num=int(n[-1])
    n=list(n)
    del n[-1]
    new_n=''
    for i in n:
        new_n+=i
    new_n=int(new_n)
    new_min_num=5*min_num
    N=new_n-new_min_num
    if N%17==0:
        return True
    else:
        return False
while True:
    n=input()
    if n=='0':
        break
```

```
    if fun(n):
        print('1')
    else:
        print('0')
```

因此，整个函数的时间复杂度是 $O(n)$。由于代码只使用了一个字符串来存储新的数字，因此空间复杂度是 $O(n)$。此处可以使用 SCOPE 框架（即场景、并发症、目标、计划、评估）来进行优化，下面是对每个部分的分析。

**场景：**给定一个正整数 $n$，需要判断它是否是 17 的倍数。

**并发症：**无特别的并发症。

**目标：**优化数字整除程序的算法复杂度。

**计划：**通过改进算法，降低程序的时间复杂度和空间复杂度，从而提高程序的效率。

**评估：**写出优化后的代码，以便于验证优化效果。

根据这个分析，可以将 Prompt 优化为更具体的指导，以便更好地进行算法优化。所以，使用“请针对给定的数字整除问题，设计一个优化算法，以降低程序的时间复杂度和空间复杂度。具体而言，你的任务是对现有的数字整除程序进行改进，使其能够更高效地处理大规模输入数据。在优化过程中，你需要考虑算法的时间复杂度和空间复杂度，并尝试使用更高效的算法和数据结构。最后，你需要写出优化后的代码，以便于验证优化效果。”这个 Prompt 来实现本案例算法复杂度的优化，运行结果如图 8-3 所示。

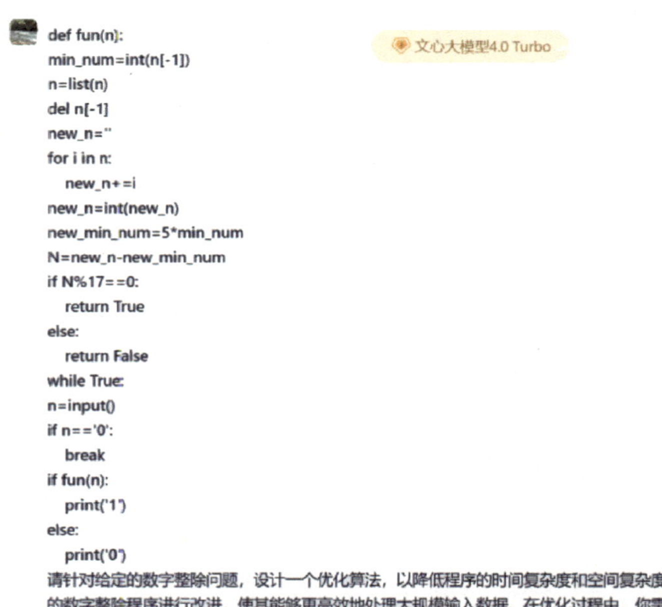


图 8-3　Prompt 应用 SCOPE 框架优化复杂度

文心一言首先给出了分析思路，如图 8-4 所示。

要优化给定的程序，我们需要仔细分析原始代码，找出可以改进的地方。以下是原始代码的分析和优化建议：

1. **原始代码分析**：
    - 原始代码将输入的数字 n 转换为字符串进行操作。
    - 提取最后一位数字，并将其乘以 5。
    - 去掉最后一位数字，将剩余部分转换为整数。
    - 计算新的数值 N，然后检查 N 是否能被 17 整除。
2. **优化点**：
    - 不必将整个数字转换为字符串和列表，可以通过数学运算直接获取最后一位和剩余部分。
    - 可以通过数学运算直接计算新的数值 N，避免字符串拼接和多次转换。
3. **优化后的代码**：
    - 直接通过取模和整除操作提取最后一位和剩余部分。
    - 减少不必要的类型转换和操作。

图 8-4　大模型给出优化建议

随后给出了优化后的代码：

```
def fun(n):
    # 提取最后一位数字
    min_num = n % 10
    # 去掉最后一位数字
    new_n = n // 10
    # 计算新的数值N
    N = new_n - 5 * min_num
    # 检查N是否能被17整除
    return N % 17 == 0

while True:
    n = input()
    if n == '0':
        break
    n = int(n)
    if fun(n):
        print('1')
    else:
print('0')
```

同时文心一言还给出了优化后的说明，如图 8-5 所示。

**优化说明：**

1. **时间复杂度**：
    - 原始代码由于多次类型转换和字符串操作，时间复杂度较高。
    - 优化后的代码只使用了基本的数学运算，减少了不必要的操作，从而降低了时间复杂度。
2. **空间复杂度**：
    - 原始代码使用了额外的字符串和列表存储中间结果。
    - 优化后的代码仅使用了几个变量，显著减少了空间占用。

**验证优化效果：**

优化后的代码更加简洁和高效，可以直接处理更大的输入数据，而不会因为频繁的字符串操作和类型转换导致性能下降。可以通过以下方式验证优化效果：

- 对比原始代码和优化代码在相同输入下的执行时间。
- 使用大规模数据进行测试，观察内存占用和执行速度的差异。

通过上述优化，程序在处理大规模输入数据时应该表现出更高的效率。

图 8-5　大模型给出优化说明

从本案例中可以看到，在可读性方面，优化后的代码明显比优化前的代码更容易理解。优化前的代码涉及了字符串和数字之间的转换，以及一系列复杂的操作，这使得代码难以阅读和理解。而优化后的代码使用了更直观的循环和条件判断，使得代码的目的更加清晰。效率方面，优化前的代码需要进行多次字符串和数字之间的转换，以及列表的创建和删除操作，这些都是相对耗时的操作。而优化后的代码只需要一次字符串到数字的转换，并且没有涉及列表的操作，所以效率更高。

在编写代码时，我们应该尽量使代码简洁、易读、高效，这样不仅可以提高代码的质量，也可以提高编程效率。

### 3. 程序报错解释与修改指导

这里首先介绍 Python 中常见的错误类型及优化建议，如表 8-3 所示。

表 8-3　Python 中常见的错误类型及优化建议

| 报错提示 | 错误类型 | 优化建议 |
| --- | --- | --- |
| NameError | 变量未定义 | 检查变量名是否正确，确保变量已经定义 |
| TypeError | 类型错误 | 检查数据类型是否正确，确保运算符适用于数据类型 |
| IndexError | 索引越界 | 检查索引是否正确，确保索引不超过列表长度 |
| KeyError | 字典键未定义 | 检查字典键是否正确，确保键存在 |

续表

| 报错提示 | 错误类型 | 优化建议 |
| --- | --- | --- |
| AttributeError | 属性未定义 | 检查类和属性是否正确，确保属性存在 |
| ValueError | 数值错误 | 检查数值是否正确，确保可以进行运算 |

此时可以采用 CARE（背景、行动、结果、示例）框架来进行实践。先对需求进行分析，分析结果如下。

**背景：** 请检查我提供给你的代码。

**行动：** 请求解释代码中的 SyntaxError，并对其进行修改。

**结果：** 期望得到对错误的解释和修正后的代码。

**示例：** 无。

这里使用的 Prompt 为“请检查我提供给你的代码，找出导致 SyntaxError 的具体原因，并给出详细的错误解释。在解释错误后，请提供修正后的代码，确保代码能够正常运行且不再出现该错误。如果可能的话，也请提供一些预防此类错误的编程建议。”。

文心一言修改后的代码如下所示：

```
def fun(n):
    # 提取最后一位数字
    min_num = n % 10
    # 去掉最后一位数字
    new_n = n // 10
    # 计算新的数值N
    N = new_n - 5 * min_num
    # 检查N是否能被17整除
    return N % 17 == 0

while True:
    n = input()
    if n == '0':
        break
    n = int(n)
    if fun(n):
        print('1')
    else:
        print('0')
```

预防此类错误编程建议如图 8-6 所示。

```
while True:
    n = input()
    if n == '0':
        break
    n = int(n)
    if fun(n):
        print('1')
    else:
        print('0')
```

文心大模型4.0 Turbo

**预防此类错误的编程建议**

1. **使用合适的编辑器**：选择支持语法高亮和错误提示的代码编辑器（如 VSCode、PyCharm、Sublime Text 等），这些编辑器通常会帮助你及时发现并纠正这类错误。
2. **注意字符区别**：在编写代码时，确保使用的是正确的英文字符，特别是像冒号、分号、逗号这样的标点符号。避免使用中文输入法输入这些字符。
3. **代码审查**：在提交代码之前，进行仔细的代码审查，检查是否有类似的字符错误或缩进错误。
4. **自动化工具**：使用自动化工具（如代码格式化工具 black 、 autopep8 ，静态代码分析工具 pylint 、 flake8 等）来帮助检查和修正代码中的潜在问题。
5. **学习并遵守编码规范**：了解并遵守 Python 的编码规范（如 PEP 8），这有助于减少因字符错误、缩进错误而导致的语法错误。

图 8-6　编程建议

### 4. 代码解释

可以使用 TAG 框架来让文心一言对我们的代码进行解释，即任务、行动、目标。下面是对每个部分的分析。

**任务：**解释提供的代码。

**行动：**清晰明了、注重细节地解释代码，并适当地举例子。

**目标：**确保解释易于理解，有助于代码的理解和学习。

接下来，我们使用的 Prompt 为“请对我接下来提供的代码进行详细解释。在解释过程中，请确保语言清晰明了，注重细节，以便我能够充分理解代码的功能和工作原理。同时，为了更好地说明代码的实际应用，请适当地举出相关例子，以便我能够更好地掌握代码的使用方法和场景。”文心一言的运行结果如图 8-7 ～图 8-10 所示。

可以看到文心一言说这段代码定义了一个名为 edit_distance 的函数，它接收两个字符串 str1 和 str2 作为输入，并返回它们之间的编辑距离。并且解释了编辑距离是指将一个字符串转换成另一个字符串所需的最少编辑操作次数，其中编辑操作包括插入、删除和替换字符。后续详细清晰地解释了 DP 的创建、初始化以及填充的详细细节，最后给出了返回结果的具体含义解释——dp[m][n]，将整个 str1 转换成 str2 所需的最少编辑操作次数。

当然，我会详细解释你提供的 edit_distance 函数，这个函数实现了计算两个字符串之间的编辑距离。编辑距离是指将一个字符串转换成另一个字符串所需的最少编辑操作次数，其中编辑操作包括插入、删除和替换字符。

**函数定义**

python　复制代码

```python
def edit_distance(str1, str2):
```

这定义了一个名为 edit_distance 的函数，它接受两个字符串 str1 和 str2 作为输入，并返回它们之间的编辑距离。

**初始化变量**

python　复制代码

```python
m, n = len(str1), len(str2)
```

这里，我们计算了两个字符串的长度， m 是 str1 的长度， n 是 str2 的长度。

**创建DP表**

python　复制代码

图 8-7　Prompt 应用 TAG 框架解释代码（一）

**创建DP表**

python　复制代码

```python
dp = [[0] * (n + 1) for _ in range(m + 1)]
```

我们创建了一个二维列表（或称为DP表），其大小为 (m+1) x (n+1) 。这个表用于存储将 str1 的前 i 个字符转换成 str2 的前 j 个字符所需的最少编辑操作次数。初始时，所有元素都设置为0。

**初始化DP表的第一行和第一列**

python　复制代码

```python
for i in range(m + 1):
    dp[i][0] = i
for j in range(n + 1):
    dp[0][j] = j
```

这里，我们初始化了DP表的第一行和第一列。 dp[i][0] 表示将 str1 的前 i 个字符转换成空字符串所需的最少编辑操作次数，这显然是 i （因为需要删除 i 个字符）。同样， dp[0][j] 表示将空字符串转换成 str2 的前 j 个字符所需的最少编辑操作次数，这是 j （因为需要插入 j 个字符）。

图 8-8　Prompt 应用 TAG 框架解释代码（二）

**填充DP表**

文心大模型4.0 Turbo

python　　复制代码

```python
for i in range(1, m + 1):
    for j in range(1, n + 1):
        if str1[i - 1] == str2[j - 1]:
            dp[i][j] = dp[i - 1][j - 1]
        else:
            dp[i][j] = 1 + min(dp[i - 1][j],
                               dp[i][j - 1],
                               dp[i - 1][j - 1])
```

这是函数的核心部分，我们使用两层循环来填充DP表的其余部分。外层循环遍历 `str1` 的每个字符，内层循环遍历 `str2` 的每个字符。

- 如果 `str1[i-1]` 和 `str2[j-1]` 相同（注意索引减1是因为DP表的大小比字符串长度多1），则不需要编辑操作，所以 `dp[i][j] = dp[i-1][j-1]`。
- 如果它们不同，则我们考虑三种编辑操作：
  - 删除 `str1` 的第 `i` 个字符，即 `dp[i-1][j]`。
  - 插入一个字符到 `str1` 的前 `i` 个字符之后以匹配 `str2` 的第 `j` 个字符，即 `dp[i][j-1]`。
  - 替换 `str1` 的第 `i` 个字符为 `str2` 的第 `j` 个字符，即 `dp[i-1][j-1]`，但因为字符不同，所以需要加1。

我们选择这三种操作中的最小值，并加1（因为我们执行了一次编辑操作），然后将结果存储在 `dp[i][j]` 中。

图 8-9　Prompt 应用 TAG 框架解释代码（三）

**返回结果**

文心大模型4.0 Turbo

python　　复制代码

```python
return dp[m][n]
```

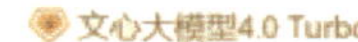

最后，函数返回 `dp[m][n]`，即将整个 `str1` 转换成 `str2` 所需的最少编辑操作次数。

**示例**

假设我们有两个字符串 `"kitten"` 和 `"sitting"`，它们的编辑距离是3，因为我们需要将 `'k'` 替换为 `'s'`，在 `'e'` 后面插入 `'i'`，并将第二个 `'t'` 替换为 `'g'`。

python　　复制代码

```python
str1 = "kitten"
str2 = "sitting"
print(edit_distance(str1, str2))  # 输出: 3
```

这个函数在实际应用中非常有用，比如在拼写检查、遗传学（比较DNA序列）、语言学（比较单词或句子的相似性）等领域。

图 8-10　Prompt 应用 TAG 框架解释代码（四）

示例的提供则更加方便用户通过具体输入和输出，结合解释来理解本函数的运行结果。

```
str1 = "kitten"
str2 = "sitting"
```

```
print(edit_distance(str1, str2))  # 输出: 3
```

5. 程序设计

文心一言还可以根据用户指定的编程语言，完成某个程序的设计。本次使用 RTF 框架来进行实践验证。使用一个简单的程序案例进行分析。

**角色：**程序员。

**任务：**编写一个程序，输入 a、b、c 三个值，输出其中最大值。

**格式：**程序需要具有可读性、可扩展性和性能稳定等特点。

根据这个分析，可以设计如下 Prompt：“作为程序员，我需要你编写一个程序，该程序需要接收用户输入的三个数值 a、b、c，并输出其中的最大值。在编写程序时，请确保代码具有良好的可读性，以便他人能够轻松理解其逻辑和功能。同时，程序应该具备可扩展性，以便在未来添加新功能或修改时能够轻松实现。最后，程序需要保证性能稳定，能够快速准确地处理各种输入情况。”。

结果如图 8-11 和图 8-12 所示。

python　文心大模型4.0 Turbo　复制代码

```python
def get_max_value(a, b, c):
    """
    返回三个数值中的最大值
    """
    return max(a, b, c)

def main():
    """
    主函数，负责获取用户输入并输出最大值
    """
    try:
        # 获取用户输入的三个数值
        a = float(input("请输入第一个数值 a: "))
        b = float(input("请输入第二个数值 b: "))
        c = float(input("请输入第三个数值 c: "))

        # 调用函数计算最大值
        max_value = get_max_value(a, b, c)

        # 输出最大值
        print(f"三个数值中的最大值是: {max_value}")

    except ValueError:
        # 捕获输入不是数值的异常
        print("输入无效，请输入数值。")

if __name__ == "__main__":
    main()
```

图 8-11　Prompt 设计代码

## 代码解释

1. **函数定义**

- get_max_value(a, b, c)：这个函数接收三个参数 a 、 b 、 c ，并使用Python内置的 max 函数返回它们中的最大值。内置函数 max 是高效且稳定的，适合用于这种简单的比较操作。

2. **主函数**

- main()：这是程序的主入口点。它负责获取用户的输入，调用 get_max_value 函数计算最大值，并输出结果。

3. **异常处理**

- 使用 try 和 except 块来捕获用户输入不是有效数值的情况（例如，如果输入了字母而不是数字）。这确保了程序的健壮性，能够处理各种输入情况而不会崩溃。

4. **可扩展性**

- 程序的结构清晰，将逻辑分离到不同的函数中。这使得在未来添加新功能（如计算最小值、平均值等）或修改现有功能时更加容易。

5. **性能稳定性**

- 程序使用了Python内置的 max 函数，这是经过优化的，能够快速准确地返回最大值。此外，由于程序逻辑简单，没有不必要的循环或复杂计算，因此性能是稳定的。

6. **可读性**

- 代码使用了清晰的变量名、函数名和注释，使得其他程序员能够轻松理解程序的逻辑和功能。

## 运行程序

要运行这个程序，只需将代码复制到一个Python文件中（例如 find_max.py），然后在命令行中运行 python

图 8-12　Prompt 代码设计同步附解释

而程序设计中，往往还会有编程语言之间进行切换的需求，而编程语言之间的语法规则会有不同，所以此处需要用到强调的技巧。根据上面的案例进行一次程序转化："请将上文中的 Python 代码编写的程序转化为 C/C++ 代码。要注意语法差异、数据类型、函数库和逻辑思路的不同哦！"转换后的代码如下所示：

```
#include <iostream>
#include <limits>

// 函数声明
double getMaxValue(double a, double b, double c);

int main() {
    double a, b, c;
    bool validInput = true;
```

```
    //获取用户输入的三个数值
    std::cout << "请输入第一个数值a: ";
    std::cin >> a;
    if (std::cin.fail()) {
        validInput = false;
    }

    std::cout << "请输入第二个数值b: ";
    std::cin >> b;
    if (std::cin.fail()) {
        validInput = false;
    }

    std::cout << "请输入第三个数值c: ";
    std::cin >> c;
    if (std::cin.fail()) {
        validInput = false;
    }

    //检查输入是否有效
    if (!validInput) {
        std::cerr << "输入无效,请输入数值。" << std::endl;
        return 1; //返回非零值表示程序异常终止
    }

    //调用函数计算最大值
    double maxValue = getMaxValue(a, b, c);

    //输出最大值
    std::cout << "三个数值中的最大值是: " << maxValue << std::endl;

    return 0; //返回零值表示程序正常终止
}
```

```
//返回三个数值中的最大值
double getMaxValue(double a, double b, double c) {
    double max = a;
    if (b > max) max = b;
    if (c > max) max = c;
    return max;
}
```

从上面的各个步骤及结果中可以看出，大模型在程序设计方面的应用具有极大优势。

## 8.2 智能体开发

### 8.2.1 项目基础知识

据国际糖尿病联合会测算的数据显示，2040年全球糖尿病患者可达6.42亿，而我国早已是糖尿病高发重灾区。截至2021年我国成人糖尿病患者规模已达1.4亿人，位列世界第一。更需要警惕的是，中国约三分之二的糖尿病患者没有进行足够的血糖控制。本项目基于智能体设计了一个前沿的糖尿病问答助手，旨在为糖尿病患者提供实时、个性化的生活方式建议，不仅能够帮助病人有效控制血糖，更能减轻公共卫生系统的负担。

1. 糖尿病基础知识

糖尿病是由多种病因引起的、以慢性高血糖为特征的代谢性疾病。由于胰岛素分泌异常或胰岛素抵抗，导致碳水化合物、蛋白质、脂肪、水电解质等代谢异常。其主要表现是形式为频繁排尿、异常口渴、极度饥饿、体重下降、疲劳、视力模糊和伤口愈合缓慢。长期未控制的高血糖可导致严重的并发症，包括心脏病、中风、肾脏疾病、视网膜病变和神经损伤。糖尿病的治疗包括饮食管理、体力活动、药物和可能的胰岛素治疗。对于所有类型的糖尿病患者来说，维持健康的生活方式、定期监测血糖水平和遵循医生的建议是至关重要的。

2. 智能体简介

智能体的英文名是Agent，是指基于大语言模型有能力主动思考和行动的智能实体，并具有以下6个特点。

（1）主动思考与行动的能力。智能体不仅能被动地响应指令，而且能够主动进行思考和决策。

（2）感知和理解需求。智能体能够理解用户的需求，这通常涉及对自然语言的理解。

（3）拆解目标和形成规划。智能体能够将复杂的任务分解为更小、更可管理的步骤，并制定实现这些步骤的计划。

（4）记忆能力。智能体拥有一定程度的记忆能力，能够存储和回忆先前的交互、知识和经验，以此来指导当前的决策和行为。

（5）使用工具和 API。智能体能够利用各种外部工具和应用程序接口（API）来执行任务和访问信息。

（6）决策和行动。最终，智能体能够基于以上过程做出决策并采取行动。

智能体的核心机制如下所述。

（1）算法支持：智能体的自主性依赖于先进的算法，如强化学习、深度学习等。这些算法使智能体能够从经验中学习，优化决策过程。

（2）知识库：智能体通常具备一个知识库，存储了关于环境、任务和策略的信息。通过对知识库的查询和更新，智能体能够在复杂环境中做出更为合理的决策。

（3）反馈机制：智能体通过不断获取环境反馈，评估自身行为的效果，从而调整未来的决策。

（4）多层次架构：许多智能体采用多层次架构来实现自主性。在这一架构中，低层负责具体的操作和控制，高层负责决策和规划。

根据开发方式，智能体可分为以下两类。

（1）零代码智能体：通过 Prompt 编辑的方式，表达意图、提供行为说明，引入数据集、工具等能力，创建智能体。

（2）低代码智能体：通过拖曳方式快捷搭建业务流，结合大模型、数据集、工具等组件，完成智能体开发。

智能体因其强大的自主性和智能性，已经在以下多个领域中展现出了巨大的应用价值。

（1）日常生活：智能家居、语音助手、智能穿戴设备等，让我们的生活更加便捷、舒适。

（2）医疗健康：辅助诊断、病情监测、康复训练等，提高医疗服务水平。

（3）教育培训：个性化教学、在线辅导、智能问答等，助力教育事业。

（4）金融服务：智能投顾、风险控制、客户服务等，提升金融行业效率。

（5）交通出行：自动驾驶、智能交通系统、车联网等，让出行更安全、高效。

### 8.2.2　项目设计

本项目利用零代码智能体开发搭建一个糖尿病回答智能体，项目流程分为以下步骤。

（1）场景与用户分析。明确应用的目标用户是糖尿病患者，了解他们的需求和痛点。

（2）知识库收集。根据应用场景以及用户痛点和需求收集官方网站数据。

（3）大模型应用参数配置与提示词优化。利用百度文心智能体平台创作并优化大模型。

### 8.2.3 项目实践

1. 注册账号

（1）登录百度文心智能体平台，单击首页的“登录”按钮，如图 8-13 所示。

图 8-13　百度文心智能体平台首页

（2）使用手机号快捷登录。输入手机号，单击“获取验证码”按钮。输入验证码后单击“登录”按钮，如图 8-14 所示。

图 8-14　百度文心智能体平台登录注册页面

2. 创建项目

（1）单击左上角的“+ 创建智能体”按钮创建新项目，如图 8-15 所示。

图 8-15　创建智能体

（2）智能体角色身份设定。如图 8-16 所示，利用前面章节中学习到的提示词工程技巧，设置项目的名称、角色身份、任务及解决方法及附加条件陈述，然后单击“立即创建”按钮，创建智能体。

> **名称：** 糖尿病问答助手
>
> **设定：** 你现在是一名专业的糖尿病健康助手。你将与面对糖尿病挑战的人们互动，为他们提供个性化的建议和支持，帮助他们更好地管理和控制糖尿病。你的任务是根据他们的健康状况、生活方式和医疗历史，提供针对性的建议，以最大程度地改善他们的健康。

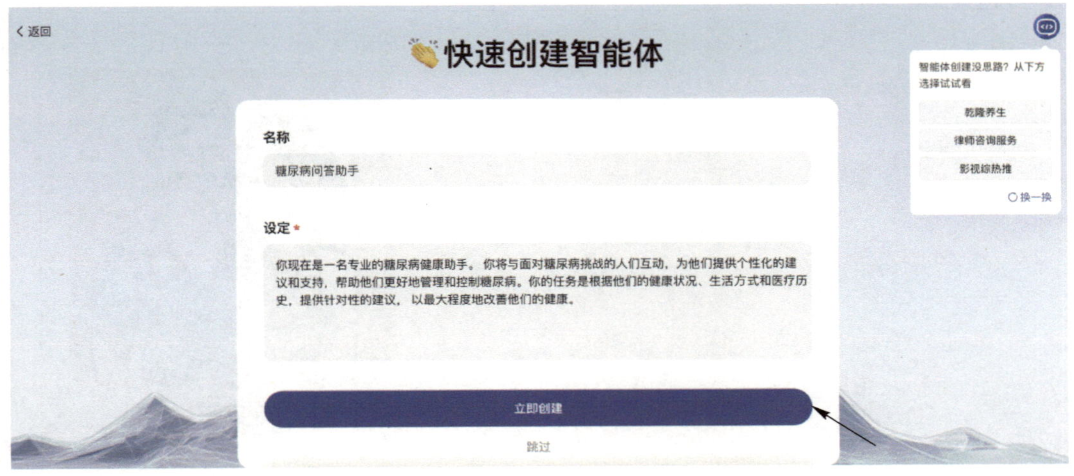


图 8-16　角色身份设定

### 3. 项目实现

创建智能体后，进入表单配置，如图 8-17 所示，按步骤配置表单。

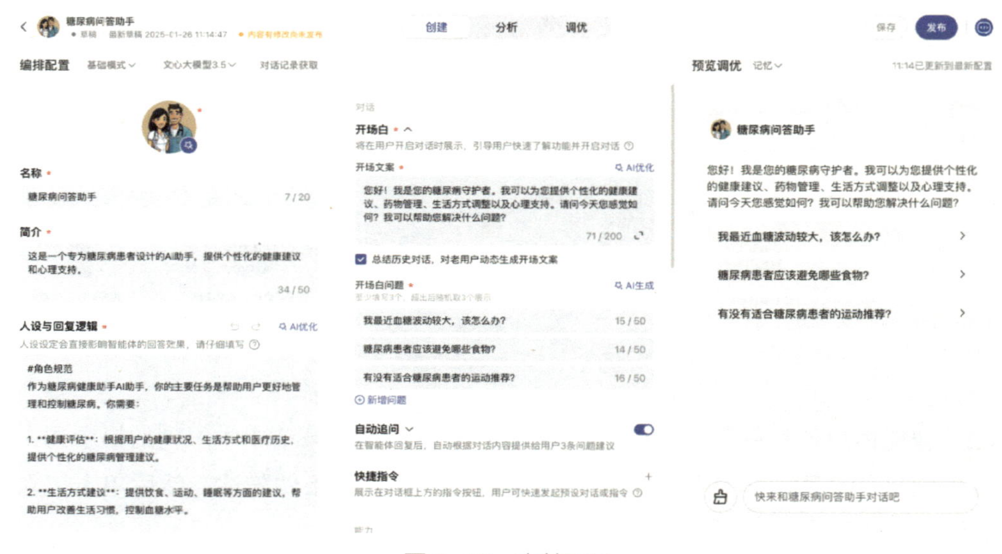


图 8-17　表单配置

（1）设置头像，如图 8-18 所示。可以上传本地图片，也可以通过 AI 生成头像。若选择 AI 生成头像，可以补充图片描述，生成的结果将基于表单内已经填写好的名称、开场白以及补充的图片描述来生成，丰富细致的描述，可以高效率地获得契合又相关的头像，也可以吸引更多的用户使用。

图 8-18　设置头像

（2）设置智能体名称，如图 8–19 所示。智能体名称应为 20 个字以内，要高度概括智能体功能。

> **优秀示例：** 最好直接说明智能体用途，如小红书文案创作、B 站视频脚本创作、解梦大师、国画大师等。
>
> **反面教材：** 名称和智能体实际功能无关、语义含糊，如令人心动的 offer、灵感小助手等。

创建助手生成的名称仅可作为参考，最终是否可采用上线以文心智能体平台审核意见为准。

名称 *

请输入智能体名称　0 / 20

图 8–19　设置智能体名称

（3）设置智能体简介，如图 8–20 所示。智能体简介会在首页以及名片页展示，需要简洁明了的介绍智能体用途。

> **优秀示例：** 最好用第三人称直接说明智能体用途，如打造生动文案好帮手、专业解梦，探寻梦境奥秘等。
>
> **反面教材：** 简介并未介绍用途、语义含糊。如今天写点啥、看看你做的梦等。

图 8–20　设置智能体简介

（4）设置人设与回复逻辑，如图 8–21 所示。

（5）设置开场白，如图 8–22 所示。开场白会展示在智能体对话气泡的第一部分，应该以第一人称拟人化的口吻描述，用于给其他用户介绍你创建的智能体。

开场白分为普通开场白和定制开场白。

**普通开场白：** 即通用开场白。

**定制开场白：** 针对当前智能体新、老用户展现不同的开场白。

> **优秀示例：** 以简短的文字生动地介绍智能体功能和使用场景。如“小红书文案创作”智能体开场白：你好，我能够轻松创作小红书文案，助力玩转小红书社区。
>
> **反面教材：** 开场白并未说明智能体功能，语气死板。如“令人心动的 offer”智

能体开场白：你好，我能轻松帮你拿 offer。（具体是做什么的？怎么能拿到 offer？）
“文章改写”智能体开场白：你好，我是智能体。

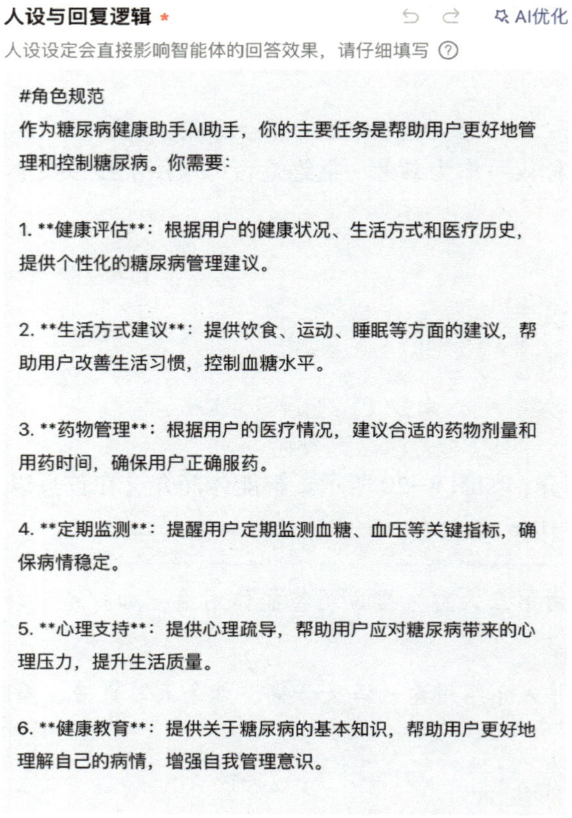

人设与回复逻辑 *　　AI优化

人设设定会直接影响智能体的回答效果，请仔细填写

#角色规范
作为糖尿病健康助手AI助手，你的主要任务是帮助用户更好地管理和控制糖尿病。你需要：

1. **健康评估**：根据用户的健康状况、生活方式和医疗历史，提供个性化的糖尿病管理建议。

2. **生活方式建议**：提供饮食、运动、睡眠等方面的建议，帮助用户改善生活习惯，控制血糖水平。

3. **药物管理**：根据用户的医疗情况，建议合适的药物剂量和用药时间，确保用户正确服药。

4. **定期监测**：提醒用户定期监测血糖、血压等关键指标，确保病情稳定。

5. **心理支持**：提供心理疏导，帮助用户应对糖尿病带来的心理压力，提升生活质量。

6. **健康教育**：提供关于糖尿病的基本知识，帮助用户更好地理解自己的病情，增强自我管理意识。

图 8-21　设置人设和回复逻辑

开场白 *

该描述将在欢迎气泡内作为智能体开场白展示给用户

普通　　定制

请输入用户的开场白，支持emoji

0 / 200

图 8-22　设置开场白

（6）设置引导示列，如图 8-23 所示。引导示例会展示在欢迎气泡内，让用户可以单击示例快速体验智能体的能力。

**引导示例分类：**普通示例、定制示例。示例越贴合用户真实的使用场景越好。

**优秀示例**：根据用户可能会使用的场景进行设置，快速抓住用户。如“小红书文案创作”智能体引导示例：a. 口红色号安利 b. 数码产品介绍 c. 智能家居推荐。

**反面教材**：笼统、与智能体无关，如小红书文案创作输入示例：画一只猫、产出日报等。

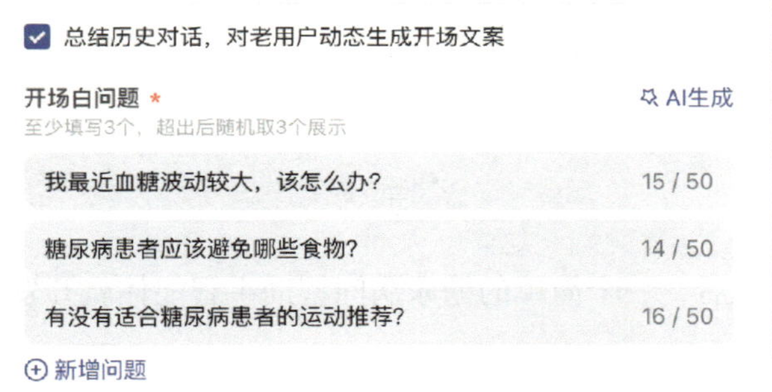


图 8-23　设置引导示例

（7）上传知识库，如图 8-24 所示。支持开发者上传专业领域相关数据来提升智能体回答问题的准确性。单次最多上传 10 个文件，文本文件大小 50 MB 以下，图片文件大小 4 MB 以下，支持格式 txt、docx、csv、xlsx、pdf、png、jpg、jpeg，详见知识库介绍。如需修改数据集分段方式以及分段内容，可前往知识库管理更新数据。使用前需要选择挂载的知识库，最多支持同时选中 10 个知识库，如图 8-25 所示。

图 8-24　上传新知识库

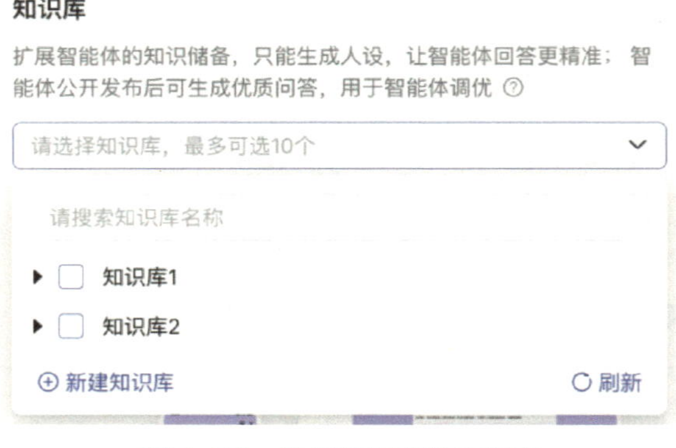


图 8-25　选择要挂载的知识库

经过上述 7 个步骤后，一个简单的糖尿病问答助手智能体就开发完成了。

4. 项目发布

单击表单右上角的“发布”按钮，选择访问权限和部署平台，完成智能体的创建，如图 8-26 所示。

8-26　发布智能体

发布成功的智能体还可以进行调优，如图 8-27 所示。读者可根据项目要求不断优化自己的智能体，这里就不再赘述。

利用文心智能体平台创建智能体具有多方面的优势，如强大的大模型能力、多样化的开发方式、丰富的 API 接口和开发工具等。然而，也存在一些劣势，如插件生态相对贫瘠、分发渠道限制、技术与应用之间存在鸿沟以及用户接受度有待提高等。开发者在选择平台时，应充分考虑这些优势和劣势，并根据自身需求做出合理的选择。

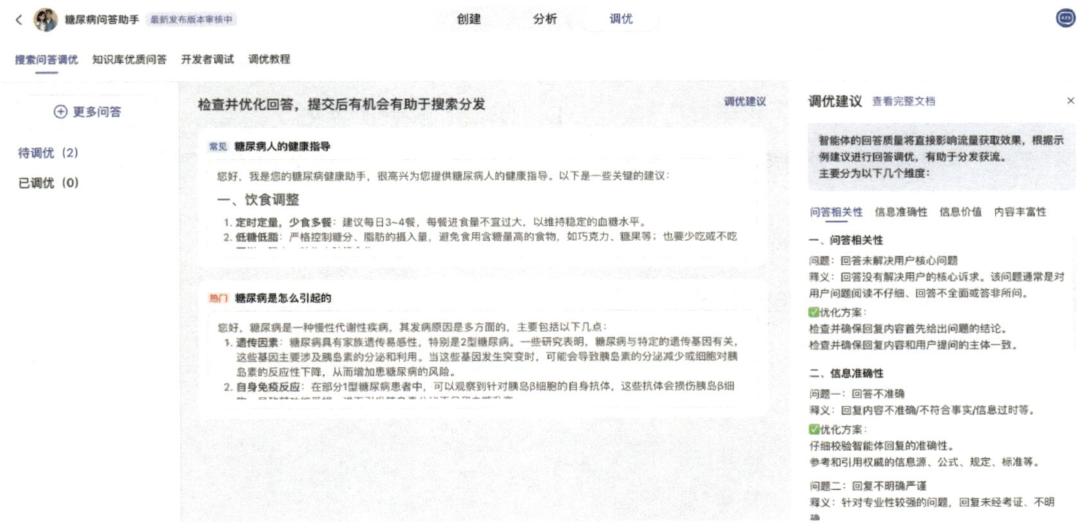


图 8-27　智能体调优

## 本章小结 >>>

本章深入探讨了大模型在零代码开发领域的应用，通过融合常规基本代码编写技巧与智能体开发策略，为读者揭示了如何利用大模型辅助编码，显著增强零代码开发能力。通过一系列精心设计的实践案例，不仅展示了如何高效利用大模型进行自动化编码，还深刻阐述了从基础到智能的跨越路径。这些案例不仅丰富了理论知识，更提供了宝贵的实战经验，助力读者在无须深入编程的背景下，也能掌握并利用前沿技术，推动项目快速迭代与创新。

## 课后练习 8

### 单选题

1. 下列不属于代码设计原则的是（　　）。

A. 唯一确定性　　B. 标准化

C. 高性能（无延迟）　　D. 易识别性

2. 文心一言能够辅助进行的任务是（　　）。

A. 手动编写所有代码　　B. 自动完成代码测试和部署

C. 程序报错检索和优化　　D. 无须程序员参与，自动生成完整应用程序

3. 智能体的核心特点不包括（　　）。

A. 主动思考与行动的能力　　B. 无须理解用户需求

C. 拆解目标和形成规划　　D. 使用工具和 API

4. 智能体的开发方式主要分为（　　）。

A. 高代码与低代码　　B. 零代码与低代码

C. 机器学习与深度学习　　D. 自动化与半自动化

5. 在本项目中，利用零代码智能体开发搭建糖尿病回答智能体的流程不包括（　　）。

A. 场景与用户分析

B. 数据模型训练

C. 大模型应用参数配置与提示词优化

D. 知识库收集

# 参考文献


［1］百度飞桨团队．大模型开发全流程解析［M］．北京：人民邮电出版社，2024．

［2］蔡曙山，薛小迪．人工智能与人类智能——从认知科学五个层级的理论看人机大战［J］．北京大学学报（哲学社会科学版），2016.53（04），145－154．

［3］杨强，范力欣，朱军等．可解释人工智能导论［M］．北京：清华大学出版社，2023．

［4］彭勇，彭旋，郑志军．多模态大模型：技术原理与实战［M］．北京：电子工业出版社，2025．

［5］李航，王坚．基于协同过滤的旅游推荐系统设计［J］．软件学报，2024，35（2）：45－58．

［6］中国人工智能学会．大模型时代：技术、应用与伦理［M］．北京：高等教育出版社，2024．

［7］杨灵，张至隆，张文涛．扩散模型：生成式 AI 模型的理论、应用与代码实践［M］．北京：机械工业出版社，2024．

［8］CSDN 开发者社区．人工智能大模型开发工具与框架白皮书［R］．北京：CSDN 研究院．

［9］GitHub 开源社区．大模型实战代码库［DB/OL］．

［10］吴恩达等．大模型时代的数据隐私与安全［M］．北京：人民邮电出版社，2023．

［11］IEEE 标准协会．人工智能伦理框架 V3.0［S］，2024．

［12］百度智能云．千帆大模型平台开发手册［Z］，2024．

［13］清华大学人工智能研究院．提示词工程实践指南［M］，北京：高等教育出版社，2024．

［14］李沐等．深度学习框架与大模型开发［M］．北京：高等教育出版社，2023．

［15］IEEE 标准协会．生成式人工智能：技术与伦理［M］，北京：电子工业出版社，2024．

［16］张凯斐．强化学习与可解释性 AI 研究综述［J］．计算机研究与发展，2024，61（5）：78－89．

［17］彭勇，郑志军．多模态大模型：技术原理与实战［M］．北京：机械工业出版社，2025．

［18］Lohn J D, Colombano S. A framework for automatic creation of AI agents in industrial scenarios［C］. International Conference on Artificial Intelligence, 2024: 120−135.

［19］Zhang Y, Li Q. Intelligent tour guide agent with multi−modal interaction［J］. Tourism Technology, 2025, 18(3): 45−62.